高等学校教材

工程材料与航空制造基础

刘　闯　主编

U0381970

西北工业大学出版社

西　安

【内容简介】 本书以飞行器制造的基本概念为主线,涵盖了飞行器构造、航空材料、航空制造三方面的内容,具体包括飞机飞行与构造原理、航空工程材料与制造基础、加工与装配工艺、飞机研制和生产体系、飞机制造工艺过程、飞机制造工艺装备和飞机制造过程管控等。本书着力体现飞机制造工程的整体性和各环节之间的关联性,同时关注航空制造工程技术的发展。通过对本书的学习,读者既能从宏观上全面地掌握航空制造工程技术体系的组成及其联系,又能从微观上具体地掌握飞机制造工艺过程及其设计与管控方法。

本书可用作高等院校飞行器制造工程专业的教材,也可供相关领域工程技术人员参考使用。

图书在版编目(CIP)数据

工程材料与航空制造基础 / 刘闯编著. —— 西安:
西北工业大学出版社,2021.9
ISBN 978 - 7 - 5612 - 7811 - 6

Ⅰ. ①工… Ⅱ. ①刘… Ⅲ. ①工程材料-高等学校-
教材 ②航空工程-制造-高等学校-教材 Ⅳ. ①TB3
②V26

中国版本图书馆 CIP 数据核字(2021)第 139006 号

GONGCHENG CAILIAO YU HANGKONG ZHIZAO JICHU
工 程 材 料 与 航 空 制 造 基 础

责任编辑:曹 江		策划编辑:杨 军	
责任校对:胡莉巾		装帧设计:李 飞	

出版发行:西北工业大学出版社
通信地址:西安市友谊西路 127 号   邮编:710072
电　　话:(029)88491757,88493844
网　　址:www.nwpup.com
印 刷 者:兴平市博闻印务有限公司
开　　本:787 mm×1 092 mm   1/16
印　　张:14.5
字　　数:381 千字
版　　次:2021 年 9 月第 1 版   2021 年 9 月第 1 次印刷
定　　价:58.00 元

前　言

　　飞机作为典型的飞行器，是人类制造的一种高技术、高复杂度的产品，航空制造技术反映着人类的最新科学技术成就，是一个国家技术、经济、国防实力和工业化水平的重要标志。飞机机体薄壁结构特点及构造复杂度，决定了航空制造有别于一般机械产品的制造，在制造工艺、工艺过程、工艺装备和研制体系等方面均具有自身的特点。

　　航空制造是将原材料及半成品转变为飞机产品的过程，飞机、材料、制造是三个核心概念，飞机的发展是由设计、材料、制造技术三位一体促成的。本书是沿着航空制造的基本概念展开的，介绍飞机飞行与构造原理，包括飞机飞行原理、飞机构造原理及其数据组织。材料既是保证飞机性能的关键，又是决定制造工艺的主因。同时，本书介绍工程材料基础，包括材料分类与选择、飞机机体材料及其改性。在此基础上，本书从系统的角度论述航空制造基础：首先介绍制造的工艺、设备和工装分类及产品质量检验；然后是单点工艺基础，主要包括铸造、切削、成形和连接等工艺，从整体上把握各类形性转变的方法及其控制要点；对于飞机制造工程，本书全局性地分析飞机研制和生产体系，包括制造系统及其设计制造和经营管理的各项工作，分别对飞机制造工艺过程设计、工艺装备设计和过程管控予以详细地论述。飞行器制造工程专业学生必须掌握这些知识，才能系统地把握航空制造工程的各个方面，为后续深入学习飞行器零件制造工艺学、装配工艺学等专业课程奠定基础。

　　本书是在"工程材料与航空制造基础"讲义基础上，进一步根据飞行器制造工程专业培养方案要求修订而成的。该讲义源于西北工业大学王俊彪教授开设，后分别经由王仲奇教授和笔者讲授的"航空制造工程概论"课程的课件，增加飞机构造原理与工程材料的内容，丰富了航空制造工艺工装设计方法等内容，从 2016 年第 1 版开始至 2020 年，每年均进行了不同程度的修订。在此过程中，王仲奇教授对讲义和本书初稿进行了审阅并多次提出修改意见。

　　本书编写分工如下：第 2 章、第 3 章、第 4 章、第 7 章由刘闯编写；第 1 章、第 5 章和第 6 章由刘闯、张杰共同编写，张杰负责编写飞机机体构造、装配工艺与工装的内容，全书由刘闯负责修改定稿。

　　本书在编写过程中参考了众多航空制造、机械制造的教材、专著、手册和企业制造实例，并结合了笔者的科研成果，在此谨向所列参考文献的作者致以诚挚的谢意，也向参与本书图表制作的研究生和对本书提供过帮助的教师表示衷心感谢。

　　由于水平和经验所限，书中不足之处在所难免，敬请读者批评指正。

编　者

2021 年 2 月

目　　录

第1章 飞机飞行与构造原理

制造是把原材料转变成有用产品的过程,制造过程应通过尽可能低的成本和尽可能大的价值来实现。飞行器制造工程的核心内容是研究飞行器是如何制造出来的,为了学习该内容,首先需要了解飞行器的基本知识,包括飞行器的概念、飞行原理和飞机构造原理,掌握飞机飞行性能和构造特点,为进一步学习飞行器制造工程原理与方法奠定基础。

通过本章学习,要求读者掌握飞机的组成、飞行原理及性能的决定因素、机体构造原理及工艺性、机体结构分解过程和产品数据组织方式。

1.1 飞行器的概念

飞行器是人类制造的一种高技术、高复杂度的产品。将材料转变为飞行器产品的航空航天制造业,不同于一般的机械加工工业,是当代科学技术的集中体现,对一个国家而言,它是具有战略性的高技术产业。下面对作为有用产品的飞行器的概念予以介绍。

1.1.1 飞行器

飞行器(Flight Vehicle)是指在大气层内或大气层空间飞行的器械,包括航空器、航天器、火箭和导弹等。

在大气层内飞行的飞行器称为航空器,如气球、飞艇、飞机等。它们靠空气的静浮力或靠与空气相对运动产生升力以克服自身重力升空飞行。

在太空飞行的飞行器称为航天器,如人造地球卫星、空间站、载人飞船、空间探测器和航天飞机等。它们在运载火箭的推动下获得必要的速度飞入太空,然后在引力作用下完成与天体类似的轨道运动。装在航天器上的发动机可提供轨道修正或改变姿态所需的动力。

火箭是以火箭发动机为动力的飞行器,可以在大气层内,也可以在大气层外飞行。它不靠空气静浮力,也不靠空气动力,而是靠火箭发动机的推力升空飞行。

导弹是装有战斗部的可控制的火箭,包括在大气层外飞行的弹道导弹和装有翼面在大气层内飞行的地空导弹、巡航导弹等。

往往把运载火箭和导弹归为一类,通常它们都只能使用一次。

1.1.2 航空器

(1)按升力原理分类。根据升力原理,重于空气的航空器分为固定翼航空器和旋翼航空器。固定翼航空器,即飞机(Airplane),由动力装置产生前进的推力或拉力,由固定机翼产生升力,由操纵面控制飞行姿态。旋翼航空器,即直升机(Helicopter),由旋转的旋翼产生升力和水平运动所需的拉力,能垂直起落。科学地说,直升机是不同于飞机的另一类航空器,但是在一般情况下,人们通常也把它纳入广义的飞机概念。

(2)按用途分类。飞机按用途可分为军用飞机和民用飞机两大类。军用飞机又分为作战飞机和作战支援飞机,主要包括歼击机(战斗机)、截击机、歼击轰炸机、强击机(攻击机)、轰炸机、反潜机、侦察机、预警机、电子干扰飞机、军用运输机和空中加油机等。民用飞机泛指一切非军事用途的飞机,分为干线运输机、支线运输机和通用航空飞机,包括旅客机、货机、公务机、农业机和救护机等。

(3)按速度分类。在航空器性能计算中,马赫数被广泛用以表示航空飞行器的速度。马赫数又称 M 数,是指气流速度(或飞机的飞行速度)v 与当地(所在高度)声速 a 之比,即 $M=v/a$,是以奥地利物理学家 E. 马赫的姓命名的。由于空气密度从地球表面到高空是逐渐变稀薄的,所以在不同高度处声音的传播速度是不同的,在海平面声速是 1 227 km/h(341 m/s),而到11 000 m 以上高空,则是 1 060 km/h(294 m/s)。因此,M 数也是随高度而变化的,准确的说法应是某架飞机在多大高度上的 M 数是多少。人们一般把 M 数小于 1.0 的飞机称为亚声速飞机。把 M 数大于 1.0 但小于 5.0 的称为超声速飞机。M 数大于 5.0 的飞机被称为高超声速飞机。

本小节内容的复习和深化

1. 什么是飞行器?

2. 航空器可以从哪些角度进行分类?

1.2　飞机的飞行原理

固定翼飞机常简称为"飞机",是指由动力装置产生前进的推力或拉力,由机身的固定机翼产生升力,在大气层内飞行的重于空气的航空器。

1.2.1　飞机的组成及其性能参数

1.2.1.1　飞机的组成

飞机的主要组成部件有机身、机翼、尾翼、起落架、操纵系统、动力装置和机载设备等,如图1-1所示。

(1)机身:处于飞机的中央,装载乘员、旅客、武器、货物和各种设备,将机翼、尾翼及发动机等连接成一个整体。

(2)机翼:产生升力,以支持飞机在空中飞行,同时也起到一定的稳定和操纵作用。通常在机翼上有用于横向操纵的副翼和扰流片,机翼前、后缘部分还设有各种形式的襟翼,用于增加升力或改变机翼升力的分布。操纵副翼可使飞机绕纵轴滚转。机翼上还可安装发动机、起落架和油箱等。

(3)尾翼:包括水平尾翼和垂直尾翼。水平尾翼由固定的水平安定面和可动的升降舵组成,用于操纵飞机绕横轴俯仰;垂直尾翼包括固定的垂直安定面和可动的方向舵,用于操纵飞机绕立轴偏转。在有些飞机上,水平尾翼不是装在飞机尾部的,而是移到机翼的前面,它称为前翼或鸭翼。

（4）起落架：是飞机起飞、着陆滑跑、地面滑行和在地面或水面停放、滑行中支撑飞机的装置，一般由承力支柱、减震器、带刹车的机轮（或滑橇、滚筒）和收放机构组成。低速飞机用不可收放的固定式起落架，以减轻质量，在支柱和机轮上有时装有整流罩以减小阻力。

（5）操纵系统：包括驾驶杆（盘）、脚蹬、拉杆等。驾驶杆（盘）控制升降舵（或全动水平尾翼）和副翼，脚蹬控制方向舵。为了改善操纵性和稳定性，现代飞机操纵系统中还配备有各种助力系统（液压的和电动的）、增稳装置和自动驾驶仪等。

（6）动力装置：包括产生推力的发动机、保证发动机正常工作所需的附件和系统，如发动机的起动、操纵、固定、燃油、散热、防火、灭火、进气和排气等装置或系统。

（7）机载设备：飞行仪表、通信、导航、环境控制、生命保障和能源供给等设备，以及与飞机用途有关的一些机载设备，如战斗机的武器和火控系统、客机的客舱生活服务设施。

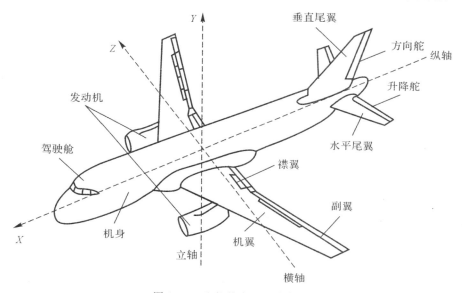

图 1-1　飞机的主要组成部件

1.2.1.2　飞行性能参数

飞机的主要飞行性能参数包括最大平飞速度，巡航速度，爬升率、升限、航程、作战半径和起飞着陆性能等。

（1）最大平飞速度：指飞机在水平直线飞行条件下，把发动机最大推力加到最大所能达到的最大速度，一般以 M_{max} 或 v_{max} 为代表符号。飞机飞行高度不同，空气密度、阻力、发动机的高度特性不同，最大平飞速度亦不相同。一般，喷气飞机的最大平飞速度是在 11 000 m 以上的高空达到的，现代战斗机的 M_{max} 在 2.0～2.5 之间，军民用运输机的 $M_{max}=0.9$ 左右。对于军用作战飞机来说，低空最大飞行速度也是衡量战斗机的重要性能指标，高空 $M_{max}=2.0$ 以上的飞机在海平面，其 $M_{max}=1.1$（1 349 km/h）左右。海平面空气阻力大，使最大速度下降近一半。

（2）巡航速度：飞机飞行每千米耗油最少的速度称为巡航速度，它主要取决于飞机所装发动机的高度特性和速度特性（推力和耗油率随速度而变化的特性）。民用飞机主要以巡航速度执行各种任务，超声速军用飞机在出航、返航等多数时间也都是以巡航速度飞行的。现代民用喷气运输机的巡航速度为 900 km/h 左右,军用飞机的巡航速度超过 900 km/h。

(3)爬升率、升限:驾驶员向后拉杆使飞机抬头做高度不断增加、航迹近于倾斜直线的飞行,称为爬升。单位时间的爬升高度即爬升率,单位是米/秒(m/s)。通常规定一架飞机的爬升率为 5 m/s 时的升限为"实用升限"。飞机的爬升率随高度升高而减小,一般将海平面的最大爬升率作为衡量飞机爬升性能的指标。现代战斗机的最大海平面爬升率可达 340 m/s,实用升限为 19 000 m 左右,动升限可达 30 000 m。大型民用运输机爬升率为每秒几十米。

(4)航程、作战半径:飞机的航程分为技术航程和实用航程。技术航程是指飞机在无风条件下耗尽飞机所装的所有燃油时所飞的最远距离,是飞机的设计指标,无实用意义。实用航程即通常所说的航程,是指涉及风向、留有一定飞行时间的储备燃油,并给出载重条件下飞机所飞的最大距离。

作战半径又称为活动半径,是指军用飞机往返执行作战任务所能达到的最大距离。作战半径与飞机的载弹量、载油量、在目标上空的作战方式和时间以及飞行剖面有关。军用飞机的作战半径通常只有其航程的 25%～40%。可以通过空中加油或在机体外挂可投放副油箱等方式来增加飞机的航程和作战半径。

5)起飞着陆性能:代表飞机起飞着陆性能的主要指标是起飞滑跑距离和着陆滑跑距离,单位是 m。提高飞机的起降性能,缩短飞机的起降滑跑距离是飞机设计师的主要任务之一。缩短起飞滑跑距离的主要措施有加大发动机的推力、降低飞机的起飞重力、采用增升装置(襟翼等)等。缩短着陆滑跑距离的主要措施除采用襟翼等增升装置外,还可以采用阻力板(减速板)、阻力伞及发动机反推力装置等。

1.2.2 作用在飞机上的空气动力

物体在外力作用下运动。飞行中,作用于飞机上的外力(载荷)主要有飞机重力、升力、阻力和发动机推力(或拉力)。在升力 Y 平衡了重力 G(总重)、发动机推力 P 克服了阻力 Q 之后,飞机才能做等速直线水平飞行(见图 1-2),即平飞;在升力等于重力的条件下,若发动机推力大于飞机阻力,即有剩余推力,则飞机做直线加速运动。可以看出,飞机的剩余推力越大或飞机的质量越小,则飞机的加速度越大,即加速性能好。

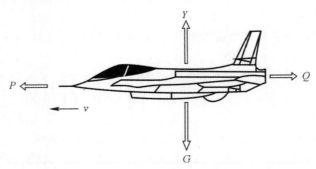

图 1-2 升力与重力、推力与阻力平衡后飞机做等速水平直线飞行

空气与物体有相对运动就会在物体上产生力,这个力就叫"空气动力"。物体与空气之间的相对运动是产生空气动力的必要条件,空气要有一定的密度和质量也是必要的条件,因此,飞机是在地球对流层和平流层中飞行的航空器。飞机的飞行性能主要是由其空气动力特性和

动力装置特性所决定的,而两者又与大气状况有很大关系。因此,计算飞行性能时必须利用国际标准大气。飞机的飞行性能还与飞机的质量有关,而飞机的质量则因飞机的装载不同和燃油的消耗而改变。

1.2.2.1　机翼上产生升力的原理

飞机主要靠机翼的升力支持它在空气中飞行。机翼上产生升力是飞机和空气相对运动的结果。它基于两个最基本的物理定律:流体连续定律和伯努利定律。

流体连续定律表明,当流体(气体或液体)在不同截面的管道中做定常流动时(见图1-3),流体的流速与管道的截面积成反比。也就是在管道粗、截面积大的地方流速慢,在管道细、截面积小的地方流速快。所谓定常流动是指流体密度不随时间而变化的流动。当然,这只是一种理想化的模型,是为研究问题方便而提出的。流体连续性定律可以用公式表达为

$$S_1 v_1 = S_2 v_2 = S_3 v_3 = \cdots = 常量 \tag{1-1}$$

式(1-1)是用于流体计算的"连续方程"。式中:S代表管道的不同截面积;v代表不同截面积处的流速。

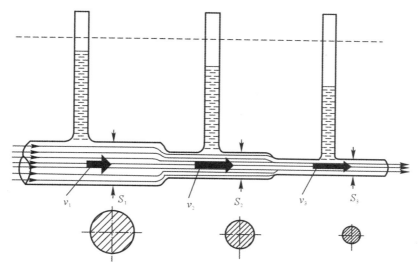

图 1-3　流体在不等截面的管道中做定常流动

伯努利定律指出,当流体在一个截面积不同的管道中做定常流动时,若不注入也不减少其能量,则沿管道各点的流体的动压与静压之和(总压)总是等于常量。它表明,流体在管道中做定常流动时,若中间没有加入或减少能量,则在流速大的地方压强小,在流速小的地方压强大。若用公式可表示为

$$p_1 + \frac{1}{2}\rho v_1^2 = p_2 + \frac{1}{2}\rho v_2^2 = p_3 + \frac{1}{2}\rho v_3^2 = \cdots = 常量 \tag{1-2}$$

式(1-2)就是伯努利方程。式中:ρ代表流体密度,在此式中是不变的(即流体是不可压缩的);v代表截面处的流速;p代表截面处管壁所受到的静压,也就是压强,代表流体的势能;$\frac{1}{2}\rho v^2$代表流体的动压,即流体流动时由于流速产生的压力,是流动速度平方的函数,代表流体所具有的动能。伯努利方程表明,在流管中,当能量不增不减时,流体是遵从"能量守恒法则"

的。当动能增加时势能则减少,反之亦然。

把流体连续性定律和伯努利定律综合用于流动中的空气,可以得出这样的结论:空气在管道中流动时,在管道截面积小的地方流速大、压强小;在管道截面积大的地方流速小、压强大。这一结论就是飞机机翼产生升力的原理。

如图 1-4 所示,假定有一架飞机在发动机的推动下以迎角 α(速度 v 与翼剖面前缘与后缘连线即翼弦间的夹角)向前飞行,速度为 v。此时从其机翼上沿翼弦切下一个剖面 A—A。当把迎角为 α 的 A—A 剖面置于速度为 v 的空气流中时,研究它所受到的空气动力情况。

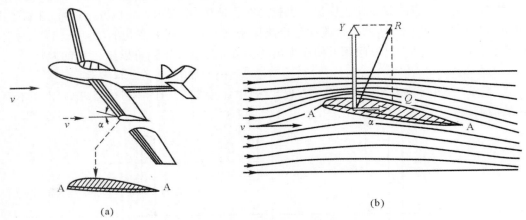

图 1-4 飞机飞行中机翼剖面上的空气动力

(a)迎角为 α 以速度 v 飞行的飞机; (b)在机翼剖面上的空气动力

剖面 A—A 可以视为被置于由空气构成的大流管中,当气流绕过剖面前缘流经上表面时,翼剖面向上拱起并有迎角 α,使空气流管的上部截面积减小,气流速度加大,从而使 A—A 剖面上表面的压强减小;空气流流经 A—A 剖面下部扁平和以迎角 α 向上抬起,使空气流管下部截面积增大,从而导致气流速度减小,使 A—A 剖面下表面的压强增大。由于 A—A 剖面上表面压强小、下表面压强大,两者之差就形成一个向上且垂直于速度 v 的力 Y,这就是机翼剖面 A—A 所产生的升力。气流流经机翼剖面 A—A 时,由于与表面摩擦,产生一个阻碍翼形前进的、与速度 v 平行的阻力 Q。升力 Y 与阻力 Q,按力的平行四边形法则构成合力 R。

以上分析的只是机翼上众多剖面之一 A—A 剖面上所产生的升力。机翼所有剖面的升力之和就构成机翼的总升力。在飞机飞行过程中,飞机除机翼之外的其他部件,如机身、尾翼等,由于气流的作用也产生一定的正升力或负升力,它们的升力与机翼的升力相叠加就构成飞机的总升力。不过由于飞机其他部件产生的升力都很小,所以通常用机翼的升力来代表整个飞机的升力。飞机总升力在飞机上的作用点称为气动力中心。

1.2.2.2 飞机的升力及决定因素

空气动力学家综合上述影响飞机升力的各项因素,把飞机的升力公式表示为

$$Y = C_y \left(\frac{1}{2} \rho v^2 \right) S \qquad (1-3)$$

式中:Y 是飞机的升力;ρ 是空气密度;v 是空气流速度;S 是机翼面积;C_y 是升力系数。

(1) 机翼面积 S。飞机的升力主要由机翼产生,机翼升力又是由翼面上、下压强差所产生

的。在其他条件相同的情况下,机翼升力与机翼面积成正比,即机翼的面积 S 越大则产生的升力越大。机翼面积对小型飞机来说,其数值在两位数之间变化,巨型运输机可达 $500 \sim 600$ m²。

在选择机翼面积和确定机翼形状时需考虑到一个参数,即机翼展弦比 λ。机翼展弦比是翼展(飞机两翼尖之间的直线距离,通常以 l 表示)的二次方和机翼平均弦长(机翼各剖面前缘顶点与后缘顶点连线长度的平均值)之比(见图 1-5)。

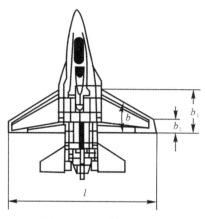

图 1-5　机翼的展弦比

机翼展弦比是代表机翼细长度的值,通常以 λ 表示,可以写成 $\lambda = l^2 / S$。展弦比是一个重要参数,它对飞机的升力和阻力有很大影响。展弦比大,飞机的诱导阻力小、升阻比大、气动效率高,适用于长时间巡航飞行的亚声速飞机。但由于大展弦比机翼比细长机翼作用于翼根的力矩大,需要较高的结构强度,这会带来飞机结构质量的增大。此外,在超声速飞行时会使激波阻力增大。所以,超声速飞机要采用小展弦比,或为了兼顾亚声速性能而采用中等展弦比($3 \sim 4$)的机翼。

(2)相对速度 v。机翼的升力与飞机和空气的相对速度的二次方(v^2)的 1/2 成正比,这是由于气流动能的表达式是 $\frac{1}{2} m v^2$(m 为气流的质量),当气流流经机翼时,受到机翼的阻滞,v 减小,气流的动能亦随之减小,减小的动能转换成势能(压强),并通过上、下压强差变成机翼的升力。对 $800 \sim 900$ km/h 的高亚声速飞机来说,v 值在 $220 \sim 250$ m/s 之间;对 $M = 2.0$ 的 2 倍声速的飞机来说,v 高达 590 m/s。

(3)空气密度 ρ。空气的密度 ρ 越大,气流的质量 m 越大,气流的动能 $\frac{1}{2} m v^2$ 也越大,气流的动能与飞机的升力成正比,所以空气密度 ρ 也与升力成正比。空气密度从海平面至 11 000 m 高度,其值在 $1.225 \sim 0.364$ kg/m³ 之间变化。

(4)机翼剖面与飞机迎角 α。机翼剖面形状和飞机的迎角对机翼升力有很大的影响,这从图 1-4 很容易看出来。翼剖面 A—A 上、下表面弧线凹凸程度的不同,或者整个剖面形状的不同,导致机翼上、下表面压强差(或升力)不同。同样,飞机的飞行姿态,即机翼的迎角 α 大小不同,也会使机翼剖面的上、下压强差发生变化,产生不同的升力。在飞机空气动力学上,把翼形的影响和迎角 α 的影响通过一个无量纲系数 C_y 进行表示,称为升力系数。不同的翼形有不同的升力系数 C_y,每个翼形的升力系数 C_y 是飞机迎角 α 的函数,飞机的 C_y-α 曲线如图 1-6 所示。

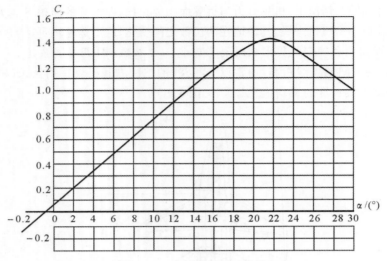

图 1-6　飞机的 C_y-α 曲线

由图 1-6 可以看出,飞机的 C_y 和 α 在一定范围内呈线性关系,随迎角 α 增大,C_y 增大。当迎角增大到某数值之后再增加,升力系数反而下降,这是因为在过大的迎角下,机翼上的气流产生分离变成紊流,使升力突然下降。对应最大升力系数 C_{ymax} 的迎角 α 为"临界迎角"(也称"失速迎角")。

在飞机进行高速飞行时希望阻力越小越好,因此,机翼的展弦比等主要参数都是按大速度飞行来选择的。这样的机翼在进行低速飞行时不可能产生大的升力。在飞机起飞和着陆的时候,需要采取措施增加升力以降低起飞和着陆速度,从而减少在跑道上的起飞和着陆滑跑距离,保证安全起降,增加可用机场。此外,当战斗机进行近距格斗空战时,也需要临时增加升力、加大转弯速度和减小转弯半径。因此,提出在飞机上安装增升装置。

现代飞机的主要增升装置有前缘缝翼、前缘襟翼、后缘襟翼等。这些装置都附设在机翼上,主要增升原理是,通过改变机翼弯度和增加机翼面积等措施来增加升力。其中,后缘襟翼一直是飞机的主要增升装置,其形式很多,例如简单襟翼、开裂式襟翼、后退式襟翼、单缝襟翼、双缝襟翼,如图 1-7 所示。

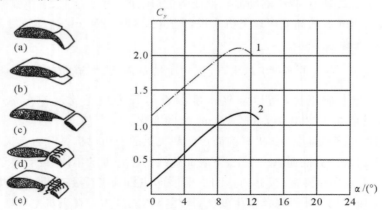

图 1-7　后缘襟翼的形式和增升作用

(a)简单襟翼;　(b)开裂式襟翼;　(c)后退式襟翼;　(d)单缝襟翼;　(e)双缝襟翼

1—机翼后缘襟翼放下;　2—机翼后缘襟翼收上

1.2.2.3　飞机的气动阻力及分类

气流作用于飞机机体,既产生升力也产生阻力,阻力是总空气动力的一部分。阻力公式与升力公式类似,为

$$Q = C_x \left(\frac{1}{2} \rho v^2 \right) S \tag{1-4}$$

式中:Q 是飞机的总阻力;C_x 是阻力系数;其他各参数的定义同升力公式(1-3)。

阻力系数 C_x 同升力系数一样,在飞机设计师确定飞机总体气动外形后,通过理论计算和飞机模型风洞试验确定其值。

在阻力公式(1-4)中,升力为零时的阻力系数 C_x 也是一个数量级在 $0.01 \sim 0.02$ 间的很小的数。由于有 v 和 S 两项值,计算出来的阻力也是非常大的,在总重近 400 t 的巨型客机波音 747 上,这个阻力需要由 4 台海平面静推力为 258 kN 的发动机发出推力予以平衡,以使飞机做水平直线飞行。

机翼产生大部分飞机升力,却不产生大部分阻力。机身、尾翼及外露于空气中的所有其他部分都产生阻力,而且所占比重很大。近代飞机在巡航飞行时,机翼阻力只占飞机总阻力的 $25\% \sim 35\%$。按产生阻力的原因划分,亚声速飞机上的阻力有摩擦阻力、压强差阻力、诱导阻力、干扰阻力;超声速飞机除了上述阻力之外,还要加上激波阻力。

(1)摩擦阻力。当气流流经飞机外露表面时,由于空气有黏性,气流与飞机表面产生摩擦而阻滞了气流的流动,由此而产生的阻碍飞机前进的力称为摩擦阻力。飞机表面被加工得非常光滑,减少了飞机表面的突出物,以及尽量缩小飞机的外表面积等,都是减小飞机摩擦阻力的措施。

(2)压强差阻力。当飞机向前飞行时,由于机身、机翼、尾翼等各个部件前、后压强差所形成的阻力即压强差阻力。压强差阻力与飞机各部件的迎风面积、形状(特别是后部形状)及气流流过的形式有关。一般来说,若气流流经物体后产生较大气流分离,则会引起较大的压强差。因此,飞机所有暴露于气流中的部件都应设计成流线形,使气流流过后不产生分离。尽量减小其迎风面积是减小飞机压强差阻力的有效措施。

(3)诱导阻力。随着机翼升力而产生的阻力称为诱导阻力,它同机翼的平面形状、剖面的展弦比有关。当亚声速飞机巡航飞行时,诱导阻力在飞机总阻力中占相当大的比重,所以,现代亚声速运输机采用大展弦比梯形机翼来减少诱导阻力,因为后者随机翼展弦比增大而减小。

(4)干扰阻力。飞机的机翼、机身、尾翼等各个部件单独在气流中所产生的阻力之和并不等于它们组合在一起所产生的阻力。一般情况下是后者大于前者,这是各部件气流互相干扰所致。飞机各部件之间由于气流干扰而产生的额外阻力称为干扰阻力。为了减少干扰阻力,要求飞机设计师合理而妥善地安排飞机各部件的相互位置,并根据需要在两部件连接处,如机翼和机身连接处加装整流罩。

当战斗机进行近距格斗空战时,有时需要突然减小速度以便进行转弯机动或在被敌机追赶时使敌机冲过头,以避免敌机从后部开火攻击,这就需要增加减速装置。飞机上用于增加阻力以减小飞机速度的可操纵面称为阻力板(减速板)。现代战斗机的减速板一般对称地装在机身上,运输机上的减速板一般装在机翼上表面靠近襟翼前缘的位置。

1.2.3　发动机对飞行性能的作用

为航空器提供飞行所需动力的装置称为航空发动机。发动机被称为飞机的"心脏",其重

要性是不言而喻的。航空史上的重要突破,如动力飞行、喷气推进、跨越声障、垂直起降和超声速巡航等无不与发动机技术的进步密切相关。

根据牛顿运动定律,航空发动机驱使一种工质沿飞行相反方向加速流动,工质就在航空器上施加一个反作用力,推动飞行器前进的这个反作用力就是推力,其大小等于工质质量与工质在推进系统内加速度的乘积。航空发动机产生推力必须要有工质和能源。流过推进系统的工质主要是空气,可利用的能源有化学能、太阳能和核能等,目前广泛应用的是化学能,如汽油和航空煤油等碳氢燃料。

活塞式航空发动机是早期在飞机或直升机上应用的航空发动机,用它带动螺旋桨或旋翼。后来逐渐为功率大、高速性能好的燃气涡轮发动机所取代。小功率的活塞式航空发动机仍被广泛应用于轻型飞机、直升机以及超轻型飞机上。

航空燃气涡轮发动机的主要性能指标包括推力(功率)、推重比(功重比)和耗油率等。耗油率是发动机每小时的燃油质量流量与推力或功率之比。推重比是指发动机在海平面静止条件下最大推力与发动机净重之比。现代涡轮喷气发动机的推重比为 3.5～4.0;加力涡轮喷气发动机为 5.0～6.0;加力小涵道比涡轮风扇发动机的推重比已超过 8.0;高性能的加力式涡轮风扇发动机的推重比为 12～15。

1.2.3.1　航空燃气涡轮发动机分类

在燃气涡轮发动机中,由压气机、燃烧室和驱动压气机的燃气涡轮组成发动机的核心机(见图 1-8),还包括进气装置和排气装置。它的优点是质量轻、体积小、运行平稳,广泛用作飞机和直升机的动力装置。

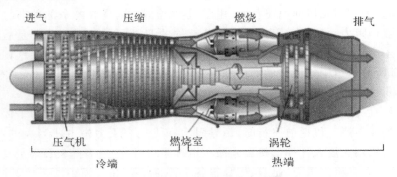

图 1-8　燃气涡轮发动机组成

空气在压气机中被压缩后,在燃烧室中与喷入的燃油混合燃烧,生成高温高压燃气驱动燃气涡轮做高速旋转,将燃气的部分能量转变为涡轮功,涡轮带动压气机不断吸进空气并进行压缩,使核心机连续工作。从燃气涡轮排出的燃气仍具有很高的压力和温度,经膨胀后释放出能量用于推进。核心机不断输出具有一定可用能量的燃气,因此又称燃气发生器。

(1)涡轮喷气发动机。靠喷管高速喷出的燃气产生反作用推力的燃气涡轮发动机称为涡轮喷气发动机。通常用作高速飞机的动力。涡轮喷气发动机由核心机和喷管等部件组成。核心机出口燃气直接在喷管中膨胀,使燃气可用能量转变为高速喷出气流的动能而产生反作用推力。在不增大核心机的条件下,为了在短时间内增加发动机推力,可采用发动机加力措施。歼击机上最常用的方法是在涡轮后安装加力燃烧室,成为加力涡轮喷气发动机。涡轮喷气发动机喷射气流速度高,如飞行速度在亚声速和低超声速范围内,则发动机的推进效率比较低。

(2)涡轮风扇发动机。由喷管排出燃气和风扇排出空气共同产生反作用推力的燃气涡轮发动机称为涡轮风扇发动机。涡轮风扇发动机由风扇、气压机、燃烧室、涡轮组成(见图 1-9)。其中气压机、燃烧室和涡轮三部分统称为核心机。此种发动机的气流通过两个通道流过发动机。

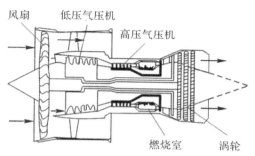

图 1-9　涡轮风扇发动机结构

由核心机组成的是内涵道,围绕核心机的是外涵道,所以又可将涡轮风扇发动机称为内外涵发动机或双涵道发动机。核心机出口燃气在核心机后的低压涡轮中进一步膨胀做功,用于带动外涵风扇,使外涵道气流的喷射速度增加,剩下的可用能量在喷管中转变为高速喷流的动能。这两股气流同时产生反作用推力。核心机相同时,涡轮风扇发动机的工质流量介于涡轮喷气发动机和涡轮螺旋桨发动机之间。涡轮风扇发动机比涡轮喷气发动机的工质流量大、喷射速度低、推进效率高、耗油率低、推力大。

(3)涡轮螺旋桨发动机。由螺旋桨提供拉力和喷气反作用提供推力的燃气涡轮发动机称为涡轮螺旋桨发动机。

涡轮螺旋桨发动机由燃气发生器、动力涡轮、减速器和螺旋桨等组成(见图 1-10)。燃气涡轮由驱动压气机的涡轮和驱动螺旋桨的动力涡轮组成。这种发动机靠动力涡轮把核心机出口燃气中大部分可用能量转变为轴功率,用以驱动空气螺旋桨,燃气中其余的少部分可用能量(约 10%)则在喷管中转化为气流动能,直接产生反作用推力。

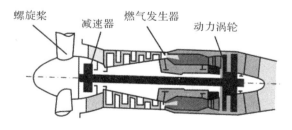

图 1-10　涡轮螺旋桨发动机结构

由于动力涡轮的巡航转速高(一般为 10 000~15 000 r/min),而螺旋桨轴的转速较低(为 1 000~2 000 r/min),在动力涡轮与螺旋桨之间需安装减速器,减速比一般在 10~15 范围内。

涡轮螺旋桨发动机与涡轮喷气发动机和涡轮风扇发动机相比,具有耗油率低和起飞推力大的优点。飞机着陆时,螺旋桨改变桨矩(反桨)从而产生反向拉力,以缩短着陆距离。受螺旋桨特性的限制,装有涡轮螺旋桨发动机的飞机的飞行速度一般不超过 800 km/h。

（4）涡轮轴发动机。燃气通过动力涡轮输出轴功率的燃气涡轮发动机称为涡轮轴发动机，是直升机的主要动力装置（见图 1-11）。它的工作原理和结构与涡轮螺旋桨发动机基本相同，只是核心机出口燃气所含的可用能量几乎全部供给动力涡轮。有些涡轮轴发动机的动力涡轮直接以高转速（12 000～25 000 r/min）输出，有些则通过减速器以约 6 000 r/min 的转速输出。

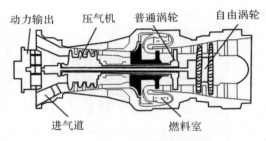

动力输出　压气机　普通涡轮　自由涡轮

进气道　　　　燃料室

图 1-11　涡轮轴发动机结构

对于涡轮轴发动机，除要求质量轻、耗油率低和维护方便外，工作可靠性尤为重要。直升机一般用于执行短途飞行任务，涡轮轴发动机经常处于起飞、爬高、悬停等大功率状态下工作，而且工作状态不断变化，因此要求部件有良好的耐低频疲劳性能。直升机经常接近地面飞行，特别是在充满尘沙或盐雾的大气中频繁起落，发动机经常受到外来物的侵袭，因此，零部件（特别是压气机叶片）要有良好的抗侵蚀能力，进气部分常装有防护装置。

1.2.3.2　航空燃气涡轮发动机设计参数

航空燃气涡轮发动机的主要设计参数包括增压比、涡轮前温度和涵道比等。

（1）增压比。增压比通常是指压气机增压比，是压气机出口总压与进口总压之比，它对发动机的做功能力和效率有重要影响。对于一定的涡轮前温度，可求得一个最佳增压比（即产生最大做功能力的增压比）和一个最经济增压比。选取时应根据发动机用途权衡考虑。早期发动机的增压比为 25～30，先进的民用发动机的增压比已达 45。

（2）涡轮前温度。涡轮前温度是第 1 级涡轮导向器进口截面处燃气的总温，也有不少发动机用涡轮转子进口截面处总温来表示。通过提高涡轮前温度，能增强发动机做功能力，提高热效率，降低耗油率，它是发动机水平的重要标志之一。在增压比和涡轮前温度的选择方面，对军用和民用发动机是按不同因素考虑的。军用发动机强调推力性能和推重比，因而一般尽量选取较高的涡轮前温度和适中的增压比，增压比过高会增加压气机级数，从而增加质量。民用发动机则强调经济性和使用寿命，因而选取较高的增压比和适中的涡轮前温度。

（3）涵道比。涵道比是涡轮风扇发动机外涵道和内涵道的空气流量之比，又称流量比。涵道比是涡轮风扇发动机的重要设计参数，它对发动机耗油率和推重比有很大影响。涵道比较大时，耗油率低，但发动机的迎风面积大；涵道比较小时，迎风面积小，但耗油率大。不同用途的涡轮风扇发动机应选取不同涵道比，如远程运输机和旅客机使用的涡轮风扇发动机，其涵道比为 4～8，在 11 km 高度的巡航速度可达 950 km/h；空战战斗机选用的加力式涡轮风扇发动机的涵道比一般小于 1，甚至可以小到 0.2～0.3，以亚声速飞行时不使用加力燃烧室，耗油率和排气温度都比涡轮喷气发动机低；当使用加力以 2 倍声速以上的速度飞行时，飞行器产生的推力可超过加力涡轮喷气发动机。

本小节内容的复习和深化

1. 分析飞机的组成及其功用。

2. 说明飞机机翼产生升力的原理。决定飞机升力的主要因素是什么？如何增升？

3. 产生飞行阻力的原因有哪些？为什么需要增阻及如何增阻？

4. 说明航空燃气涡轮发动机组成与分类。军用发动机和民用发动机的性能参数有何不同？

1.3　飞机构造原理

飞机由机体(机身、机翼、尾翼、起落架、飞机操纵系统)、动力装置和机载设备等组成。近代飞机机体的半硬壳式结构主要由曲面外形的薄蒙皮，支撑蒙皮的纵、横轻骨架组成，蒙皮和支撑骨架组合为一体的整体壁板也得到了应用。为了让操纵杆、液压管道、电线束等组件通过，经常需要在飞机结构的腹板和壁板上开口，如窗、门、维修口盖、舱口盖、炸弹舱口和检修孔等。在承力蒙皮上每开一个口，都需要增加其周围结构的强度，以便为载荷的传递提供适当的路径。在机翼、尾翼的蒙皮-长桁壁板或整体加强壁板上常常需要设置口盖或检修孔，便于结构和系统的检查与维护。下面重点对飞机机体予以介绍。

1.3.1　飞机机体构造

1.3.1.1　机翼

机翼的主要作用是产生升力，是飞机中最重要的部件之一。现代飞机有一些典型的机翼结构形式：图 1-12(a)所示的厚翼盒式结构，多采用单个或多个横梁(大展弦比机翼)；图 1-12(b)所示的薄机翼多墙式结构，多应用于小展弦比飞机。随着现代飞机向隐形、无人等方向发展，机翼的结构形式也在不断变化。

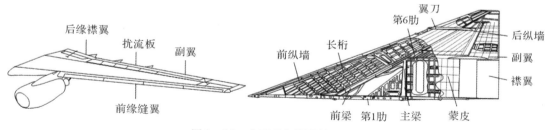

图 1-12　典型的机翼结构形式

(a)厚翼盒式结构；　(b)薄机翼多墙式结构

机翼是一种薄壁结构，通常由翼梁、长桁(也称为桁条)、翼肋和蒙皮等构件组成(见图 1-13)。各种构件的基本作用：一是形成和保持必需的机翼外形；二是承受外部载荷引起的剪力、弯矩和扭矩。

副翼是用于飞机横向操纵的翼面，一般安装于机翼的外侧。副翼是一块比较狭而长的翼面，翼展长而翼弦短。副翼的翼展占整个机翼翼展长度的 1/6～1/5，其翼弦占整个机翼弦长的 1/5～1/4。副翼的构造与机翼的构造大同小异，由梁、肋、蒙皮和后缘型材组成。

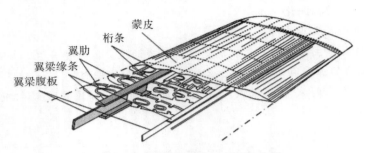

图 1-13　机翼结构的基本组成构件

　　(1)蒙皮-长桁壁板。长期以来,蒙皮-长桁壁板结构一直是飞机机翼的主要结构形式。蒙皮的直接作用是形成流线形的机翼外表面。为了使机翼的阻力尽量小,蒙皮应力求光滑,并要减少在飞行中的变形。从受力看,气动载荷直接作用在蒙皮上,此外蒙皮还参与机翼的总体受力——它和翼梁或翼墙的腹板组合在一起,形成封闭的盒式薄壁梁,以承受机翼的扭矩。现代飞机的机翼通常都采用铝合金蒙皮,它的厚度由机翼的结构形式和它在机翼上的部位确定。当前,随着复合材料技术的不断发展,机翼结构也开始大量使用复合材料。

　　长桁是与蒙皮和翼肋相连的构件,其上作用有气动载荷。长桁是构成机身和机翼的纵向构件,截面尺寸小而长度长,一般带有导孔和下陷。长桁的主要作用是支撑蒙皮,防止蒙皮在空气动力作用下产生过大的局部变形,并与蒙皮一起把局部空气动力传到翼肋上去。长桁多采用各种类型的型材,可按受力和连接需求设计成不同类型的截面,典型的机翼蒙皮-长桁壁板如图 1-14 所示。

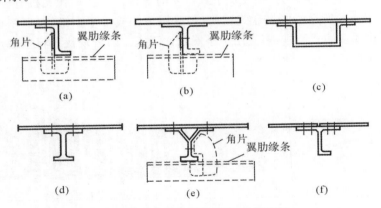

图 1-14　典型的机翼蒙皮-长桁壁板

(a)Z形(广泛使用);　(b)J形(广泛使用);　(c)帽形(除了在翼面上蒙皮上作为排气管之外,很少使用);
(d)I形(较少使用);　(e)Y形(较少使用);　(f)连接蒙皮的J形桁条

　　(2)整体壁板。壁板的另一种结构形式是整体式。如图 1-15 所示,其蒙皮和加强件的组合体由同一块原材料加工成形,即蒙皮、长桁之间采用无任何连接的整体结构。无加强筋的整体壁板又称整体厚蒙皮。现代飞机采用整体壁板代替铆接壁板或薄蒙皮,作为主要承力构件之一。从结构的角度来看,与对应的铆接壁板(蒙皮-桁条壁板)结构相比较,整体剖面设计不但能大大减小结构质量,而且能承受较大的屈曲载荷。此外,由于减少了基本装配附加构件的数量,因此,结构的外表面更光滑,从而减小了飞行阻力,改善了飞机的性能。

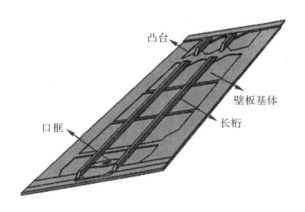

图 1-15　整体壁板结构实例

　　(3)翼梁。翼梁是翼面结构中由凸缘及腹板组成承受弯矩和剪力的展向受力构件,主要作用是承受机翼的剪力和部分或全部弯矩。一般,机翼结构上至少有两根翼梁,其主要原因是翼盒设计要满足布置燃油箱和起落架(处于收起状态)的空间要求。双梁结构通常由前梁和后梁组成,前梁位于能与机翼前缘缝翼相连的位置,后梁位于能与操纵面(如襟翼、副翼、扰流片等)相连的位置。此外,前、后梁和机翼蒙皮壁板结合在一起形成封闭的抗扭元件,并可用作整体油箱。

　　结构设计中常见的有三种翼梁形式:①由腹板和缘条铆接而成的腹板式翼梁;②缘条、腹板以及支柱和接头等一体化的整体式翼梁(见图 1-16);③由上、下缘条和许多直支柱、斜支柱连接而成的桁架式翼梁。

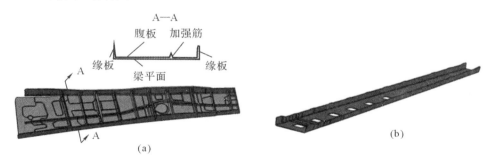

图 1-16　外翼后梁实例
(a)铝合金外翼后梁;　(b)复合材料外翼后梁

　　(4)翼肋。翼肋是机翼结构的横向受力构件。翼肋按其作用可分为普通翼肋和加强翼肋两种。普通翼肋保持规定的翼型,把蒙皮和桁条传给它的局部空气动力传递给翼梁腹板,而把局部空气动力形成的扭矩,通过铆钉以剪流的形式传给蒙皮,支持蒙皮、桁条、翼梁腹板,提高它们的稳定性等。加强翼肋除了具有上述作用外,还要承受和传递较大的集中载荷,在开口边缘处的加强翼肋则要把扭矩集中起来传给翼梁。

　　如图 1-17 所示,零件的腹板面一般保持平整,四周沿轮廓分布有不同弯曲角度和不同高度的弯边,弯边通常带有下陷,为了减小质量,在腹板上往往开有减轻孔。通过这些孔还可穿过副翼、襟翼等传动构件。为了提高腹板的稳定性,开孔处往往还压成卷边(弯边减轻孔),有时腹板上还压制凹槽(加强槽或加强窝)。

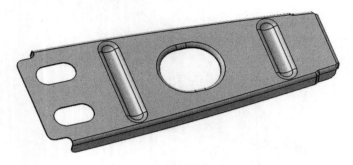

图 1-17　典型翼肋零件

1.3.1.2　尾翼

　　飞机尾翼的主要作用是操纵飞机的俯仰和偏转。水平尾翼(简称"平尾")和垂直尾翼(简称"垂尾")的构造与机翼结构基本类似。尾翼的组成和构造如图 1-18 所示,垂直安定面和方向舵结构如图 1-19 所示。

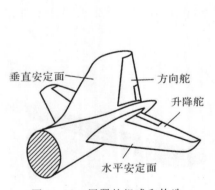

图 1-18　尾翼的组成和构造

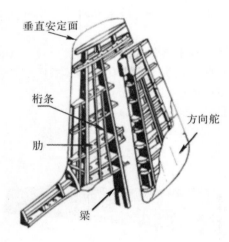

图 1-19　垂直安定面和方向舵结构

　　平尾由固定的水平安定面(有的可略微转动)和活动的升降舵组成。垂尾则由固定的垂直安定面和活动的方向舵组成。各个操纵面控制飞机的原理都是一样的,即通过操纵面的偏转改变升力面上的空气动力,变化的空气动力相对于飞机重心产生一个使飞机按需要改变飞行姿态的附加力矩。垂直尾翼和水平尾翼的展弦比通常比机翼要小,这意味着其上的弯矩也小。

1.3.1.3　机身

　　机身是飞机的一个重要部件,它的作用主要是装载人员、货物、燃油、武器、各种装备和其他物资。现代飞机的机身是一种加强的壳体,在薄蒙皮筒形结构中安装加强构件,如普通隔框、加强隔框、桁条和桁梁等,这种壳体通常被称为"半硬壳式结构"(见图 1-20)。加强的半硬壳式机身可以看成是一个薄壁梁,它由纵向元件(如桁梁和桁条)、横向元件(普通隔框和加强隔框)以及外蒙皮构成。桁梁承受机身大部分的弯矩以及弯矩所引起的轴向力,机身蒙皮承受横向外载荷与扭矩引起的剪切力以及座舱压力。

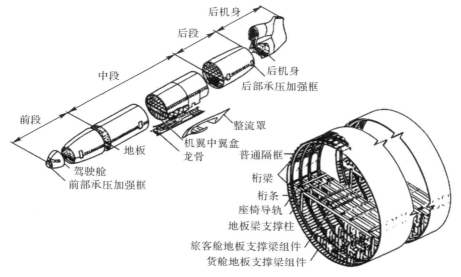

图 1-20　典型半硬壳式机身结构

　　飞行中,机身的阻力占整个飞机阻力的较大部分,因此,要求机身具有良好的流线形、光滑的表面、合理的截面形状以及尽可能小的横截面积。在飞行和着陆过程中,机身不仅要承受作用于其表面的局部空气动力,还要承受起落架和机身上其他部件传来的集中载荷,所以机身结构必须具有足够的强度和刚度。

　　(1)蒙皮与桁条。典型机身蒙皮、桁条结构如图 1-21 所示。

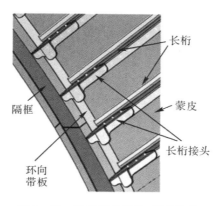

图 1-21　典型机身蒙皮、桁条结构

　　多年的实践表明,这种结构具有质量小、强度高的优点,而且易于生产和维修。机身与机翼的桁条和蒙皮作用相同。机身蒙皮曲率较大,在压缩和剪切载荷作用下比较稳定。此外,机身表面压力比机翼表面压力小得多,因此,机身蒙皮的厚度通常比机翼蒙皮要小。

　　(2)隔框。隔框可以维持机身横剖面的形状,还可用作周向止裂带,以阻止蒙皮裂纹的产生。机身隔框可分为普通隔框和加强隔框两种,如图1-22所示。

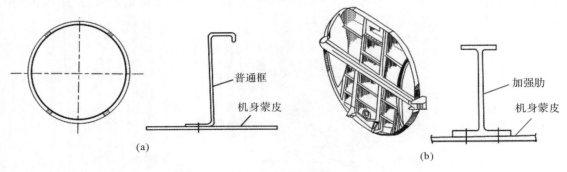

图1-22　机身隔框
(a)普通隔框;　(b)加强隔框

普通隔框用于形成和保持机身的外形、提高蒙皮的稳定性以及承受局部空气动力;加强隔框除了有上述作用外,还需承受和传递某些大部件传来的集中载荷。质量较大的座舱普通框和加强框在机身的径向对座舱壳体的膨胀具有重要作用。在结构设计中,隔框间距对受压蒙皮壁板的设计有很大影响。

(3)地板。客舱地板是民用飞机机身结构不可缺少的组成部分,主要由地板骨架的纵梁、横梁和安装在骨架上的面板组成,典型民用飞机的地板结构如图1-23所示。横梁一般采用工字形挤压型材,横梁支持在框上。骨架的纵梁可以作为安装和固定座椅的滑轨。地板本身由多块壁板组成,它们用螺栓固定在骨架上。机身地板骨架又通过铰接接头固定在机身框上。地板的面板一般是上、下面板和轻质芯材组成的夹层结构。芯材包括泡沫塑料和其他材料。

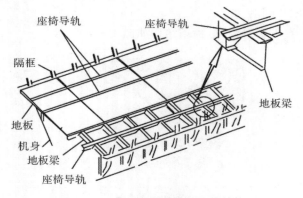

图1-23　典型民用飞机的地板结构

1.3.2　飞机结构分解

飞机的机体由几万甚至几十万个零件组成,如果在草图设计和技术设计过程中,不从构造和工艺上将飞机划分为几个完整的部分,那么,制造像飞机这样复杂的产品将是非常困难的任务。将一个复杂系统按照一定的规则分解为可进行独立设计的子系统的行为,称为"模块化分解"。如图1-24所示,产品结构是自上而下设计的,即从客户需求开始,进行功能分解和结构分解,得到模块及其组成,建立产品结构,在产品结构的基础上开展产品设计、制造、验证和集成。

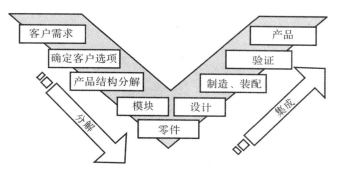

图 1-24　产品结构的分解与集成过程

飞机结构的上层结构通常是固定的,上层结构分解到段部件层,再分解到专业层,通过段部件获取产品数据。在上层结构的基础上,继续自上而下地进行结构分解,得到分系统的产品结构,再汇总形成飞机的产品结构。机体结构的分解与飞机系统的分解属于不同的领域,方法不同。机体结构的分解主要按使用维修和生产方面的因素考虑,而系统的分解更看重系统的可靠性和维修性。

飞机机体结构划分为部件、段件、组合件和零件,它们也通常被称为装配单元。零件是装配的基本单元,几个零件连接成组合件,如外翼的大梁、长桁、翼肋等。由骨架零件和蒙皮连接的结构单元称为板件或壁板。部件是由段件、板件、组合件和零件构成的。

1.3.2.1　设计分解

根据使用功能、维护修理、运输方便等方面的需要,设计人员将整架飞机在结构上划分为许多部件、段件和组件,如机身、机翼、垂直尾翼、水平尾翼、襟翼、副翼、升降舵、方向舵、发动机舱、各种舱门和口盖等。它们之间一般都是采用可拆卸的连接。上述这些部件、段件和组合件之间所形成的分离面,称为设计分离面。图 1-25 是大体上按设计分离面绘出的军用飞机结构分解。

1.3.2.2　工艺分解

飞机部件构造复杂、装配内容繁多、工作量大,装配过程后期结构比较封闭,装配开敞性差,劳动条件差,难以使用机械化设备。飞机装配不但需要采用体现产品尺寸和形状的专用装配型架,而且不能在一个工作地、用一台装配型架完成整个机体的装配工作。除飞机机体按设计分离面划分为部件、段件和组件外,为了满足生产上的需要,需将部件进一步划分为段件,将段件进一步划分为板件和组件,以使生产具有最佳的技术经济效果,如机身、机翼的壁板、框、翼肋、梁、机身下部、机翼的缘、后部、翼尖等。这些板件、段件或组件之间一般采用不可拆卸的连接,它们的分离面称为工艺分离面。

如图 1-26 所示,大体上按工艺分离面把机翼划分成段件和板件。应当指出的是,在飞机设计时就必须从成批生产的要求出发来考虑工艺分离面的部位、形式和数量。在飞机设计时,固然还不能成批生产,但在设计阶段如不考虑成批生产时对飞机划分所提出的要求,那么在试制以后,若转入成批生产,此时再要增减或修改各种分离面的部位和形式,将面临很大的困难,甚至是不可能的。

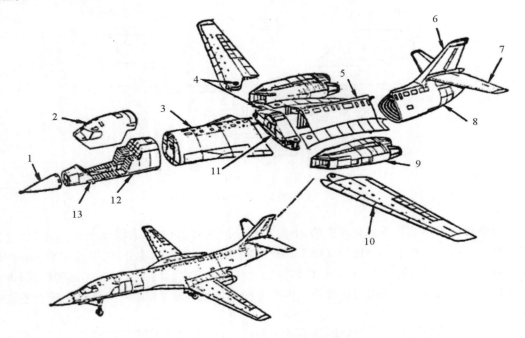

图 1-25 军用飞机结构分解

1—雷达天线罩; 2—乘员(救生)舱; 3—中机身前段; 4—变后掠翼枢轴区;

5—中机身后段; 6—垂直安定面; 7—水平安定面; 8—后机身; 9—吊舱;

10—外翼; 11—机翼贯串部分; 12—前机身; 13—低空飞行操纵舵

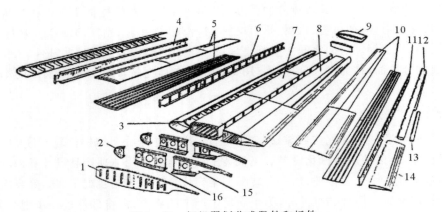

图 1-26 把机翼划分成段件和板件

1—翼肋; 2—前缘翼肋; 3—机翼前缘; 4—机翼前梁; 5—机翼中段上、下壁板; 6—机翼后梁;

7—机翼中段; 8—机翼后部; 9—翼尖; 10—机翼后部上、下壁板; 11—机翼后部纵墙;

12—副翼; 13—副翼调整片; 14—襟翼; 15—翼肋后段; 16—翼肋中段

1.3.3 飞机产品数据

一架飞机仅机体零件就达数万项,在设计过程中将产生大量的数据,因此,需要对一些数据进行有效的组织和管理。产品结构(Product Structure),即产品的物料清单(Bill of Materials),是产品及其零组件关系的分层次视图,表示一个复杂产品自上而下的所有层次结构,直至底层零件和材料,将各阶段产品数据(如工程图纸、零件细目表、规范、软件需求、设计文件及工艺/生产文件等)与产品结构关联起来,形成飞机构型(Configuration)。飞机产品数据示意图如图1-27所示。

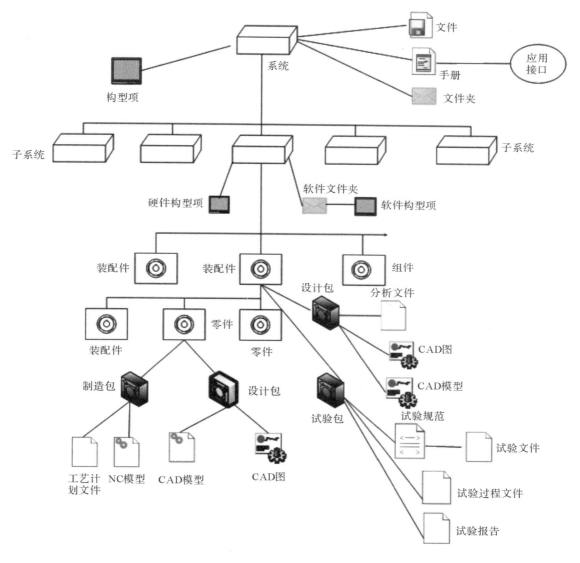

图1-27 飞机产品数据示意图

因此,飞机产品数据由描述零部件组成及相互关系的产品结构模型和描述零部件几何、材料等信息的数据模型共同构成,以物料清单为组织核心,将最终产品的所有工程数据和文档联系起来,实现产品数据的组织、管理和控制。

1.3.3.1 产品结构模型

产品结构树是物料清单的表现形式之一,用于描述零部件的组成及相互关系,是分级的装配、组件和(或)毛料的列表。其中,物料是用于加工生成产品的项目,如零件、装配件、设备、软件和原材料等。飞机的产品结构自上而下一般分为三层:树的顶层(上层)、功能层(中层)和树的底层(下层),如图 1-28 所示。

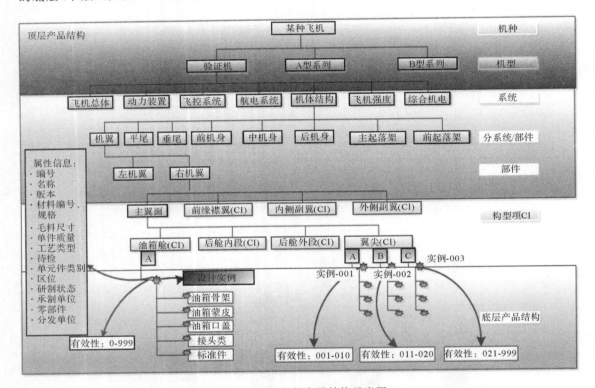

图 1-28 飞机的产品结构示意图

(1)顶层结构包括机种、机型、系统、分系统、部件,通常情况下其结构保持稳定不变。

产品族用于定义产品的系列,产品用于表达具体的飞机型号,是飞机产品结构的根目录。系统层按照专业划分为飞机总体、动力装置、飞控系统、航电系统、机体结构、飞机强度和综合机电。分系统层和部件层根据各专业具体情况划分,以机体为例,分解为机翼、平尾、垂尾、前机身、中机身、后机身、主起落架和前起落架。

(2)功能配置层用于组织多个不同的设计实例,并附属了有效性信息以便对构型项的有效性进行管理和查找具体版本的零件。由于不同飞机的功能需求不同,功能层的结构也不相同。构型项与顶层结构和底层结构都有对应关系,在某一架特定的飞机中,只可能有一个确定编号和版本的设计实例。

(3)底层结构包含了一个或多个设计解决方案,每个设计解决方案的顶层部件称为设计实例。

1)装配件:装配件位于构型项下面,用于组织产品的物料表。装配件包括组件、零件、标准件和成品件。装配件中可关联的文档包括安装计划、三维模型和技术数据,以及用于构型项制造和安装的工艺规范等。

2)组件:组件为装配件下面的节点,介于装配件与零件之间,组件下面又包括设计件、标准件和成品件。

3)零件:零件为产品结构树中的叶节点,零件包括企业自己的设计件以及来自供应商的成品件和标准件。

1.3.3.2　零部件工程模型

在飞机的每一个研制阶段中,设计工作要考虑功能、物理、工艺、维护和使用等方面的要求,协调各种矛盾后逐次形成完整的设计数据,形成模型、报告等各类文件。产品模型包括从零件、部件到整机的三维模型、二维工程图等几何数据,由计算机辅助设计(Computer Aided Design,CAD)系统建立或更改,用不同的版本标识,是产品设计的核心和生产的基础。非CAD 模型数据包括各种技术说明、更改单、分析报告等。

CAD 技术发展经历了二维绘图、三维几何造型以及三维模型定义三个阶段。

二维 CAD 系统在“甩掉图板”方面功不可没,极大地提高了设计的效率,减轻了工程人员的劳动强度,可以解决大量纸质图纸的阅读、保存和管理等问题,但是与传统的手工绘图相比,对减少产品设计错误、设计更改和返工现象并无重大影响。

三维产品造型能更加形象、直观地帮助技术人员进行产品设计,并能够对产品的可制造性加以评价,如可进行干涉检查、模拟装配等,因此,可以减少设计失误、缩短设计周期、提高产品质量。在实际生产中,还需要把三维模型转化为包含尺寸、公差等各种标注信息的二维工程图纸,即“三维设计＋二维图纸”的模式。这种模型与图纸分离的业务模式,使信息传递的一致性受到影响,造成图纸与模型不同步等问题。

基于模型的定义(Model Based Definition,MBD)是用集成的三维实体模型来完整表达产品信息的方法,零件三维模型组成如图 1 - 29 所示。其中:Model 是指几何形状特征、尺寸公差注释以及与制造、管理相关的属性;Definition 是指三维实体模型建模及模型中产品尺寸与公差的标注规则和工艺信息的表达方法。MBD 改变了由三维实体模型来描述几何信息,而用二维工程图来定义尺寸、公差和工艺信息的产品数字化定义方法,使三维实体模型成为制造中的唯一依据。

(1)几何信息是指设计者提供的产品对象的三维几何模型,包含零件几何体、外部参考、辅助几何等。外部参考是飞机结构件引用的外部几何模型和几何特征,根据引用的信息定义出构件的外形基准和位置基准。辅助几何是在外部基准信息和工程几何信息的基础上构造模型所需的中间几何数据的。

(2)标注信息是指尺寸、公差、基准、注解、捕获以及视图等,它们是不需要经过任何操作即为可视的内容。注解是对零件信息进行解释和说明。捕获是零件某个部位标注的尺寸、公差或注释等关键信息分类显示。视图包括工程视图、局部放大视图等。

(3)属性信息是指那些没有显示标注在三维模型中的文本以及符号等,它们是对产品完善描述的必要内容,是制造和检验的基本信息,可以通过对模型的查询而获得。通用注释包含设计单位、部门、版权说明、数据集内容、数据集比例、数据集尺寸单位和飞机通用技术要求等信息。零件注释包含材料标准、尺寸公差、表面粗糙度等技术要求以及特种检查、零件特性检查、对称性说明等信息。热表处理注释是对热处理和表面处理的描述。

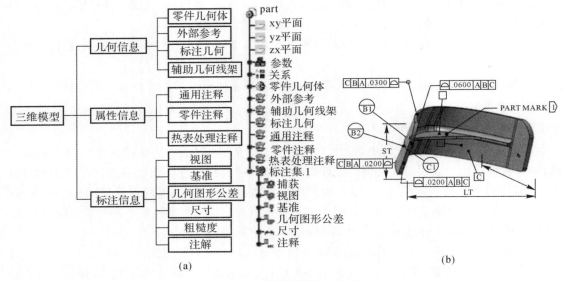

图 1-29　零件三维模型组成

(a)模型组成；　(b)模型实例

1.3.3.3　设计规定的公差

设计人员在模型上设计的产品"理想外形"是指能够达成所需功能的外形。将材料加工成零件,再装配成组件和部件的过程中,由于各种因素的影响总会产生制造误差。为了保证零部件能够进行装配或更换,解决的方法是将产品的几何和性能参数误差限制在规定的偏差范围之内,并通过检验保证其实施。公差(Tolerance)所规定的就是这种允许的偏差。工件制造误差与公差要求的符合程度以及实际值与理论值的接近程度即为制造准确度或制造精度。根据产品的功能和性能要求,正确、合理地设计零件和产品的尺寸、形状和位置公差及表面粗糙度,将其正确地标注在零件图和装配图上,是飞机设计的重要组成部分。

飞机设计时所规定的公差和技术条件是根据飞机使用与维护所要求的性能和设计经验而提出的对制造工艺的技术要求,这些技术要求对制造工艺、制造劳动量和生产周期以及飞机制造成本等都有直接的影响。如果飞机设计时所规定的公差过严,工艺性就差。零件、组合件和部件各环节允许的误差应合理分配,如果前松后紧就不合理。因此,既要重视产品性能的要求,又要根据客观生产条件和制造工艺水平合理地提出技术要求。

公差分为尺寸公差和形位公差(形状与位置公差)。尺寸公差涉及的是长度和角度尺寸,而形位公差涉及的是形状(例如平面度)或位置(例如垂直度)。公差可以保证产品的功能和零件的可装配性。然而出于成本原因,所选择的公差不应小于实际必需的公差。尺寸和形状误差对零件可装配性的影响要大于零件的表面粗糙度。

(1)尺寸公差。尺寸涉及的是长度和角度尺寸。飞机零件尺寸包括弯边高度、弯曲半径、弯边斜角、下陷深度、挤压型材横截面尺寸、孔边距、孔径、厚度。

标称尺寸 N 是图纸上所称谓的尺寸。在图形表达法中,标称尺寸相当于零线。公差的量规定为上限偏差 ES 或 es 和下限偏差 EI 或 ei。大写字母用于孔,小写字母用于轴。在公差的图形表达法中,上限与下限偏差尺寸之间的范围又被称为公差范围。

使用国际通用的 ISO 公差时,一般都通过公差等级(例如 H7)以编码形式标注公差的量及其公差范围相对于零线的位置。其中,字母代表基本偏差尺寸,数字代表公差度。基本偏差尺寸决定公差范围相对于零线的位置,而公差度则标明公差的量。

(2)形状公差。形状公差是指加工对象单一,实际要素的形状所允许的变动量,分为平面形状公差、圆形形状公差以及轮廓公差等,如一个圆柱体或一个平面的形状。①平面形状公差包括直线度和平面度,限制圆柱体或平面的直线边棱和外形轮廓线。②圆形形状公差包括圆度和圆柱度,与具有环形公差区的圆柱体和锥体相关。③轮廓公差包括面轮廓度和线轮廓度,限制的是面的形状或线形轮廓,例如一个机翼的轮廓。面轮廓公差可以限制整个机翼的形状误差。

飞机零件形状准确度包括平板零件的平面度,蒙皮、隔框、翼肋、梁、挤压型材等曲面零件的外形轮廓度。对于零件表面质量要求,如钣金零件加工过程中严防表面的擦、划伤;零件表面的鼓动必须被排除;零件的表面波纹度不大于 0.79 mm,但外形零件和有配合关系部分不允许有波纹;零件表面的"桔皮"及滑移线一般不可接受。

部件外形准确度包括外形形状准确度、外形波纹度和表面光滑度。外形形状准确度是部件实际切面外形相对理论切面外形的偏差。实际制造出来的飞机外形相对于理论外形的偏差应在设计的公差要求之内。不同的机型及同一机型上的不同部分,有不同的准确度要求。一般高速飞机外形要求比低速飞机要求高;在同一飞机上,机翼部件比机身类部件要求高;在同一部件上,最大截面以前比最大截面以后要求高。

(3)位置公差。所有的位置公差都是与基准相关的公差,因为公差元素的位置总是以一个基准元素或一个基准轴为基础的。位置公差分为定向公差、定位公差和跳动公差等。

定向公差是指关联实际要素对基准在方向上允许的变动量,包括平行度、垂直度和倾斜度3 项,对于机器的功能具有重要意义,例如,导轨的平行度或铣床上工作的主轴相对于铣床工作台的垂直度,倾斜度公差与角度公差共用。

定位公差是指关联实际要素对基准在位置上允许的变动量,包括同轴度、对称度和位置度3 项。同轴度公差限制的是一个有公差的圆柱体相对于基准圆柱体轴线的轴线偏移。对称度几何特征必须对称于一个中心面,典型范例是槽和孔的位置。位置度是点、线、面相对于基准的位置要求。如飞机各操纵面相对于固定翼面的位置度,部件内部框、肋、梁、长桁装配位置要求。一般规定梁轴线位置度公差为 $\pm(0.5\sim1.0)$ mm,普通肋轴线位置度公差为 $\pm(1.0\sim2.0)$ mm,长桁轴线位置度公差为 ±2.0 mm。

跳动公差都以一个轴线作为基准,包括圆跳动和全跳动。检测时让工件围绕着该轴线旋转,然后在工件转动过程中测量径向跳动和轴向跳动。

(4)表面粗糙度。表面粗糙度是微观几何形状误差,又称为微观不平度,它是指零件表面加工后形成的具有较小间距和峰谷的微观几何形状特征。用金刚石探针扫描工件表面可获取表面形状,对于表面粗糙度的评定,微观几何形状的幅度特征是基本参数,如轮廓算术平均偏差 Ra、轮廓最大高度 Rz 等。

本小节内容的复习和深化

1.机身和机翼结构有什么共同点? 整体壁板与对应的铆接壁板有哪些好处?

2.飞机机体结构在设计和工艺阶段如何分解? 设计分离面和工艺分离面是否可统一? 为什么?

3.分析飞机产品模型的组成,结合实例说明 MBD 模型由哪些类型的信息组成。

4.分别结合骨架零件和机翼部件,说明零件制造准确度和部件制造准确度有哪些具体要求。

5.公差等技术要求的制定对工艺性有何影响?

本章拓展训练

学习使用 CAD 软件,如航空主机所和主机厂使用的 CATIA,针对机体蒙皮、框肋、长桁、壁板等典型结构单元分别建立三维模型,包括零件模型和装配件模型,分析模型的组成。

第2章 航空工程材料与制造基础

飞行器产品的发展是由设计、材料和制造技术三位一体促成的,飞行器性能的发展促进材料和制造技术的共同发展,材料和制造技术的发展又为飞行器的发展提供技术保障。工程材料是飞行器产品的基础,飞机机体材料轻质、高度的要求决定了其材料选择;由人为操作机床设备并使用必要的工艺装备等资源来实现材料形状和性能转变;在制造过程之中、之后直接进行质量检验,以保证与设计技术要求的一致性。本章主要内容为工程材料及其改性原理、飞机机体材料及改性、制造/工艺和检测基础。

通过本章学习,要求读者掌握制造、工艺、质量等基本概念,典型飞机材料及其改性方法,工艺/设备/工艺装备分类,制造误差产生原因及质量检验方法。

2.1 工程材料及其改性原理

大部分工程材料并不是大自然直接提供使用的,而是经人工提炼、制造而成的,且均指固体材料。工业材料由原材料制成,从原材料到工业材料的制作过程如图2-1所示。大部分原材料均是从地壳中挖掘出来的,例如冶炼金属的矿石或制造塑料所需的石油等。通过化学转换的方法从原材料中制取工业材料,然后作为半成品和制成品投入市场进行交易。进入工厂后,再用这些工业材料制成工件。天然材料则直接取自自然界。

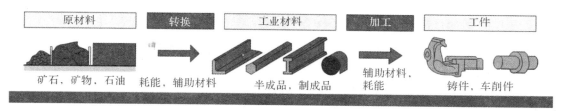

图2-1 从原材料到工业材料的制作过程

制造工业材料和加工工件以及驱动机床时都要添加辅助材料和消耗能量,包括冷却润滑剂、磨料和抛光剂、清洁剂、钎焊和熔焊的辅助材料、涂层材料、润滑材料、燃料、液压油压缩空气以及电能。

例如,车削工件时需要冷却润滑剂来冷却和润滑切削刀具,需要润滑材料来润滑机床的轴承,还需要电能驱动车床。

2.1.1 材料分类

如图 2-2 所示,工程材料按照其组织成分可以分为 3 种基本类型:金属(Metal)、聚合物(Polymer)、陶瓷(Ceramic)。金属材料在机械工业中占主导地位,聚合物属于有机非金属材料,陶瓷属于无机非金属材料。复合材料(Composite)由若干种材料组合而成,将各材料的优势特性集中体现在一种新材料中。它们的化学成分不同,机械和物理性能也不相似,这些不同点直接决定了由其制成的产品工艺也不相同。

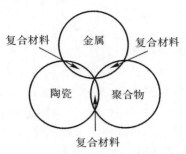

图 2-2　材料按组分分类

根据材料形态,可把材料分为固体、液体和气体。在生产和加工过程中,又可把材料分为原材料(液体、粉末、粒料等)和具有一定几何形状的材料(半成品、毛坯、零件)。

材料的性能包括两大类:使用性能和工艺性能。使用性能主要是指它的力学性能,同时也要关注它的物理性能、化学性能。工艺性能是指材料的可加工性能。材料的力学性能标志着材料在制造和使用过程中在力作用下的材料状况。

材料的力学性能与材料的受力载荷形式有关。载荷有静态和动态两种形式,前者称静载,后者称动载。静载是指对材料缓慢地加载,动载又可分为冲击载荷、交变载荷和摩擦载荷。根据力对零件作用方向的不同,分为拉力、压力、弯曲、剪切和扭转等。静载条件下材料的力学性能包括强度、塑性和硬度。动载荷作用下材料的力学性能包括冲击韧度、断裂韧度、疲劳强度、耐磨强度。

2.1.1.1 金属材料

除去铁(有时也除去锰和铬)及铁基合金以外的金属,统称为有色金属。根据其密度,把有色金属分为轻金属(密度小于 $5 \times 10^3 \ kg/m^3$)和重金属(密度大于 $5 \times 10^3 \ kg/m^3$)。由于纯金属相对较软,它们一般都不用作结构材料,所以它们常与其他金属组成合金,以提高其强度,但其韧性(即材料抵抗冲击载荷作用的能力)却因此而下降。根据其制造方法,又把有色金属分为塑性(变形)合金和铸造合金,把黑色金属分为钢和黑色金属铸造材料。

与其他 3 类工程材料相比,金属材料具有优良的使用性能和工艺性能,储藏量大,生产成本比较低,广泛用于制作各种重要的机械零件和工程构件,是机械工业中最主要、应用最广泛的一类工程材料。机器上吸收和传递各种力的主要零件均由钢制造,例如螺钉、螺栓、齿轮、型材、轴。铸铁可以被浇铸成机器零件,对于形状粗笨的零件,最好的成形方法是浇铸成形,例如机床底座。铜、锌、铬、镍和铅等重金属多是利用其特殊的材料特性。例如铜,由于其良好的导电性能,被用做线圈导线;例如铬和镍,把它们加入钢,可改善材料的某些特性。铝($\rho =$

2.7×10^3 kg/m³)、钛($\rho=4.5\times10^3$ kg/m³)等轻金属,由于它们很轻的质量和良好的强度,在航空航天产品中大量应用。

2.1.1.2　高分子材料

塑料主要由石油或天然气制造而成,其制造分为两个步骤:①活性半成品的合成。这类半成品多由单个分子组成,因此被称为单体;②数千个单分子连接成巨分子(大分子)。其中,所产生的物质称为聚合物(Polymer,来自希腊语 Poly,意思是许多)。以聚合物为主要组分,再添加各种辅助组分而形成的材料称为高分子材料或塑料。聚合物称为基料,是主要组分,对高分子材料的性能起决定性的作用;辅助组分称为添加剂,例如填充剂、增塑剂、固化剂、发泡剂和着色剂等,起改善、补充材料性能的作用。塑料种类繁多,按其内部结构分为三类:热塑性塑料、热固性塑料和弹性体(橡胶)。

塑料的典型特性包括低密度、电绝缘、导热性差、耐蚀性较强、加工成本低。在当今的工业领域内,塑料作为工程材料占有重要的地位。塑料一般不能用于制作承受较大载荷的机械零件,适于制作受力小、减振、耐磨、密封等零件,其应用范围非常广泛,从轮胎材料到传动齿轮箱零件。如丙烯酸酯,又称有机玻璃,用于飞机座窗等透明件。

与金属相比,塑料耐热性能较差、强度明显低,部分可燃,且只能有限地回收利用。通过使用高强度玻璃纤维或碳素纤维增强,可以获得一种纤维增强型塑料,其抗拉强度与碳素钢相仿,弹性模量明显增加。此外,它还具有较高的蠕变强度、较低密度(约达 2×10^3 kg/m³),适用于飞机的轻质高强结构。

2.1.1.3　陶瓷材料

陶瓷材料零件是以天然硅酸盐(黏土、石英、长石等)或人工合成化合物(氮化物、氧化物、碳化物等)为原料,经过制粉、混合、造型、高温烧结(1 400～ 2 500 ℃)而成的,包括硅酸盐陶瓷、氧化物陶瓷(如高密度烧结氧化铝)、非氧化物陶瓷(如碳化硅陶瓷、氮化硅陶瓷)、碳陶瓷。

陶瓷材料硬而脆,一般也不能用于制作重要的受力零组件,但其具有高熔点、高硬度、高耐磨强度、耐蚀性好等特点,可用于制作高温下工作的零件、耐磨耐蚀零件及切削刀具等。

陶瓷材料制成的零件既可承担特殊任务,如碳化硅陶瓷用于要求耐蚀、耐高温的发动机的喷嘴、火箭尾喷管喷嘴,碳化硅陶瓷基复合材料可制成飞机刹车盘,亦可作为特殊零件装入部件中,如连杆中的陶瓷轴承套。具有高强度和高韧性的钢零件需要具备陶瓷的表面特性时,可以采用陶瓷涂层。常见的陶瓷涂层由氧化铝和二氧化钛组合而成,用等离子喷涂的方法涂覆。

2.1.1.4　复合材料

复合材料是由基体材料(树脂、金属、陶瓷)和增强体(颗粒、纤维、晶须)材料复合而成的,既能保持所组成材料的各自特性,又可通过复合效应获得原组分所不具备的性能,可以通过材料设计使各组分的性能互相补充并彼此联系,从而获得新的优异性能。其中:基体材料起黏结、保护增强体的作用,并把外加载荷造成的应力传递到增强体上去;增强体材料起着提高强度(或韧性)的作用。

复合材料以基体材料类型分为金属基复合材料、树脂基复合材料和陶瓷基复合材料等。以增强体外形分为连续纤维增强复合材料、纤维织物或片状材料增强复合材料、短纤维增强复合材料和粒状填料复合材料等。根据材料复合后的内部结构,把复合材料划分成若干不同种类微粒增强型复合材料、纤维增强型复合材料、覆层型(层合)复合材料和结构型复合材料。复合材料种类如图 2-3 所示。

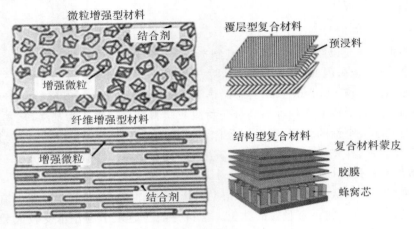

图 2-3　复合材料种类

2.1.2　材料选择

材料选择是飞机设计中的重要内容。选择零件材料时,必须首先清晰地描述出该零件应完成的任务和对该零件材料的要求,材料的技术任务和材料的选择见表 2-1。

表 2-1　材料的技术任务和材料的选择

对材料的要求	对材料性能的要求
该材料在其质量、熔点温度或导电性能等方面是否适合于该任务?	材料的物理性能,如密度、熔点温度和导电性能
该材料能否承受施加给它的各种力?	材料的机械-工艺性能,如强度、硬度、弹性
材料在滑动面耐磨吗?	材料的耐磨性能
采用哪一种加工方法可以实现零件加工的成本最优化?	材料的加工工艺性能,例如可铸造性和可切削性
零件的材料在实施预定使用目的时是否会受到周边材料或高温的侵蚀?	材料的化学性能,如抗腐蚀性能和抗氧化性能

选择零件材料时应遵循的原则是:除了着重考虑材料的性能外,还必须重视材料加工的成本以及对环境的影响等因素。

(1)该材料(物理、化学和力学性能)应能最好地满足零件功能的要求和技术要求。为满足飞机结构强度高、质量轻等主要要求以及其他特殊要求,飞机机体结构上选用了多种优质材料。

(2)零件材料和加工的成本应是最有利的。首先,从整体上来看,在满足结构要求的前提下,应力求减少材料的品种规格。尤其是国内稀有的或尚未生产的品种规格,要尽量少用或不选用;对性能相近的材料则应合并选用,以减轻备料、管理和供应工作的压力,而且热处理和表面处理方法等也相应减少。如某型强击机全机铆钉总数约 23 万个,而所用的铆钉材料只有 4 种,品种很少,易于管理,使用方便。其次,材料品种及其供应状态的选择,应尽可能选用加工性好的材料。各种材料的加工性往往差别很大,如钣金零件常用材料的成形性能差别就很大,对于同一零件的制造工时,选用 2024 时为 100%,选择 7075 为 110%～120%,镁铝合金为 150%～170%,不锈钢为 150%～200%,钛合金为 200%～250%,而且同一系列材料的成形性能和加工性也并不相同,选用时应注意。

(3)零件材料加工时和使用后不会增加对环境的负担。应尽量只使用、生产、加工和排放那些对人体健康无害并且对环境也不会造成损害的工程材料和辅助材料。评估一种材料时,必须考虑到其对环境的影响,这种影响始于材料的制造,主要体现在其使用阶段的无害,还包括其可循环利用性。

2.1.3　材料改性原理

纯金属的强度相对较低,在工程中,大部分的金属都是以合金的形式使用的。在合金中,各单个材料(合金元素)已经融合或特别细密地分布,而在复合材料中,各单个材料自身组织没有改变,它们以较大的微粒形式出现。材料的力学性能均取决于材料内部组成单元及其大小、形状、方向、比例、分布及相互结合状态,即材料的组织。热的作用可以改变合金的组织和力学性能;表面处理可以改善材料表面的耐腐蚀性、强度、硬度或耐磨性。

2.1.3.1　金属材料强化

合金与其组成的纯金属形式相比,大部分都已改善了材料性能,包括提高强度、改善防腐性能或增加硬度。合金的性能,例如抗拉强度、韧性和可成形性等,均取决于它的组成成分、组织和热处理状态。

(1)合金的成分。合金是若干种金属的混合体或金属与非金属的混合体。合金的主要元素是金属元素,且总体上具有金属性质。例如铁合金、铝合金、钛合金等,其中铁、铝、钛分别是各合金中的主要元素。组成合金最基本的独立元素称为组元。组元可以是金属元素或非金属元素,也可以是稳定的化合物。许多金属作为结构材料使用并无意义,例如铬和镍,但它们作为合金金属却意义非凡。由相同组元、不同成分(组元含量的百分比不同)组成的系列合金称合金系。

(2)合金的组织。液态(熔液)下,合金元素均匀地分布在合金中。熔液凝固时,根据基本金属和合金元素的不同,将形成各种不同类型的组织。通常,将合金中具有相同化学成分、相同晶体结构和相同物理化学性能并与该系统的其余部分以界面相互隔开的均匀组成部分称作相。通过金相技术可以看到材料的结构组织。常见的合金中存在的基本相可以归纳为固溶体和金属化合物两大类。

1)固溶体与固溶强化。固溶体是合金元素的原子在合金熔液凝固时均匀地分布到晶格而形成的单一的均匀固体(见图 2-4)。这与溶液的概念十分相似,只不过前者为固相,后者为液相。

固溶体的溶剂是固态的晶体,在溶剂中也溶入某种固态溶质原子。①固溶体和溶液一样也有溶解度的概念,可分为有限固溶体和无限固溶体。②溶质原子有规则地分配在溶剂晶格中的称为有序固溶体,反之则称为无序固溶体。③固溶体按照溶质原子在溶剂中的位置可以分为置换固溶体和间隙固溶体,如图 2-5 所示。当溶质原子取代溶剂晶格结点上的原子时称置换固溶体。当溶质原子嵌入溶剂晶格的间隙中时称为间隙固溶体。

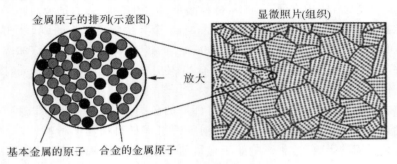

图 2-4 固溶体的内部结构

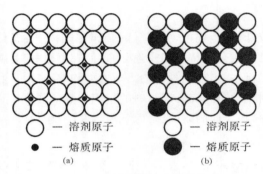

图 2-5 固溶体的两种类型
(a)间隙固溶体； (b)置换固溶体

当形成固溶体时，无论是置换固溶体，还是间隙固溶体，由于溶质原子与溶剂原子半径不同，固溶体中溶质原子的溶入引起晶格畸变，晶格畸变增大了位错运动的阻力，使滑移难以进行，从而使固溶体的强度、硬度有所提高，塑性、韧性有所降低，这种效应称为固溶强化。固溶强化主要是溶质原子与位错相互作用的结果，使固溶体的强度、硬度比溶剂有所提高，但塑性和韧性下降。

2)金属化合物与第二相强化。以两组元 A 和 B 组成合金时，除了形成以 A 或 B 为基的固溶体外，还可能相互作用生成一种具有金属特性的新相，这种新相通常是化合物，以化学式 A_mB_n 表示。化合物的晶格类型和原两组晶格类型完全不同且力学性质、物理和化学性质也不同。一般化合物具有高硬度、高熔点，呈脆性，塑性和韧性均较差。

形成两相混合物的合金中，若两相性能差异很大，当其中基体相为塑性良好的固溶体，第二相为金属化合物时，则第二相的数量、形状、大小及分布状况对合金性能影响很大。合金中以固溶体为主，适量的金属化合物弥散分布，可提高合金的强度、硬度及耐磨性，所以常用金属化合物来强化合金。这种强化方式称为第二相强化，它是各类铁合金及非铁金属的重要强化方法。

第二相以连续网状分布在基体相(固溶体)的晶界上时，破坏了塑性较好的基体的连续性，使合金的塑性、韧性及强度明显下降，脆性增大。当化合物以层片状分布时(如珠光体)，未破坏基体相的连续性，对塑性的危害比网状分布时显著减小，强度也提高。化合物的片层越细薄,层片间距越小,合金的强度越高,且塑性不降低。当化合物呈颗粒状分布时,阻碍位错移动的作用减弱,故强度比层片状分布时降低,但塑性、韧性提高。当化合物以弥散质点状分布时,化合物质点之间距离更小,阻碍位错移动作用更大,故强化效果更好,合金强度效果显著增强。

(3)合金的热处理。在固态下把通过热作用引起并保持住金属内部或表面的组织和性能变化的工艺方法称为热处理。例:硬铝合金退火状态成形性好,可以在退火状态成形,淬火后强度指标高,淬火后使用。热处理在机械制造业中占有非常重要的地位,通过热处理,能充分发挥材料的潜能,延长零件的使用寿命。例如:在各种机床设备中 60%～70% 的零件需要进行热处理。可淬火性是指材料通过有目的的热处理可提高其硬度和强度的能力。大部分钢和可硬化的铝合金等材料都具有可淬火性。

对于第二相强化,生产中通常采用不同方法获得弥散状分布的化合物质点。一种方法是当合金基体有溶解度限制时,先以较快速度冷却,溶质组元来不及从溶剂组元中析出从而形成过饱和固溶体,然后化合物以弥散质点的形式在固溶体基体上沉淀析出,从而使合金强化。这种通过过饱和固溶体沉淀析出弥散强化相来强化合金的方法叫时效强化或沉淀强化。

产品设计所要求的机械性能和加工的工艺性能有时存在矛盾。从加工角度来看,要求材料具有良好的工艺性能;从使用角度来看,要求材料具有良好的机械性能。因此,材料在良好的工艺性状态下改变形状后,再通过改变材料的组织来改善产品的性能。

2.1.3.2　材料复合效应

材料复合的目的是得到“最佳”的性能组合。复合材料的性能主要取决于以下 4 个方面:①基体的类型与性质;②增强体的类型与性质;③增强体的形状、大小及其在基体中的含量和分布;④基体与增强体之间的结合性能。通过对单个材料的合适选择和组合,把各材料的优良性能汇集到一种新材料中,同时掩盖有缺陷的性能,可以制造出其性能正好符合工程技术要求的复合材料。下面以玻璃纤维增强塑料、硬质合金、陶瓷增韧强化举例说明。

(1)玻璃纤维增强塑料。在玻璃纤维增强塑料中,玻璃纤维的高抗拉强度与塑料的韧性组合起来。与此同时,玻璃纤维的脆性和塑料的低强度则被掩盖掉。

玻璃纤维　＋　塑料　→　玻璃纤维增强塑料(GFRP)
(高强度,脆性)(低强度,韧性)　　(高强度,有韧性)

(2)硬质合金。在硬质合金中,将硬质材料(例如碳化钨)的硬度与金属(例如钴)的韧性结合在一种材料中。硬质材料的脆性和韧性金属的低硬度在组合后的新材料中均不再出现。

硬质材料　＋　韧性金属　→硬质合金
(高强度,脆性)　(软,韧性)　(高强度,有韧性)

(3)陶瓷增韧强化。工程陶瓷材料实用化的主要障碍是陶瓷的脆性,晶须和纤维增韧同是解决陶瓷脆性的主要办法之一。只有陶瓷基复合材料最有希望在高温 2 200℃ 条件下使用。向陶瓷基内添加各种纤维和晶须,可以制备出各种强化陶瓷复合材料。

纤维增强陶瓷基复合材料可以显著提高冲击韧性和抗热振性,降低陶瓷的脆性,同时陶瓷保护纤维,使之在高温下不被氧化,因此该复合材料具有很高的高温强度和弹性模量。例如,碳纤维增强氮化硅复合材料可在 1 400℃ 温度下长期使用,可用于制作涡轮叶片。

陶瓷材料　＋　纤维　→　纤维增强陶瓷材料
(高耐热性,脆性)　(韧性)　(高耐热性,高强度,有韧性)

2.1.3.3 材料表面改性

材料表面改性就是采用化学或物理的方法,改变材料或工件表面的化学成分或组织结构,赋予基体材料本身所不具备的高硬度、高耐磨性、耐蚀性和抗高温氧化性等性能,主要包括表面化学处理、表面强化和涂层。

磨损和腐蚀是机械设备零部件的两大主要失效形式,每年所造成的直接和间接的经济损失十分惊人。飞机使用环境复杂,不仅受到潮湿大气、海洋性大气的侵蚀,而且还受到工业废气、飞机本身的各种液体、油类和高温辐射的侵蚀。为使飞机表面受到保护,不受环境介质的腐蚀,需要进行电镀、氧化、喷漆和特殊性能涂层等表面处理,在产品表面涂覆一层薄膜或保护层,使之和腐蚀介质隔开,或改善金属表面化学成分,可以在产品在使用时长时间避免腐蚀,以提高产品的使用寿命,同时还具有装饰性或伪装性(伪装性使飞机具有作战保护意义,装饰性使产品外貌美观)。

根据所要求的保护期限、被保护材料表面所要求的特性以及腐蚀、侵蚀物质的不同,所使用的保护层也各有不同。为了更好地保护飞机外部零件不受环境介质的直接侵蚀,在金属涂层或氧化膜外表还要喷漆。

(1)表面化学处理。生产中为了对工件表面进行有效的保护,使工件表面形成一层均匀致密的薄膜,以提高工件表面的防腐蚀性能及减摩性能。把工件清洗后,浸泡入一个处理槽,通过化学反应,工件表面形成一个随材料共生的、微孔的、仅有几个微米厚的反应层。接着还可以涂含有防腐保护的油或涂层,使反应层内的微孔闭合,从而在工件表面形成一层保护层。常用的表面化学处理方法有氧化、磷化和钝化处理,但这些处理方法不适宜于露天存放的工件的长期防腐保护。

氧化处理是把钢铁工件在沸腾的含浓碱和氧化剂(亚硝酸钠或硝酸钠)溶液中加热,使其表面形成一层厚 $0.5\sim1.5~\mu m$ 致密的氧化膜,既可以防止金属腐蚀和机械磨损,又可作为装饰性加工。由于氧化膜呈深黑蓝色,故又称发蓝处理或煮黑。发蓝处理对零件尺寸和表面粗糙度影响不大,并能在处理过程中消除内应力。因此,在精密仪器仪表、工具、模具等制造中得到了广泛应用。

磷化处理是把钢零件浸入磷酸锌液槽,或在一个仓室内给钢零件喷涂磷酸锌溶液,在其表面形成一层 $5\sim15~\mu m$ 厚的磷化膜。磷化膜为多孔膜层,它能使基体表面层的吸附性、耐蚀性、减摩性得到改善。磷化膜与基体结合牢固,油漆、润滑油可以渗入这些孔隙中,故磷化处理广泛用于钢铁制品油漆涂层的底层和冷变形加工过程中的减摩,也用于零件的防锈。

钝化处理是指经阳极氧化或化学氧化方法等处理后的金属零件,由活泼状态转变为不活泼状态的过程,简称"钝化"。经钝化处理后,金属表面形成一层组织致密的氧化膜,提高了材料的抗腐蚀能力。铝合金零件应采用阳极氧化或化学氧化处理,镁合金零件则必须用化学氧化处理。钝化也往往作为电镀后的处理工艺,对锌、镉、铜、银等金属镀层,经铬酸或重铬酸盐的处理,如镀锌层钝化后,耐腐蚀能力一般可提高 5 倍以上。此外,钝化处理还能使镀层光亮美观,提升工件的装饰效果。

(2)表面强化。喷丸表面强化是将大量高速运动的弹丸喷射到零件表面,从而获得一定厚度的强化层表面。其原理是弹丸犹如无数的小锤反复锤击金属表面,表面的塑性变形使零件表面产生一定厚度的冷作硬化层(即喷丸表面强化层),这种表面强化层具有与内层材料完全不同的组织结构和应力状态。高密度的位错相互缠结阻碍塑性变形,提高了材料的屈服强度,零件的表面疲劳强度也大大提高;表面残余压应力的存在,可部分抵消引起零件疲劳破坏的循环拉应力,延缓疲劳裂纹的扩展,从而显著地提高零件的抗疲劳性能。

喷丸表面强化技术广泛应用于机械制造和航空制造等领域,如齿轮、连杆、飞机起落架和涡轮发动机中的关键承力件等都要经过喷丸表面强化处理。

(3)涂层。一般是在零件的表面涂覆一层薄薄的、固定附着的涂层,涂层的材料主要是油漆、塑料、金属、搪瓷或陶瓷。选择涂层方法以及涂层材料时,必须考虑环境的承受能力和对人身健康的危害性。

1)油漆和塑料涂层。油漆和塑料涂层除了改善外观之外,主要作用还是防腐保护。在有些情况下,这种涂层还应改善滑动性能、防滑安全性能或电绝缘性能。防腐保护漆主要涂覆在例如机器底座、钢板罩壳和钢支承结构表面。

通过洗刷和干燥过程清除零件表面附着的污物、油、油脂和水分,然后通过处理做出有黏附力的基础面,钢材料用磷酸盐处理,铝材料用铬酸钝化处理,再在零件表面涂一层或多层油漆或塑料。根据零件形状、涂层目的、涂层要求和生产批量等,分别有毛刷刷涂、喷漆、静电涂漆、电泳涂漆、塑料喷涂等涂层方法可供选用。

油漆由液态黏合剂(例如醇酸树脂、丙烯酸树脂、聚氨酯树脂或环氧树脂)与用于防腐保护和着色的粉末状颜料组成。使用前用溶剂或水将油漆调成所需的合适浓度。涂覆后,要留有时间使溶剂挥发和油漆层硬化。

塑料涂层所使用的塑料是热固性塑料,根据涂层方法的不同,分别使用聚酯树脂、聚氨酯树脂和环氧树脂,或热塑性塑料,例如聚氯乙烯(PVC)或聚酰胺。

2)金属涂层。金属涂层的主要作用是防腐保护和提高零件表面的耐磨强度,它们也用于维修和更新零件的磨损面以及改善外观和屏蔽电磁场干扰。可供使用的涂层金属材料有:用于防腐保护的锌、镍、铬、钼、铬-镍-铁合金,用于耐磨保护的硬镍、硬铬以及掺有润滑材料微粒和硬质材料微粒的镍层。涂层的方法包括堆焊、金属热浸镀法(例如热镀锌)、电镀、热喷涂等。

3)特殊性能涂层。特殊性能涂层除了具有耐磨防腐保护功能外,还具有完全特殊的性能,例如高导电性能、特强硬度、耐温性能等。涂层材料有搪瓷、陶瓷和硬质材料,涂层方法包括涂瓷漆、高速火焰喷涂或等离子喷涂、化学蒸发沉积涂层法等。

本小节内容的复习和深化

1.解释金属材料组织的概念。如何提高金属材料的力学性能?

2.塑料有哪些典型性能? 哪些性能限制了塑料在工程技术方面的应用?

3.陶瓷材料具有哪些特殊的性能?

4.复合材料的内部结构有哪些形式?举例说明。

5.飞机结构材料的特点是什么? 在零件设计中如何选择材料?

6.解释金属材料热处理强化的机理。

7.举例说明如何通过复合把组成材料的优良性能汇集到一种新材料中,同时掩盖有缺陷的性能。

8.说明表面改性的机理、作用和主要方法。

9.铝零件的阳极氧化的作用是什么? 再涂漆的作用是什么?

10.采用哪些方法可使钢零件形成用于涂层的、有黏附力的基础面?

2.2 飞机机体材料及其改性

飞行器的先进性在很大程度上取决于材料的先进性。飞行器机体材料和发动机材料是航空航天材料中最重要的结构材料,而电子信息材料是航空机载装置中最重要的功能性材料,但它一般不直接算作航空材料。近代飞机要求在安全可靠的前提下,不断提高飞行性能,因而,必须减小飞机结构质量,以提升飞机性能。航空结构材料的突出特点是轻质和高强。当前,飞机机体材料主要包括四大类:铝合金、钛合金、树脂基复合材料和钢,其中,复合材料和钛合金的用量不断增多。

对于飞机机体材料的要求,除了结构设计和选用新材料以外,采取工艺措施也是一个重要的方面。采用工艺方法,充分发挥材料性能的优势,克服材料缺陷,其中集中在热、表处理这两类工艺上。热、表处理是决定飞机零部件最终性能和寿命的关键性工艺。飞机金属零件几乎都必须进行一种或几种表面处理,而飞机上所有受力金属零件都要进行热处理。

2.2.1 铝合金及其热表处理

铝合金指铝与铜、锰、镁和硅以及与它们的化合物组成的具有某些特殊性能的合金,例如具有良好的可成形性、更高的强度以及对气候条件优良的耐受性。

2.2.1.1 铝合金材料分类

铝合金的分类和命名如图 2-6 所示。我国目前使用的变形铝合金牌号采用两种方法命名,即国际 4 位数字体系牌号、国内 4 位字符体系牌号混合编号。

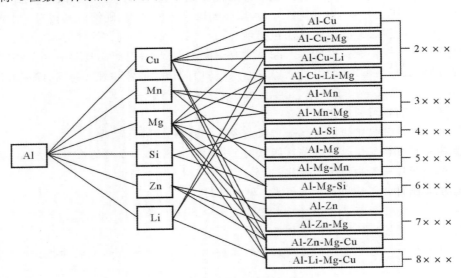

图 2-6 铝合金的分类和命名

按化学成分,已在"变形铝及铝合金国际牌号注册协议组织"命名的铝及铝合金,直接采用国际 4 位数字牌号,如 2024、7075 等在我国旧标准中没有的,直接使用引进的国际牌号。

化学成分不能与国际 4 位数字牌号接轨的铝及铝合金,则采用 4 位字符体系牌号命名,即:第 1、3 和 4 位为数字,其中,第 1 位数字表示合金类型,第 3、4 位数字表示合金元素或杂质极限含量的控制情况;第 2 位英文字母大写,表示合金的改型情况(A 表示未改型,B 或其他字母则表示已改型)。如 2A12 表示未改型的 Al-Cu 合金。

铝合金牌号、成分、属性及其应用见表 2-2。合金条件(或特性)的基本代号如下:

F——自由加工状态。由热或冷的加工成形但没有进行具体热处理的合金。

O——退火。通过退火(高温热处理)以实现最低强度条件的合金。

H——应变强化。通过加工硬化强化(例如轧)的合金,H 之后有两位数字。

T——固溶处理。通过固溶处理和时效处理的合金,T 之后有一个或多个数字表示不同的处理方法,如 T3 表示固溶处理、冷加工和自然时效,T6 表示固溶处理和人工时效。

表 2-2　铝合金牌号、成分、属性及其应用

序列	主要合金添加物(质量分数)/(%)	相对属性			航空航天应用
		强度	损伤容限	耐腐蚀性	
2×××	铜(2.6~6.5)	高	高	高	飞行器结构、铆钉
	镁(0~1.5)	—	—	—	下机翼蒙皮、机身蒙皮、轮毂
5×××	镁(0.8~5.0)	中	高	高	飞机燃料管,负载较轻的飞机部件,超塑性成形件
	锰(0~0.8)				
6×××	镁(0.5~1.1)	中	高	高	一些 2××× 应用的替代合金
	硅(0.4~1.4)				机身蒙皮及加强筋
7×××	锌(1.0~7.6)	非常高	高	中	高应力部件,如机身、上机翼蒙皮、梁及隔板
	镁(0~2.7)				超塑性成形件

总体来说,目前航空航天常用的变形铝合金包括 2×××、6×××、7×××,常用航空航天铝合金和一些商用铝锂合金的成分和属性见表 2-3。根据应用需求可加工成板、带、条、管、型、自由锻件和模锻件等。相对于变形铝合金,铸造铝合金的牌号不多,使用量也少得多,主要应用的是 AL-Si 系和 AL-Cu 系两大系列,用于制造飞机结构零件、仪器仪表附件以及航空发动机及附件,如进气机匣、主机匣、风扇机匣和燃油泵壳体等。

表 2-3　常用航空航天铝合金和一些商用铝锂合金的成分和属性

合金	成分(质量分数)/(%)					屈服强度/MPa	延展性/(%)	模量/GPa	密度/(kg·m⁻³)
	锂	铜	镁	锌	其他				
2024(T361)	—	3.8~4.9	1.2~1.8	—	—	395	13	72	2 770
6013(T8)	—	0.6~1.1	0.8~1.2	—	硅 0.6~1.0	386	8	70	2 710

续 表

合 金	成分(质量分数)/(%)					屈服强度/MPa	延展性/(%)	模量/GPa	密度/(kg·m⁻³)
	锂	铜	镁	锌	其他				
7050 (T7361)	—	2.0～2.6	1.9～2.6	5.7～6.7	—	455	11	70	2 830
8090(T8×)	2.2～2.7	1.0～1.6	0.6～1.3		—	430	7	79	2 540
2090(T83)	1.9～2.6	2.4～3.0	0.3 (最大)		—	500	6	76	2 590
2091(T8×)	1.7～2.3	1.8～2.5	1.1～1.9		—	335	14	75	2 580
2050(T84)	0.7～1.3	3.2～3.9	0.2～0.6		银 0.2～0.7	500	—	77	2 700
2196 (T8511)	1.4～2.1	2.5～3.3	0.2～0.8		—	470	6	78	2 630

2.2.1.2 铝合金的热处理

通常来讲,高强度铝合金板材的加工处理过程如图 2－7 所示。

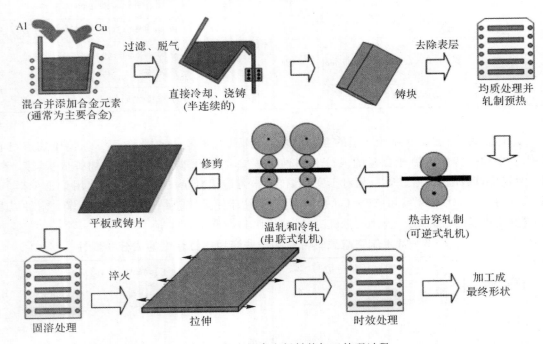

图 2－7　高强度铝合金板材的加工处理过程

（1）将铝熔化并加入合金元素（通常以中间合金形式）。通常使用直接冷硬铸造法的半连续铸造方法,这个过程能使金属相对快速地冷却下来,并产生一种等轴树枝状微观结构。然而,快速冷却会导致微观偏析,铸块在凝固后需经过均匀化处理。将合金的温度提高接近其熔点(450~500℃),并保温长达 24 h 以使合金元素扩散并使其化学成分均匀化。

(2)微观结构均匀化后,铸块通过如热轧、挤压或锻造的流程以接近最终形状。这个过程通常发生在 300~500℃。薄片和板材由横截面不断减小的坯料经各种各样的轧制方式生产出来。加工硬化(即通过冷轧)是增加屈服强度最简单的办法,但是所能达到的强度增加值有上限。

(3)在此处理之后,需要通过固溶处理和时效硬化来达到最佳强度。即先进行高温固溶处理,然后淬火至室温,之后用较低的温度进行时效处理。许多航空合金在固溶热处理后都要进行拉伸以改善其性能。

部分铝合金可进行时效强化,热处理使合金组织发生变化,从而显著提高合金强度。这种热处理主要包括固溶处理(加热保温、快速冷却)和时效强化。下面以 Al - Cu 系合金为例说明铝合金的热处理,图 2 - 8 所示为部分 Al - Cu 相图。从富含铝的一端至含铜量为5.5%,可以得到一种单一、铜溶于铝的固溶体 α。对相图中的此区域进行进一步研究,当温度下降时,铜的溶解度降低,在室温下接近 0(质量)。这意味着,含量小于 5.5%(质量)铜的合金,在温度升高时作为一种单一的固溶体组织 α 存在,但在冷却时固溶体分解形成 $CuAl_2$ 和固溶体 α。随温度降低,溶解度减小,这是时效硬化合金的一个关键要求。

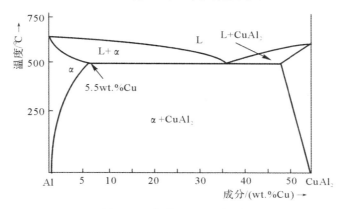

图 2 - 8　部分 Al - Cu 相图

在正常冷却条件下(即凝固或轧制后),$CuAl_2$ 倾向于在铝的晶界外形成比较粗的颗粒[见图 2 - 9(a)],这种结构通常强度不是很高。将 4%Cu 的铝合金加热到 α 相区的某一温度(约500℃),并在此温度下保持一段时间,$CuAl_2$ 颗粒会溶解在铝中形成单一的 α 固溶体组织[见图 2 - 9(b)];随后投入水中快冷(即进行淬火),使第二相 $CuAl_2$ 来不及从 α 固溶体中析出,在室温下形成过饱和的 α 固溶体组织[见图 2 - 9(c)],这一过程称为固溶处理。其强度为$\sigma_b = 250$ MPa(处理前 $\sigma_b = 200$ MPa)。此时强度比淬火前虽有提高,但不明显。

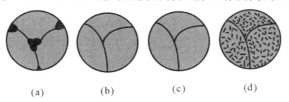

(a)　　　　(b)　　　　(c)　　　　(d)

图 2 - 9　含量 4%铜铝合金不同热处理之后的微观结构

(a)缓慢冷却;　(b)加热保温;　(c)加热保温和淬火;　(d)加热保温、淬火和时效处理将该合金在室温下放置4~5天后，σ_b升高到400 MPa，比淬火后提高很多。随时间延长，第二相CuAl$_2$以弥散质点的形式在固溶体基体上沉淀析出强化相[见图2-9(d)]，提高了合金强度，这种淬火后随时间延长而发生的强化现象称为铝合金的"时效强化"或"时效硬化"。在室温下进行的时效为自然时效，可能需要很长的时间(数日)。在加热条件下进行的时效为人工时效，可能发生在几小时之内。

图2-10为含4%Cu的Al-Cu合金的自然时效曲线，在时效开始阶段，强度不大，这段时间称为"孕育期"，"孕育期"的合金塑性好，易于进行铆接、变形等工艺操作。淬火后在较短时间内，材料仍具有接近甚至优于退火状态的良好塑性，这种状态叫新淬火状态。但在室温下能保持的时间很短，为0.5~1.5 h。而在低温(温度范围为-15~-20℃)下能持续很久，为2~4天。因而，在铝合金材料新淬火状态成形，可大大减少校形工作量。经过"孕育期"后，强化速度显著提高。在5~15 h内强化速度最快，经4~5天后，强度和硬度就达到最高值。经固溶处理后的铝合金，在不同的温度下进行时效，其效果也不同。时效温度愈高，时效速度愈快，但其强化效果愈差。

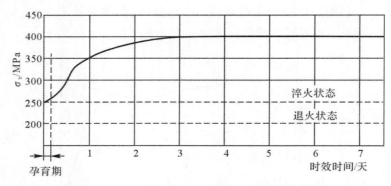

图2-10　含4%Cu的Al-Cu合金的自然时效曲线

很多其他元素(锌、镁、硅和锂)可以被添加到铝中，通过时效强化提高其强度。虽然该强化相的组合物、热处理温度和增强增量会发生变化，但时效强化处理的基本原则不变。

2.2.1.3　铝合金阳极氧化

阳极氧化法是将铝质零件在硫酸等电解槽中接为阳极，在铝质零件表面沉积着原子状态的氧，它们与铝一起形成一层密集的氧化铝层。一般情况下，铝合金氧化膜厚为5~20 μm，特殊情况下可获得300 μm厚度。所获得的氧化层膜具有较高的硬度、较好的化学稳定性、良好的耐腐蚀性能。铝合金化学氧化膜由于膜层薄，其工业应用也不能与阳极氧化相比拟。阳极氧化膜结合能力好、多孔，有较强的吸附能力，因而可用作喷涂油漆等有机涂层时与基本金属间的底层，也是吸附染色的良好底层。

在飞机制造技术中，所用的阳极氧化主要有硫酸阳极氧化、磷酸阳极氧化和铬酸阳极氧化等，在阳极氧化装置中进行。阳极氧化装置包括氧化前处理、氧化和氧化后处理一整套装置。铬酸阳极氧化主要用于机械加工件、钣金件、铝铸件、点焊件，主要工艺流程如下：溶剂除油→装挂→化学除油→温水清洗→冷水清洗→碱腐蚀、热水清洗→冷水清洗→出光→冷水清洗→铬酸阳极化→冷水清洗→热水清洗→干燥。

2.2.1.4　典型材料的应用

(1)2×××系变形铝合金。2×××系航空用变形铝合金以 Cu 为主要合金元素,属于可热处理强化的中强铝合金,具有足够高的室温抗拉强度(有些可达 500 MPa),有高的延展性、韧性、抵抗疲劳裂纹扩展的能力及良好的切削加工性能,因此该系列合金被广泛应用于军、民用飞机的主要结构件上,如机身蒙皮、机翼下蒙皮、机身框等。

目前,常用 2×××系航空铝合金主要有 2024 系列合金、2026、2618 等。国产第三代2×××系高纯铝合金主要有 2D12、2B06、2D70、2124 等。2024(4.4%质量的铜和 1.5%质量的镁)是主要的航空航天合金,通常会经过固溶处理、冷加工和自然时效处理(T3)。在铝中加入铜降低了其耐腐蚀性,通常采用各种防腐蚀技术解决(包铝、阳极化、涂漆等)。很多2×××的合金在使用时,表面需要镀一层纯铝的保护层(例如,包铝合金 2024)。

(2)7×××系变形铝合金。7×××系铝合金是以 Zn 为主合金元素的 Al-Zn-Mg-Cu系可热处理强化高强铝合金,含高达 7.6%(质量)的锌、2.7%(质量)的镁和 2.3%(质量)的铜,通过 $MgZn_2$ 的沉淀时效硬化来加强。7×××系铝合金的室温抗拉强度大多在 460～630 MPa 之间。7×××系铝合金的耐腐蚀性一般比 2××× 合金更好,但随着铜含量的增加,其耐腐蚀性会降低。7×××系铝合金以板件、锻件或挤压的形式应用于高应力的结构部件中,如机身和机翼蒙皮、翼梁、隔框、接头、支柱等关重件。

7×××系铝合金的基本热处理状态有 O、T6、T73、T74、T76 和 T77 等,不同热处理状态对合金的耐应力腐蚀性能、疲劳性能、断裂韧度等综合性能也有显著影响。例如,T6 态半成品具有最高的抗拉强度,但耐应力腐蚀、断裂韧度、缺口敏感等性能相对较差。T73 状态与 T6状态相比,显著提高了耐应力腐蚀性能,断裂韧度也有所提高,但强度下降约12%。在各种情况下,都需要对强度、损伤容限和腐蚀性能进行权衡。

航空 7×××系铝合金根据所添加的微合金化元素不同,主要包括 7075、7050 和 7049 三个系列。

1)7075 系列(含 Cr 或 Mn,包括 7075、7175、7475 等)。使用历史长,材料品种非常完备,一度成为广泛应用的高强铝合金。7075 具有最高的强度,但需要避免持续的拉伸应力,常用在压应力占主导地位的上部机翼蒙皮。7475 具有最佳的损伤容限,主要是由于其所加的铁和硅含量的限制较低。

2)7050 系列(含 Zr,包括 7050、7010、7150、7055 等)。可制造大规格厚截面半成品,用微合金化元素 Zr 代替 Cr 或 Mn,对控制合金的再结晶更有效。7055 铝合金是目前合金化程度最高、强度也最高,而且被大量应用的航空铝合金。

3)7049 系列(含 Ti、Zr,包括 7049、7149、7249,以及最新的 7349 和 7449)。合金的 Zn 含量高于 7050 系列,同时含有 Cr 元素,强度高、耐腐蚀性能好,在欧洲得到了较广泛的应用。

国产 7×××系合金包括 7A04、7A09、7B04、7050 等,其中 7B04 合金是国内目前比较成熟的铝合金,品种包括板材、厚板、型材、挤压壁板、棒材和锻件等。

(3)铝锂合金。铝锂合金是以锂元素为主合金元素或含有锂元素的铝合金。铝的拉伸弹性模量为 69 GPa,密度是 2 700 kg/m³。虽然大多数合金元素(除镁以外)对弹性模量和密度有积极的作用,但是其作用很小。基于这个原因,模量为(60±2)GPa,密度为(2 740±100)kg/m³ 的铝合金,几乎覆盖了所有的常规铝合金。锂对铝的弹性模量具有显著的积极作用,在铝合金中加入金属元素 Li,在降低合金密度的同时,可大幅度提高合金的弹性模量。研究表明,在铝合金中每添加质量分数为 1% 的 Li,可降低 3% 的合金密度,提高 6% 的弹性模量。

铝锂合金不仅具有低密度、高的比强度和比刚度、优良的低温力学性能和较好的高温强度等特性,还具有较好的抗疲劳性能,用其取代常规的铝合金,可使构件质量减轻 10% 左右、刚度提高 15% 左右,由此带来的飞机性能改善非常明显。但铝锂合金成本较高,价格一般为普通铝合金的 3~4 倍。在民用机机翼、机身的蒙皮、桁条、翼肋等典型零件上都有应用,板材可用作蒙皮和壁板,挤压型材可用作桁条、加强筋等零件,以进一步减轻质量和提升飞机的性能。

一些商用铝锂合金以及与常用航空航天铝合金的主要性能和成分有关的例子见表 2-3。锂是最大合金添加物的合金属于 8××× 系列。第二代合金(8090、2090、2091)和第三代合金(2050、2196)之间的主要差别在于较低的锂含量和较高的铜含量。因为铜是主要合金元素,所以属于 2××× 系列。

2.2.2 钛合金及其热处理

在航空航天领域的应用中,钛是极具吸引力的一种材料,但基于成本考虑,其使用范围一直都受到限制。钛具有很高的比强度、优良的抗腐蚀性以及良好的低温及高温性能(见表 2-4)。然而,钛的初始成本是铝合金或者低合金强度钢成本的 5~10 倍,且机械加工费用比铝合金高出两个数量级。因此,钛的应用比例在商用飞机结构中已经被最小化——每一处应用都必须是合理的——要么用来提高性能,要么用来降低维护成本。而军用飞机中钛的应用情况与之不同,由于军用飞机更加注重性能要求,所以减轻任何多余质量的意义都很大。

表 2-4 航空航天领域的应用中不同合金的强度密度及其比值

合 金	强度/MPa	密度/(g·cm⁻³)	比强度
7075-T6	538	2.8	192.1
Ti-6Al-4V	896	4.43	202.3
Ti-5Al-5Mo-5V-3Cr	1241	4.65	266.9

2.2.2.1 钛合金分类及其应用

钛在固态下有同素异构转变,熔点约为 1 668℃,在 882.5℃ 以下为密排六方晶格,称 α-Ti;在 882.5℃ 以上直到熔点为体心立方晶格,称 β-Ti。在 882.5℃ 时发生同素异构转变(α-Ti⇌β-Ti),它对强化有很重要的意义。利用钛的上述两种结构的不同特点,添加适当的合金元素,使其相变温度及组分含量逐渐改变而得到不同组织的钛合金。室温下,钛合金有三种基体组织,即 α 合金,(α+β) 合金和 β 合金,我国分别以 TA、TC 和 TB 表示。

(1)α 钛合金。钛中加入 Al、B 等 α 稳定化元素获得 α 钛合金。α 钛合金的室温强度低于 β 钛合金和(α+β)钛合金,但高温(500~600℃)强度高,并且组织稳定,抗氧化性和抗蠕变性好,焊接性能也很好。α 钛合金不能淬火强化,主要依靠固溶强化,热处理只进行退火(变形后的消除应力退火或消除加工硬化的再结晶退火)。如 TA7,成分为 Ti-5Al-2.5Sn,其使用温度不超过 500℃,主要用于制造导弹的燃料罐、超声速飞机的涡轮机匣等。

(2)β 钛合金。钛中加入 Mo、Cr 和 V 等 β 稳定化元素得到 β 钛合金。β 钛合金有较高的强度,优良的冲压性能,并可通过淬火和时效进行强化。如 TB1,成分为 Ti-3Al-13V-11Cr,一般在 350℃ 以下使用,适于制造压气机叶片、轴和轮盘等重载的回转件以及飞机构件等。

（3）（α＋β）钛合金。钛中通常加入β稳定化元素,大多数还加入α稳定化元素的（α＋β）钛合金,塑性很好,容易锻造和冲压,并可通过淬火和时效进行强化。热处理后强度可提高50%～100%。如 TC4,成分为 Ti－6Al－4V,经淬火及时效处理后,显微组织为块状（α＋β）＋针状 α。其中针状 α 是时效过程中从 β 相中析出的。由于强度高,塑性好,在 400℃时组织稳定,蠕变强度较高,低温时有良好的韧性,并有良好的抗海水应力腐蚀及抗热盐应力腐蚀的能力,所以适于制造在 400℃以下长期工作的零件,还可用于制造要求一定高温强度的发动机零件以及在低温下使用的火箭、导弹的液氢燃料箱部件等。

飞机结构钛合金按抗拉强度进行分类,包括低强度（低于 700 MPa）、中强度（700～1 000 MPa）、高强度（1 000～1 250 MPa）和超高强度钛合金（超过 1 250 MPa）。

航空发动机用钛合金是指具有较高的高温蠕变抗力、持久强度、高温强度、热稳定性和高温疲劳等性能,能够满足航空发动机零件在高温环境下长期工作要求的钛合金,主要用于制造航空发动机压气机叶片、轮盘和机匣等零件。航空发动机用钛合金以能满足发动机高温零部件长期工作的最高温度进行分类。如:TC4 钛合金是使用量较多的一类钛合金,工艺性能优越,综合力学性能好,成本低,生产和使用性能稳定,性能数据齐全,半成品种类多,该合金用于制造航空发动机风扇及压气机在 400℃以下工作的叶片、盘及轴颈等。

2.2.2.2 钛合金的热处理

（1）退火。钛合金可进行消除应力退火和再结晶退火。消除应力退火目的是消除工业纯钛和钛合金零件机加工或焊接后的内应力。退火温度一般为 550～650℃,保温 1～4 h,空冷。钛合金再结晶退火的目的是消除加工硬化,温度为 750～850℃,保温 1～3 h,空冷。

（2）淬火和时效。α 钛合金一般不进行淬火和时效处理,β 钛合金和（α＋β）钛合金可进行淬火时效处理,以提高强度和硬度。淬火温度一般为 760～950℃,保温 5～60 min,水冷。钛合金热处理加热时应防止污染和氧化,并严防过热,β 晶粒长大后,无法用热处理方法挽救。钛合金的时效温度一般在 450～550℃之间,时间为几小时至几十小时。

2.2.3 铁合金及其热、表处理

铁合金是主要组成成分是铁的合金材料,包括钢和铸铁。铁在制造过程中获取了一定量的碳,钢和铸铁的碳含量与其他合金元素共同影响着材料的组织。钢的碳含量低于 2.11%,并且还添加了其他元素。铸铁是碳的质量分数大于 2.11%的铁碳合金,工业上常用铸铁的碳的质量分数一般在 2.5%～4.0%之间,通过铸造制成工件。钢铁的制造成本低廉,使它们成为应用最多的金属材料。

2.2.3.1 钢的分类

（1）按照化学成分分类分为碳素钢和合金钢。与合金钢相比,碳钢冶炼简便,价格低廉,在工程制造中占有很大比例。工业上常用的碳钢含碳量一般不超过 1.4%。按碳的质量分数分类为:低碳钢（碳的质量分数小于 0.25%）、中碳钢（碳的质量分数为 0.25%～0.60%）、高碳钢（碳的质量分数大于 0.60%）。

合金钢是在碳钢的基础上添加某些合金元素以满足特殊性能要求。目前在合金钢中经常加入的合金元素有锰（Mn）、硅（Si）、铬（Cr）、镍（Ni）、钼（Mo）、钨（W）、钒（V）、钛（Ti）、硼（B）、

磷(P)和稀土元素等。这些合金元素可以改善钢的综合力学性能、淬透性、热稳定性和耐蚀性等。如不锈钢中含有铬(Cr)、耐热钢中含有钨(W)等。

(2)根据钢的用途分类为结构钢和工具钢。结构钢以热轧或光亮拉拔的棒材和型材投入商业使用,用于制造机械产品零件,根据其用途选择各种不同的性能:足够的强度和韧性、良好的可成形性和可焊接性、良好的可切削性、耐腐蚀性和耐磨强度。

合金结构钢的牌号表示为"两位数字+元素符号+数字"。前面两位数字表示钢中碳的质量分数的万分数,元素符号后的数字表示该元素的质量分数。如果合金元素的质量分数小于1%时,则不标其质量分数。例如,18Cr2Ni4WA表示高级优质合金结构钢,其平均碳的质量分数为0.18%,平均铬的质量分数为2%,平均镍的质量分数为4%,平均钨的质量分数小于1%。

工具钢主要用于制造刀具、模具、量具等工具,要求具有高的硬度和耐磨性以及足够的强度和韧性。合金工具钢按合金元素的质量分数可分为低合金工具钢和高合金工具钢。高合金工具钢由于有较多合金元素的加入,淬透性、热硬性大大提高,例如:高铬模具钢、高速钢。根据其使用时的温度,把工具钢分为冷作工具钢(最高为200℃)、耐热工具钢(超过200℃)和高速切削钢(约600℃)。高速钢的主要合金元素是钨、钼、钒和钴,如W18Cr4V,韧度最大,但硬度最小,用于麻花钻头、铣刀、拉削刀具、丝锥和板牙、成形车刀、塑料加工刀具等。

2.2.3.2 钢的热处理

钢的热处理就是在固态下,采用一定的速度将钢加热到预定温度、保温一段时间,再以预定的速度冷却的工艺方法,通过改变工艺参数,可以获得不同的组织,以满足零件不同的性能要求。热处理工艺分为普通热处理(退火、淬火、调质等)和表面热处理(表面淬火、渗碳淬火等)。通过热处理获得不同的组织,按需改变钢的性能,可提高强度、硬度和可加工性。

钢的普通热处理工艺包括退火、正火、淬火和回火,基本工艺过程是加热、保温和冷却。加热是热处理的第一步,其目的是获得成分均匀、晶粒细小的奥氏体,为冷却做准备。然而,过共析钢热处理时,通常只加热到共析线以上,而不是奥氏体完全转变线以上,其目的是在钢中保留一部分渗碳体,以提高钢的硬度和耐磨性。

退火是把工件缓慢加热,保持退火温度一定时间后缓慢冷却,得到珠光体组织的热处理工艺。根据退火温度的高低和退火时间的长短来区分退火方法。该工艺的目的是消除冶金及热加工过程中产生的某些缺陷,改善组织及加工性能。

淬火是把工件加热到淬火温度,在该温度下保持(奥氏体化),然后使工件骤冷(即把工件浸入水或油中),使奥氏体转变成马氏体(或贝氏体)。淬火是一种使钢变硬并耐磨的热处理方法。然而,骤冷后的钢变得非常硬和脆,马氏体还使得钢内部组织的张力过大,这可能导致淬火变形和淬火裂纹,施加负荷时,可能出现脆性断裂。

为了降低钢组织的脆性,刚淬过火的工件可加热至回火温度,并在该温度下保持一定时间,然后再慢慢冷却。回火处理可降低钢的脆性,使钢保持一定程度的韧性。回火只使硬度稍微降低。回火时,裸露的工件表面形成回火色,通过回火色可以判断回火温度。根据加热温度的不同,钢的回火可分为3类,见表2-5。

表 2 - 5　钢的回火

类　型	加热温度/℃	回火后组织	组织特性	应　用
低温回火	150～230	马氏体	高碳钢降低了脆性,保持了高硬度和耐磨性;低碳钢获得了较高的塑性、韧性和强度的配合	各类工具、模具、轴承、渗碳件、表面淬火件以及低碳合金结构钢制件
中温回火	230～500	贝氏体	内应力基本消除,弹性极限提高,但硬度有所降低	碳的质量分数在 0.45%～0.90% 的各类弹簧及某些要求高强度的结构钢制件
高温回火	500～650	索氏体	内应力完全消除,既有一定的强度和硬度,又有良好的塑性和韧性	在交变载荷下工作的零件,如轴、齿轮、连杆和螺栓等

　　一般来说,合金元素使淬火钢回火时马氏体不易分解,阻碍碳化物聚集长大,并使发生这些转变的温度升高。这就使得钢的硬度随回火温度上升而下降的程度减慢,即增加了回火稳定性。回火稳定性愈高,则钢在比较高的温度下仍能保持高的硬度和耐磨性。如在高速切削时,刀具温度很高,若刀具材料的回火稳定性高,则可提高刀具的耐热性和使用寿命。

　　接受高负荷和冲击负荷的零件需要高强度,但同时也需要良好的韧性(高断裂延伸率)。通过调质处理,即淬火后接着高温回火,可满足上述性能要求,主要用于动态负荷零件。碳素钢和合金钢都可以调质。碳素调质钢中碳含量为 0.2%～0.6%,合金调质钢中添加了少量的铬、钼、镍或锰等。经常使用的调质钢有 45,28 Mn6,42CrMo4。通过调质可达到的强度为:碳素钢最大可达 1 000 MPa,合金钢最大可达 1 400 MPa。

2.2.3.3　钢的表面处理

　　(1)金属涂层——电镀。电镀是在钢零件表面涂一层锌,是一种用于露天场所的良好的防腐保护措施。如图 2 - 11 所示,电镀是将待涂层的零件吊挂在电解液(金属盐溶液)内,并把零件接通为电镀槽阴极,通过一个电化学过程,在零件表面形成一个金属层。电镀可涂覆得到一个光滑的、闭合的、具有装饰性外观的金属层。为避免电解液中化学药物对环境造成污染,需花费高昂的环保投入。

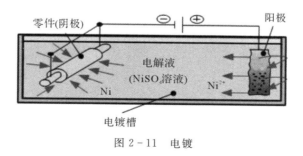

图 2 - 11　电镀

　　(2)特殊性能涂层。如图 2 - 12 所示,等离子喷涂和高速火焰喷涂是在等离子气体喷枪或高速喷枪中,将金属粉末或陶瓷粉末熔化,然后高速喷向已加热的零件,并在零件表面形成一个附着牢固的涂层的工艺,可涂覆高熔点单组分涂层和组合型复合涂层。涂层磨损后可补充和多次喷涂,可用于叶片、耐磨刀片、刀具切削刃等。通过钢的表面涂层处理,可大为改善高速钢刀具的耐磨强度。

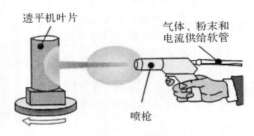

图 2-12 特殊性能涂层方法示例

2.2.3.4 钢的应用

钢材料具有高强度和很好的高温性能,如热强性、抗氧化性和耐蚀性等优点,在飞行器中广泛应用。其中,中碳调质钢是重要的航空航天结构材料,其特点是高强度和高硬度,有 Cr-Mn-Si 钢、Cr-Ni-Mo 钢等系列,广泛用于制造飞机大梁、起落架构件、发动机轴、高强度螺栓、固体火箭发动机壳体和化工高压容器等。铁基高温合金的使用温度超过 750℃,可用于各种热机的涡轮盘等耐热部件。

(1)Cr-Mn-Si 钢系列。30CrMnSiA 是 Cr-Mn-Si 钢中最典型的钢种,调质状态下的组织是回火索氏体。这类钢除了在调质状态下应用外,有时还采用 200~250℃ 的低温回火,在损失一定韧性的情况下得到具有很高强度的低温回火马氏体组织(σ_b 为 1 666~1 715 MPa)。当截面直径小于 25 mm 时可采用等温淬火,以便得到下贝氏体,此时强度与塑性、韧性可得到良好的配合。

30CrMnSiNi2A 由于增加了镍,大大提高了钢的淬透性,因此与 30CrMnSiA 相比,调质后的强度有了较大的提高,抗拉强度可达 1 700 MPa,并保持了良好的韧性。30CrMnSiNi2A 是飞机结构中应用最广的钢材,故得名飞机钢。30CrMnSiNi2A 的性能大大优于 30CrMnSiA,常用作飞机上一些负荷很大和很重要的零件,如起落架的支柱、轮叉和机翼主梁等。

40CrMnSiMoVA 是我国自行研制的低 Cr 无 Ni 中碳调质高强钢,其中加入了淬透性强的Mo,经淬火加低温回火后也有高的强度和良好的抗疲劳断裂性能,抗拉强度可达 1 800 MPa,用于制造飞机起落架、水平尾翼大梁等重要受力构件。

(2)Cr-Ni-Mo 钢系列。40CrNiMoA、34CrNi3MoA 都属于 Cr-Ni-Mo 系列的调质钢,由于加入了 Ni 和 Mo,显著提高了淬透性和回火抗力,对改善钢的韧性也有益处,使钢具有良好的综合性能,如强度高、韧性好、淬透性好等优点。此类钢主要用于高负荷、大截面的轴类以及承受冲击载荷的构件,如喷气涡轮机轴、喷气式客机的起落架及火箭发动机外壳等。

2.2.4 复合材料及其应用

纤维增强塑料(Fiber Reinforced Plastics,FRP)是高性能的纤维(Fiber)与环氧树脂等基体(Resin)胶合凝固或经过高温固化而形成的一种复合材料。纤维增强塑料具有高比强度、高比模量、耐腐蚀、抗疲劳性能好、可设计性强等特点。由于其优越的力学性能,纤维增强塑料在航空航天蒙皮、框梁肋、壁板等结构中获得了广泛应用,并同铝合金、钛合金及钢一起成为航空航天的四大结构材料。

2.2.4.1　材料组成

纤维增强塑料的性能取决于其所采用的塑料和纤维的类型,以及纤维在材料总体积中所占的比例和纤维在工件中的排列。

基体一般为热固性塑料,但也可采用热塑性塑料。按应用性能特点可分为结构复合材料和功能复合材料。结构热固性树脂复合材料力学性能较优,一般用于航空航天飞行器的主、次承力结构,包括环氧树脂、双马来酰亚胺树脂、聚酰亚胺树脂等;功能热固性树脂复合材料往往具有透波、吸波或抗烧蚀等特性,可作为航空航天飞行器功能结构部件,包括酚醛树脂、氰酸酯树脂等。

纤维材料包括玻璃纤维(Glass Fiber)、碳纤维(Carbon Fiber)、芳纶纤维(Aramid Fiber)等。加入的纤维具有高抗拉强度(最高达 1 000 MPa)和低密度(约为 2.5×10^3 kg/m³)的特点。单根纤维厚度从 $10 \sim 100$ μm 不等。玻璃纤维具有抗拉强度高、电绝缘性好、价格便宜等优点,缺点是脆性大。碳纤维的优点是高强高模量、密度小、耐腐蚀,缺点是价格昂贵。在航空产品中已形成以高强、高模碳纤维与高韧性环氧与双马树脂的复合应用为代表的主干材料体系。

先进复合材料由高体积分数的高强纤维和中高温树脂体系复合而成,通常平均纤维体积含量在 0.5~0.7 之间,航空航天应用的典型目标是 0.62。

材料的强度随纤维含量的增加和纤维在某个方向的取向而增强。纤维在复合方向上(即它加入复合材料时所处的方向上)传递其高抗拉强度。对于那些主要在一个方向上经受负荷的零件,就在这个方向加入纤维。如果零件在所有方向上都有负荷,则在所有方向都加入纤维。

2.2.4.2　典型应用

FRP 在民用飞机中的应用大致分为 4 个阶段:①第一阶段应用于受力很小的构件,如前缘、口盖、整流罩和扰流板等;②第二阶段用于受力较小的部件,如襟翼、副翼等,已有了一定的规模;③第三阶段用于受力较大的部件,如水平尾翼、垂直尾翼等部件,已有较大规模,如在波音 B777 上用于平尾、垂尾、机身地板梁等处,共用复合材料 9.9 t,占结构总质量的 11%;④第四阶段用于机翼、机身等主承力结构,规模已很大,如波音 B787 复合材料约占结构质量的50%,全机主要结构都采用碳纤维增强复合材料制成,是世界上第一个采用复合材料机翼和机身的大型客机。先进 FRP 在飞机上的应用可实现 15%~30% 的减重。

在航空领域,20 世纪 90 年代起,随着复合材料制造技术的发展,飞机复合材料用量快速增长。除了飞机机体,航空发动机上的冷端部位,如进气道、风扇、外涵道以及叶片等结构也大量采用树脂基复合材料制造,达到了减轻质量,提高推重比的目的。在战斗机上大量使用复合材料的结果是大幅度减轻了飞机的质量,并且改善了飞机的总体结构,极大地减少了构件的数量。如某飞机垂尾,原使用铝合金,结构质量为 422.6 kg,改用复合材料后降至 309.6 kg,减重达 26.7%,其中翼梁从 220 kg 减至 157.5 kg。

本小节内容的复习和深化

1.金属材料热处理的机理是什么? 由哪些工作过程组成?

2.铝合金的命名方法和常用牌号有哪些？结合铝合金的强化机制，描述铝合金材料新淬火状态成形的原理？

3.铝合金阳极氧化形成的氧化膜有哪些特性？

4.钛合金的分类和常用牌号有哪些？相比于铝合金和钢，钛合金的性能特点是什么？

5.钢有哪些热处理方法？钢淬火形成的马氏体组织性能特点是什么？

6.调质后，工件应获得哪些性能？调质由哪些工作过程组成？它们如何与淬火相区别？

7.刀具陶瓷涂层的作用是什么？

8.纤维增强复合材料的性能取决于哪些因素？对比说明飞机零件分别采用 CFRP 与铝合金的优缺点。

2.3　制造及其分类

制造是将材料转变为有用产品的过程，这个过程应以尽可能低的成本和尽可能大的价值来实现。这一过程需要使用资源。产品、过程和资源是制造工艺的三个要素。将输入转变成飞机产品的制造，需要使用计算机软件、硬件和机床设备等各类制造资源，在各种技术要求和作业规范的控制下，进行产品设计和制造工程设计，制订生产计划并完成加工装配，最终形成满足质量、周期和成本要求的飞机产品。

2.3.1　制造活动

根据制造的概念，制造过程包括两类基本活动：技术活动和经济活动，如图 2-13 所示。

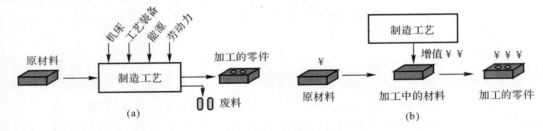

图 2-13　制造的基本活动

(a)技术活动；　(b)经济活动

技术活动是指通过物理或化学的工艺过程改变材料的外形、属性和表面以形成零件或产品。经济活动是指通过加工或装配的生产过程使材料增值。制造过程使用的资源包括机床、工艺装备、能源、劳动力等。

传统意义的制造是指产品的机械工艺过程，现代意义的制造不仅是指具体的工艺过程，而且包括市场分析、产品设计、生产工艺过程、装配检验和销售服务等产品整个生命周期过程。对于制造的技术活动和经济活动，将原材料转变为飞机产品的制造是需求与效益驱动的社会性人为产出活动，分为设计制造和经营管理两条功能主线（见图 2-14）。设计制造活动包括产品设计，工艺过程设计，工艺装备设计制造、加工、装配；经营管理活动包括研制过程管理、生产过程管理和质量管理。飞机产品的设计与制造、技术与管理以及生产过程与质量控制互相不可分割。

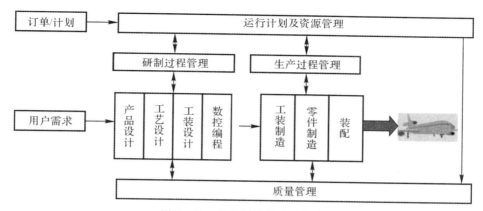

图 2 - 14　航空制造的功能主线

一个制造企业若想在市场上具有竞争力，获得经济效益，必须以尽可能低的成本，向它的客户提供优良的产品质量、诚信的供货约定以及令人信赖的客户服务。其中，产品质量、周期、成本是制造的焦点，目标是保证制造具有理想的技术经济效果。另外，从产品设计、制造、使用直至回收，都必须充分考虑对环境的保护。

（1）质量（Quality）反映产品满足明确和隐含需要的能力的特征总和，可以通过功能性、可靠性、可维护性、人机工程、标准化、美学等使用指标来表征。功能性指标确定了产品实现指定用途的能力。可靠性指标说明了产品在规定的期限内以指定的参数完成指定任务的能力。可维护性指标规定了从维护要求的观点看产品构造达到的完善程度。

（2）服务（Service）包括咨询、服务和售后客户服务。

（3）时间（Time）：供货时间短和按约定日期按时交货。

（4）成本（Cost）是产品设计和生产时所需的费用，并规定了产品使用时的经济效果。

（5）环境（Environment）：符合安全保护、健康和自然环境等方面的法律和法规。

2.3.2　制造技术

制造技术是制造活动所涉及的技术总称，传统制造技术仅强调工艺方法和加工设备，现代制造技术不仅包括工艺方法和设备，还包括设计方法、生产组织模式、制造自动化技术等。按照制造活动，将制造技术相应地划分为以设计为中心的制造技术，以控制为中心的制造技术和以管理为中心的制造技术。

飞行器的更新和发展速度很快，高效、高质量地研制出和批量生产出性能更高的新式飞行器，对我国的国防建设和经济建设有重大意义。高质量、高效率、高可靠性是制造技术不懈的追求目标。随着现代飞机技术指标的不断提高，飞机结构不断改进、结构日益复杂，新型材料不断应用，制造周期和质量要求也不断提高。如：新型号研制要求不断缩短生产工艺准备周期；军机产品由于结构隐身的需要，锯齿形蒙皮对缝要求把蒙皮零件形状误差控制在0.05 mm的范围内。基于节约资源和保护环境的数字网络化、智能集成化、高效精确化和制造极端化正在成为现代航空制造技术的发展方向。

2.3.3　制造分类

产品制造由制造系统来实现，由于产品不同，因此各种制造系统响应市场需求的策略不同,采用的工艺方法和运作方式不同,运用的管理模式和方式也不同。制造系统的划分有很多方式,下面从工艺、市场及产品的视角进行划分。

(1)按照工艺特点,将制造划分为连续型制造和离散型制造。连续型制造的工艺过程是连续进行的,且工艺过程的顺序是固定不变的。生产设施按照工艺流程布置,原材料按固定的工艺流程连续不断地通过一系列装置设备加工成产品,如化工、金属冶炼。

离散型制造的产品是由许多零部件构成的,各零件的加工过程彼此独立,所以整个产品生产工艺过程是离散的,制成的零件通过部件装配和总装配成为最后的产品,如飞行器、汽车、电子设备。飞机制造属于离散制造。

(2)按照企业响应市场需求的策略,制造划分为存货型生产和订货型生产。存货型生产是在对市场需求量进行预测的基础上,有计划地进行生产,产成品设置库存。这种制造方式主要针对那些社会需求量很大的通用产品,通常进行标准化、大批量的生产。

订货型生产是在收到用户订单之后,才开展制造活动,包括进行产品设计、物料采购、加工和装配等工作。这种制造方式一般不设置产成品库存。飞机生产属于此类。

(3)按照产品品种、产量和重复程度,制造划分为大量生产、成批生产和单件生产。

大量生产是指企业生产的产品品种少,每一品种的产量大,生产稳定且不断重复进行,例如螺钉、螺母等标准件。大量生产通常采用高效的专用设备和专用工艺装备,采用流水线的生产组织形式,效率高、成本低、质量稳定。

成批生产是指企业生产的产品品种较多、每一品种的产量较少,各种产品在计划期内按批次生产。这种企业传统上一般按照工艺专业化原则组织生产,当更换产品时,工作地上的设备或工艺装备都要做相应的调整,生产周期较长、成本较高。

单件生产是指企业生产的产品基本是一次性需求的专用产品,一般不重复生产。因此,产品品种繁多,生产对象不断在变化,生产设备和工艺装备必须是通用的,工作地的专业化程度很低,要求工人具有较高的技术水平和扎实的工艺知识,生产周期长、成本高。

飞机制造具有多品种,小批量的特点。飞机制造企业一般按照工艺专业化原则组织生产,零部件生产的最终实施单位包括机加厂、钣金厂、热表处理厂、部件装配厂和总装厂等,车间划分为工段。

飞机不断改进和变批量生产,要求不断提高快速响应能力和降低成本。随着飞机的战术-技术要求的日益提高,需要利用最新的科学技术以使它们不断改进,飞机构造经常修改、改型,同时产量大小有可能变化,尤其是军机,研制时批量小,战时要求迅速扩大产量。一方面,飞机结构改动频繁,要求其生产方式有很大的柔性,飞机制造中使用的特种设备和专用工艺装备要不断现代化;另一方面,飞机变批量生产,要求提高飞机制造系统的快速响应能力,从研制到批产的生产准备周期短,同时要努力降低材料、劳动力等耗费。

2.4　工艺及其设备与装备

制造是按照一定工艺过程,通过设备、工艺装备等资源,将材料转变为可供人们使用或利用的产品。制造工艺是将原材料转变为产品的过程中,设备、装备和执行者相互作用的复杂的综合体。在现代航空制造中,绝大多数的加工和装配工作是由设备辅以工艺装备完成的。飞机结构特点决定了其制造工艺较多,并需要使用大量的工艺装备。

2.4.1　工艺

飞机产品设计和制造工艺之间具有普遍联系又相互制约的关系,设计既决定了其工艺过程,又需要适应当前工艺条件。一方面,飞机零部件品种多、特征各异,决定了飞机制造工艺的特点。飞机机体零件品种多、材料种类多、外形复杂和尺寸各异等特点以及使用上的高可靠性、高寿命等要求,决定了飞机制造具有工艺方法多、工艺装备种类多、协调关系复杂和质量要求高等特点。另一方面,当前工艺条件制约着设计的产品构造,设计阶段的构造特性对制造的技术经济指标具有重要影响。飞机构造工艺性是反映飞机设计质量的重要指标之一,这些属性要能够使得在当前制造条件下制造和维修飞机产品,从而既可以保证满足其质量要求,又可以达到高的经济指标(劳动量小、制造容易、生产周期短、产品成本低)。

2.4.1.1　工艺分类

工艺加工方法可以按照工件形状和尺寸的变化特性进行划分:①工件的形状是否被创造、改变或保留;②材料在加工时工件的尺寸是否仍保持不变,变小或变大等。可以把加工方法划分为六个大组,见表 2 - 6。

表 2 - 6　加工方法的分组

工件形状	创造	改变			保留	
工艺类型	造型 (大组 1)	成形 (大组 2)	分离 (大组 3)	接合 (大组 4)	涂层 (大组 5)	材料特性的改变 (大组 6)
工件尺寸	创造	保留	变小	变大		或保留、或变小、或变大

按照产品制造过程,将工艺分为加工和装配两大类,零件加工按照对工件形状改变的操作分为控形、热处理和表面处理三类工艺;装配按连接原理分为机械连接和材料接合两类工艺。

飞机机体零部件品种多,外形复杂,尺寸范围从几毫米(紧固件等)到几十米变化,材料种类多,决定了制造工艺方法的多样性。飞机制造工艺覆盖了切削加工、钣金成形、复合材料成形、材料改性、装配连接等各大类工艺的小类,且采用针对结构特点的专用制造工艺。

(1)造型(见表 2 - 7)。用无形状的材料创造出工件,如图 2 - 15 所示。在加工过程中进行接合。

表 2 - 7　造型

材料的初始状态	加工方法(举例)
液体	浇铸
塑胶状,糊状	挤压
颗粒状,粉末状	烧结

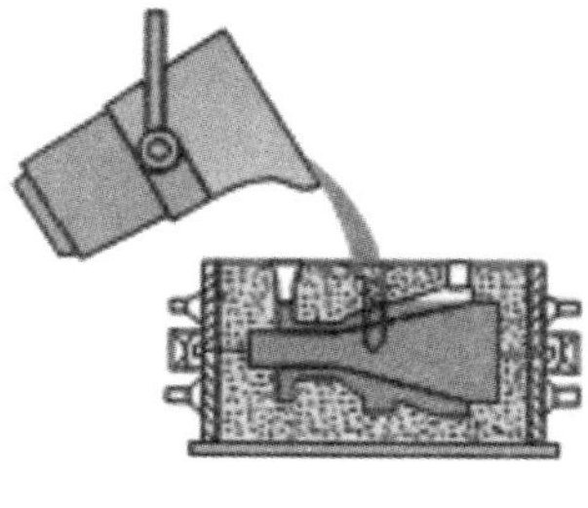

图 2 - 15　造型(浇铸)

纤维增强复合塑料是具有适合特定零件几何形状和微观结构的复杂纤维网络结构,被树脂完全浸润和渗透,树脂在刚性模具的支撑下固化成形。

（2）成形（见表 2-8）。通过塑性变形的方法可以改变一个固体工件或一个初期产品的形状，如图 2-16 所示，这时材料的接合仍保持不变。

表 2-8 成形

过 程	加工方法（举例）
拉压成形	拉深
弯曲成形	卷边，用模具弯曲
拉挤成形	等截面零件制造

图 2-16 成形（拉深）

（3）分离（见表 2-9）。通过分离，从毛坯件制造出工件，如图 2-17 所示。这时，工件的形状被改变，材料的接合也在加工区域内被切断。

表 2-9 分离

过 程	加工方法（举例）
分割	剪切，射线切割
切削	铣削，磨削
去除	电火花侵蚀

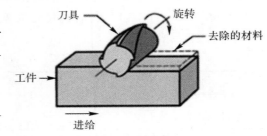

图 2-17 分离（铣削）

（4）连接（见表 2-10）。通过连接，两个或更多零件可分解地或不可分解地接合起来，如图 2-18 所示。

表 2-10 连接

过 程	加工方法（举例）
铆接	用铆钉连接
螺接	用螺纹连接
焊接	保护气体焊接
胶接	用反应性黏结剂

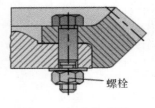

图 2-18 连接（螺纹）

（5）改变材料特性（见表 2-11）。通过将材料分子移位、分选或加入来改变一种材料的特性，如图 2-19 所示。

表 2-11 改变材料特性

过 程	加工方法（举例）
移位	淬火，回火
分选	脱碳
加入	渗碳，渗氮

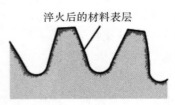

图 2-19 材料特性的改变（淬火）

（6）涂层（见表 2 - 12）。涂层指将无形状的材料作为固定附着层涂覆在工件表面，如图 2 - 20 所示。

表 2 - 12　涂层

过　程	加工方法（举例）
液体，软膏状	油漆
电离状态	电镀
固体，颗粒状	热喷涂

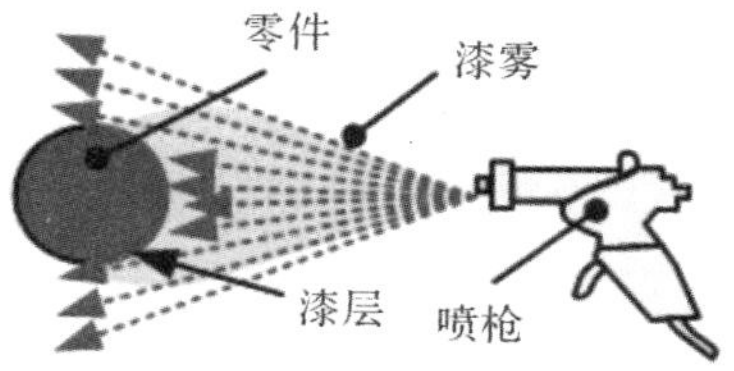

图 2 - 20　涂层（喷漆）

2.4.1.2　工艺过程

工艺过程是将原材料加工成零件或从零件到装配件的过程中改变并最终确定产品状态的各种活动。

（1）工艺过程的"三流"。原材料到产品的物料流、信息流、能量流，它们之间相互联系和相互作用，是一个不可分割的有机整体。虽然各类产品制造工艺过程的材料形态、工艺过程、设备控制方式各异，但从根本上说，产品制造过程是物料流、能量流和信息流的综合。

从原材料到最终产品的物料流表现为工件形状、性能的改变和工件、刀具、随行夹具的输送、搬运与存储，属于物料流的还有例如冷却润滑剂的供给和切屑的排放等。

为了完成产品制造的材料形性转化和输送，还要构造控制转化的资源条件，如动力设备等。飞机产品制造过程中的各种活动均需要能量来维持，特别是物料的运动，能源是生产工艺过程的驱动源。

产品的信息流是由产品几何精度和物理性能驱动，根据产品的技术要求和现有的制造资源条件，设计产品工艺过程及工序所需要的中间工件、工艺装备、数控代码等信息，进而对企业资源进行计划，实现对产品生产过程的控制。

（2）工艺过程的分解。从原材料到飞机产品的加工和装配，都是由很多关联的操作序列来实现的，要完成控形、改性的操作，必须将机床设备、工艺装备、材料、操作者紧密结合起来，每一工序都使材料更接近最终期望的状态。一般地，从原材料到成品的加工和装配过程包括控形、改性、检验、连接等多种类型的工序及其工步，共同组成工艺过程。如用铝合金制造大型整体壁板零件的生产工艺过程包括毛坯制备、成形、热处理和喷漆等工序。

组成任何工艺过程的最大单元是工艺工序。工序是在一个工作地点，由一名或几名操作人员连续完成的劳动过程。工序的组成应由工艺人员考虑到利用有关设备和相应级别的工人，在规定的时间内连续完成各种动作的便利性和可能性来决定。可见，工艺工序是在具体生产条件下制造零件和装配产品时，在保证生产对象的形状、性能产生给定变化的前提下，设备和操作人员连续交替动作的综合。如切削加工、成形、酸洗、热加工、焊接等都可以作为工序的实例，要求选择机床设备、工艺装备、辅助材料等工艺资源，确定工艺参数和操作过程。应该看到，不同企业的工艺人员拟定的同一个工艺工序和操作说明往往不同，这些内容是由企业操作人员的习惯、经验和技术等条件所决定的。

工艺工序可以进一步划分为工步。工步是工艺工序的一个完整部分，它的特点是采用的工具和形成的加工面或装配时的结合面是固定不变的,即用选定的工装或工具连续地作用在规定的工件表面上。为了提高生产率,常将几个工步合并成一个复杂的工步。复杂工步的特点是同时加工毛坯的几个表面。

切削加工的工步可划分为工作行程。工作行程是工艺工步完整的一个部分,包括工具相对于毛坯一次移动所引起的毛坯尺寸、形状、表面粗糙度的变化。通常,只在下列情况下将工步划分为工作行程(例如在该工步中去除的全部材料层不能一次加工完成)。

2.4.1.3 动作组成

组成工艺操作的全部动作可以分为两种,一种是直接加工产品的基本动作,另一种是为完成基本动作而创造必要条件的辅助动作。

基本动作使产品显式地表现为工件形状、性能的改变。辅助动作包括被加工对象在机床或装配夹具上的定位和夹紧、机床的开动和停车、工具的进入和退出、机床的换向、加工或装配结束后制品的拆卸和取出等。将工序分解为基本动作和辅助动作,限制完成该工序所必须的时间定额是很必要的。

工件在机床上加工时,首先要把工件安放在机床工作台或夹具中,使毛坯或制品相对所选择的坐标系具有所要求的位置,这个过程称为定位。在零件加工和装配时都要考虑定位。属于毛坯或制品并用于定位的表面、表面组合以及线和点等,称为基准。工件定位后,应将工件固定,使其在加工过程中保持定位位置不变,这个过程称为夹紧。与加工对象的定位和夹紧有关的辅助动作是控形工序所共有的特征,工件从定位到夹紧的过程称为安装。

工位是指为了完成工序的某一确定部分,被夹紧的毛坯或被装配的单元与夹具一起,相对于工具或设备的不动部分所占据的固定不变的位置。工件安装好之后,就被固定在机床设备中的确切位置上,以实现形性转变。正确的安装是保证工件加工精度的重要条件。

2.4.2 设备

将材料加工成产品主要由设备实现。设备是可供长期使用,并在反复使用中基本保持其原有实物形状和功能的生产资料的总称,它包括生产中使用的各种机械、装置等一系列物质实体,如实现能量转换的动力设备、实现材料转变的工作设备、实现信息处理的计算机系统。

2.4.2.1 设备分类

现代化的加工中心或单元由大量不同的对能量、材料和信息进行转换的机器和装置组成,包括能量转换的动力设备、材料转变的工作设备以及数据处理装置等。网络将机床控制系统与加工控制台相互连接,通过计算机软、硬件系统对加工机床的加工以及材料在运输系统的输送状态实施控制,从而把各个机床和装置连接成一个加工工件的系统。

(1)动力设备——实现能量的传递和转换。为了完成产品制造的材料形性转化,要构造控制转化的资源条件,如动力设备等。从其主要功能而言,动力设备是用于能量转换的机械装置。不同的能量形式之间可以相互转换,能量输入动力设备后,经过动力设备的转换,成为技术上可以使用的能量形式。

电动机是工业领域内最常用的、固定的动力设备,功率可从数瓦到数万千瓦变化,在加工机床、起重设备、运输系统、泵、压缩机等装置上被用作驱动单元。电动机把电能转换成为动能,特点是高效率(技术上可使用功率与输入功率之间的比例 $\eta = 70\% \sim 95\%$)。电动机的运行噪声低,振动弱,它可以立即进行驱动作业,并可短时超负荷运行。此外,因为它不产生废气,所以有利于环境保护。电动机中的能量流如图 2-21 所示。

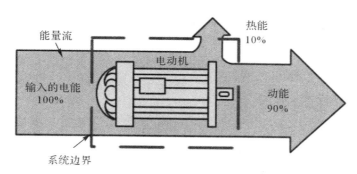

图 2-21　电动机中的能量流

(2)工作设备——实现材料的位形性转变。从其主要功能看,工作设备是用于材料转变的机械装置(如图 2-22 所示),它把毛坯件、工装等运送至加工机床,由机床加工,完成后取出工件,放入料箱,同时准备下一个加工过程。使用工作设备,并借助能量,可使材料发生空间位置、形状和组织的转变。

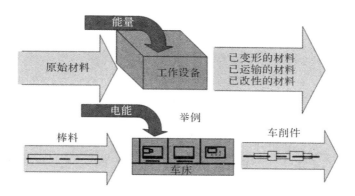

图 2-22　作为技术系统的工作设备

材料运输装置包括升降机和起重机设备、输送带、运输系统、工业机器人、泵、压缩机等,运输的距离、材料状态有所不同。泵的作用是输送液体材料,而压缩机则用于气体材料和产生压缩空气。在泵和压缩机中,驱动机械的能量作为流体能和压力能转移给液体或气体。

升降机和起重机设备都用于向上提升材料、装卸材料、装配机器、运送重型板车和向加工机床输送重型工件。在加工车间内一般都安装桥式起重机(如图 2-23 所示)。桥式起重机以四种运动形式(提升、下降、小车行驶和起重机)行驶,可以覆盖一个加工车间的所有区域,可以把材料运送到车间内的任何一个点。

两个加工工作站之间的工件运输由输送带完成。输送带应能保证连续不断的材料流,工件存储器的作用是缓冲。较小的工件装在料箱内运输,料箱的移动运输既可使用轨道式运输车,也可使用叉车。工作站内的材料搬运现在都已使用工业机器人完成。在工作站内,工件从输送带或料箱中取下并装入加工机床,这些工作在自动加工设备上均可由机械手完成。

加工机床是用于加工工件(使工件变形)的工作设备,根据加工方法进行分类,例如:用于模铸加工的机床、用于成形加工的机床、用于切削加工的机床。

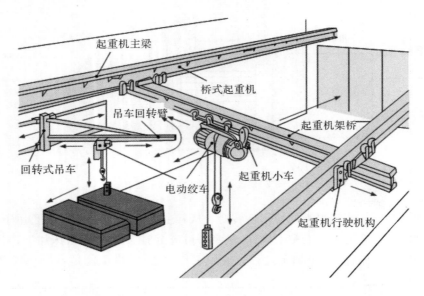

图 2-23 一个加工车间的桥式起重机设备

热处理炉和暖气设备均是制取热能的设备,其目的是提高材料的温度,使材料内部的组织结构发生转变(组织改变)。热处理炉加热工件,接着骤冷,从而得到所需要的材料组织改变。暖气锅炉是一种暖气设备,它将热量载体(空气或水)加热,通过管道将热量输送到需要热量的房间。

(3)信息处理装置——实现信息的输入、处理和输出。数据处理装置获取数据和输入指令(信息),经过处理后再输出数据和控制指令。数据处理装置的工作方式简称为数据输入处理,输出法则为数据输入→数据处理→数据输出。

由计算机数字控制(Computer Numerical Control,CNC)系统的键盘或操作面板等装置进行数据输入,由计算机完成数据处理。计算机由中央处理器以及内部和外部存储器组成,由程序(即软件)向计算机发出工作指令,以图形形式显示在监视器上,或以操作指令形式发给加工机床的伺服电机,实现数据输出。

2.4.2.2　机床设备的组成

现代化机床是提高加工生产率的主要设施。可以把机床概括性地视为一个技术系统,向它供给能量、材料和信息,进行转换后又离开机床,如图 2-24 所示。

一台机床就是一个技术总系统,有一个总功能或主要功能,由一系列的子系统和单元组成。计算机数控机床由驱动单元,(扭力)传输单元,支撑和承重单元,连接单元,加工单元,测量、控制和调节单元,环境保护和工作安全单元组成(见图 2-25)。

图 2-24　作为技术系统的机床(以一台车床为例)

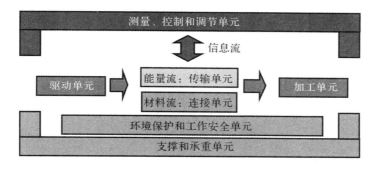

图 2-25　计算机数控机床的功能单元

(1)驱动单元:提供驱动机床所需的机械能。在加工机床上,它是用于主驱动装置、进给驱动装置、液压泵和切屑输送带等部件的电动机。

(2)(扭力)传输单元:由驱动单元提供的动能必须传导到加工单元,并将转速变换成符合加工单元所需的转速。能量传输单元的零件有皮带、轴、主轴、联轴器、齿轮和变速箱。

(3)加工单元:机床执行其主要功能的重要部分。如:一台钻床的主要功能是通过切削方法钻孔。加工单元由装有夹持并驱动钻头的主轴组成。

(4)支撑和承重单元:机床床身,机床所有其他的部件均安装在床身上。

(5)测量、控制和调节单元:测量装置用于检测例如转速、运行距离、工件尺寸或电动机的功耗。控制单元的作用是让机床的工作步骤和过程自动运行。例如,在 CNC 机床上,通过操作台把所需的加工流程(程序)输入并存储在控制单元内,输入的工作流程便在控制指令的指引下自动完成。

(6)连接单元:在机床与工件、刀具等之间建立连接。连接单元有销钉、卡钩、螺钉、螺帽和用于轴轮毂连接的平键、夹紧元件等。

(7)环境保护和工作安全单元:为了确保操作人员的安全,机床都装有封闭式罩壳,它可以阻挡飞溅的切屑,然后由切屑输送带运走切屑。在罩壳内可抽吸雾状冷却润滑材料。操作人员在安全观察窗口观察,整个加工过程一目了然。按下急停开关,可使整个机床立即停机。

2.4.2.3 机床设备的自动化

机床设备支持人的工作，在传动加工方法中，设备提供加工操作的力，由人进行加工、控制和检验，即手动操作机床设备。许多这样的工作在自动化加工方法中已由计算机取代，自动化工作设备是通过操作者的指令，或按照程序语句自动控制等方式执行制造活动。按照自动化对物料流的覆盖程度，又分为半自动化机床设备（即在程序控制下执行工作周期中的一部分工作任务，工人完成其余部分，典型任务是工件的装载和卸载）和全自动化机床设备（即在程序控制下执行超过一个工作周期的任务，工人的主要工作是监视）。

柔性是适应变化的能力。单批产品件数较少和需求波动很大时，要求达到高灵活性。柔性加工设备通过组合不同的加工机床从而具备很强的适应能力。比如：柔性自动化更换工件和刀具，自动化加工流程无须人工介入，可直接选定顺序加工不同的工件，传感器控制加工过程监视和机床设备监视，计算机支持工件质量控制，从而可实现过程自动优化。自动化的发展阶段如图 2-26 所示。

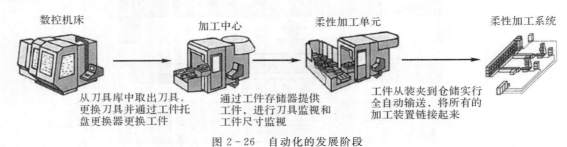

图 2-26 自动化的发展阶段

（1）柔性自动化加工中心。可视为数控（Numerical Control，NC）机床以及普通加工中心的扩展阶段。加工中心是配备有一个换刀器和刀库的 CNC 机床，它无须人工介入便可完成一个工件的全部加工任务。在切削加工运行期间自动更换刀具和工件，可缩短辅助时间。

（2）柔性加工单元。若将普通加工中心与一个工件托盘循环存储站相连，便可以称之为柔性加工单元。工件存储站在一个有限时间段内，例如一个 8 小时工作班次内，向机床提供工件的毛坯件，同时接收加工完毕的制成件。

（3）柔性加工系统。如果若干台相同或不同类型的加工机床通过一个输送系统彼此链接起来，工件从装夹到仓储实行全自动输送，便形成一个柔性加工系统。工件和刀具可供加工系统自动取出、装夹和再次存放。

（4）柔性加工岛。在车间的某个划定范围内将不同的加工机床与其他工作站松散地链接起来，形成一个柔性加工岛，以便尽可能完整地加工同类工件（零件族）。

2.4.2.4 飞机制造专用设备

飞机制造专用设备亦称飞机制造专业设备，是指飞机制造过程中特定的设备，或为某种零件制造、完成某道工序、装配、测试所用的设备。这些设备能实现某种零件的制造，保证飞机制造质量、减轻劳动强度、提高劳动生产率。

根据飞机零件特殊性要求，例如根据零件尺寸、外形、精度、粗糙度、材料工艺等特点，对普通万能设备加以变型，减少过剩功能，达到保证产品质量、提高效益的目的，称为"变型设备"，也属于飞机制造专用设备范畴。

按照工艺分类,飞机制造专用设备包括飞机钣金设备、金属切削设备、非金属零件加工设备、热加工设备、装配设备。

2.4.3 工艺装备

工艺装备是为减少和加快产品制造过程的某些工序,而对设备(机床、压力机、机器装置等)提供的补充装置的总称,包括工具、刀量、量具、夹具和模具等,简称"工装"。工装分为通用和专用两类。通用工装可用来加工不同的产品,专用工装只能用于加工特定的产品。

飞机零件品种数量大、外形复杂、刚性弱,决定了在制造过程中,除了采用各种机床设备、通用工具和试验设备外,还需采用大量的专用工艺装备,如模具、型架等,以对工件进行加工成形、保形、定位和检测,从而保证产品质量、提高劳动生产率和降低制造成本。

2.4.3.1 工艺装备分类

飞机制造技术所涉及的工艺领域相当广泛,包括铸造、锻造、成形、机械加工、特种加工、焊接、热处理、表面处理、装配、工艺检测等,这决定了工艺装备的多样性。工艺装备的范围很广,包括标准工装、各种模具、机加夹具、装配型架、运输装置、脚手架、测试设备、专用刀具和量具等,见表 2-13。

表 2-13 飞机工艺装备分类

类 别	名 称
1	标准样件、模型、平板、量规及反样件
2	铆接装配用型架、装配用夹具(小型)、钳工装配夹具、精加工型架
3	模具落料模、切断模、冲孔模、切边模整修模、夹板模、非金属裁切模、拉伸模
4	装配定位焊接(暂焊)夹具、焊接、胶接(钎焊、高温钎焊)夹具
5	对工件进行检验和测量的夹具、铣床用夹具、靠模及铣切模板
6	木质表面塑料模、拉型模及模胎检验模、拉弯模
7	橡胶模、塑料压模或注射模等
8	自由锻锤用的模胎、摩擦压力机用的锻模、偏心及曲轴用冲模(切边模、冲孔模)、精压模、砂型铸造用木模及芯盒等
9	特设试验设备、试验台、性能试验用设备附件
10	地面设备,托架,推车、工作梯等
11	专用工具、刀具、专用量具、辅助工具
12	模线样板

根据在飞机制造过程中的作用,将工艺装备分为协调工艺装备和生产工艺装备,工艺装备

示例如图2-27所示。

（1）协调工艺装备：以实体（物）形式体现产品某一部分外形、对接接头、孔系之间相对位置的刚性模拟量，即标准工艺装备，分为平面的样板和立体的标准样件，具体包括对接接头标准样件（通常叫标准量规）、平面多孔对接标准样件（通常叫标准平板）、作为制造与协调机体外形的依据——外形标准样件（也称表面标准样件）、外形样板等。作为标准尺度，在飞机制造的传统方式中，用于制造、协调、检验、复制有关工艺装备。在采用产品数字化定义和数控加工技术后，上述标准工艺装备的种类和数量显著减少。

（2）生产工艺装备：直接用于零件加工和飞机装配过程中成形、定位和检验等，按照工艺分为毛坯工艺装备、机加工艺装备、钣金工艺装备、非金属工艺装备、装配工艺装备、检验工艺装备和辅助工艺装备等，如模具用于零件成形，型架用于装配单元的定位和夹紧等。

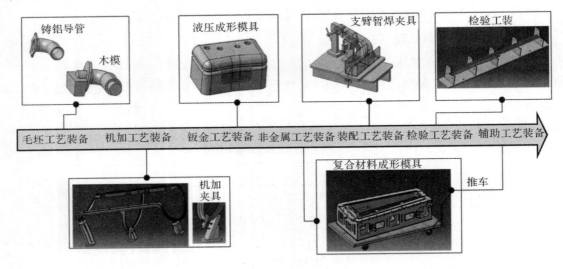

图 2-27　工艺装备示例

2.4.3.2　工艺装备作用

（1）保证飞机制造的质量。工艺装备的作用首先是保证产品制造的质量，其中最重要的是通过工艺装备准确地将产品形状传递到最终产品上，保证所设计飞机的几何外形和尺寸。因此，工艺装备的质量在飞机制造过程中对保证飞机零部件质量具有关键性的作用，包括保证产品的几何参数准确度和控制工艺过程物理参数。

一般来说，对于简单形状的工件，按照图纸和采用各种测量尺寸的通用量具，使用机床设备可准确地加工出工件或工装的几何形状，实现由尺寸到形状的过渡。对于飞机制造，除了那些形状规则和刚性好的机械加工零件外，蒙皮、骨架等大量零件具有与气动力外形有关的曲线或曲面外形，这些形状复杂、尺寸各异的钣金零件和复合材料零件，都必须用体现零件形状和尺寸的专用工艺装备制造，以保证其形状和尺寸的准确度。飞机零件大部分为薄壳零件，尺寸大而刚度差，连接接头的结构形式和空间相对关系也较特殊，其装配过程也与一般机械制造不同。为了将那些形状复杂、尺寸大、刚性小、易变形的零件装配成形状和尺寸符合设计准确度要求的产品，需要采用体现产品形状和尺寸的专用夹具、型架，以及必要的标准工艺装备，以保证装配单元几何参数的一致性。

　　还应该注意到,在加工过程中工件的几何形状和相对位置有时不一定符合要求。这是因为零件成形时可能有回弹变形以及装配时可能产生较大的焊接或铆接变形。这就需要进行检查、测量、分析,找出原因,采用快速、精确的补偿技术修正工艺装备(模具、夹具)的尺寸,使得工件在成形或装配后,其形状尺寸能符合设计技术要求。

　　除了保证产品几何参数准确度之外,胶接、钎焊、电子束焊、电加工、超塑成形和扩散连接等工艺过程要求对各种物理参数进行控制,如温度、压力、电流、时间和光照度等,有一部分由机床设备完成,还有一部分需由工艺装备来产生、测量和控制。例如:导弹弹翼的胶接夹具的作用,除了确定弹翼剖面的几何形状外,还需控制胶接过程所需的温度和压力。热量由电热毯产生,夹具应设有供电装置、电流控制装置、温度测量和控制装置。胶接压力由空气压力袋产生,夹具应有供气管路阀门和压力测量与控制装置。随着工艺技术的发展,工艺装备正由单纯的机械装置向着包括机、电、液、气、光、计算机的综合装置发展。

　　(2)提高劳动生产率、减轻劳动强度。除了生产工艺装备之外,为了使工人操作方便,常设置一些工作梯、工作台以及专用的起重运输、吊挂装置等辅助工艺装备,对于提高劳动生产率、减轻劳动强度具有相当大的作用。如:对于型架卡板的升举,通过气动液压装置或机械平衡,都可以减轻工人劳动强度,便于工作。对于笨重的工件,可以在型架上设置下架装置来吊挂、运送部件。

　　工人的劳动工作姿态对提高劳动生产率、减轻劳动强度有着明显的影响。夹具有时做成可以转动的,在铆接和焊接时,夹具设计的尺寸、高度要满足工人的操作姿态要求和工具的可达性。现代的人机工程学主要研究人与机器(工艺装备)之间的关系,以获得最佳的配合。在人体测量学的基础上研究工艺装备的尺寸和功能,以充分发挥人的因素,提高效率,确保安全。此外,机械手的应用以及自动化的研究等都是提高劳动生产率,减轻劳动强度的有效途径。

　　(3)降低产品成本。劳动生产率的提高使得单件劳动工时减少,也是飞机生产成本降低的主要因素。除此之外,设计合理的工艺装备还能降低原材料消耗,如毛坯在机床夹具中定位合理,可以减少毛坯的加工余量。设计落料模时,通过合理排样和定位,可以提高板料的利用率。正确、合理设计工艺装备供电、供气系统等可以降低能源消耗、减少能量散失等。这些物、力消耗的减少也降低了飞机产品成本。

本小节内容的复习和深化

　　1.解释制造的概念。从技术活动和经济活动分析制造过程。高效高质量制造对制造技术的要求是什么?

　　2.飞机制造属于哪一类型?飞机制造企业如何进行工艺组织?

　　3.根据制造的概念,说明零件工艺分类依据及分类结果,举例说明。

　　4.解释工艺过程、工序、工步、工作行程、基本动作、辅助动作的概念,并举例说明。

　　5.结合制造的能量流、物料流和信息流,举例说明机床设备的分类。对于不同的材料形态,在工艺过程中如何进行运输?

　　6.为什么要使机床设备具备一定的柔性?如何具备柔性?使用的技术有哪些?

　　7.根据工艺过程的动作组成、工作设备的类型,说明机床设备自动化的发展阶段。

　　8.与一般的机械产品制造相比,飞机制造为什么要使用大量专用工艺装备?

　　9.飞机制造工艺装备如何保证产品质量和提高生产效率?

　　10.如何理解数据输入—处理—输出法则?飞机产品制造的输入和输出信息是什么?

2.5 制造误差及其检测

制造工艺过程直接影响飞机产品的功能、可靠性、寿命等质量特性。受工艺过程各种因素的影响,总会产生制造误差,因此,制造的核心在于保证工件尺寸、形状和性能等质量特性与设计给定技术要求的一致性。当一个或若干个质量特性的检测值超出公差范围时,则产品质量检验不合格,应立即采取措施,避免缺陷产品的出现。

2.5.1 制造准确度的作用

对于飞机产品而言,衡量军机的质量指标主要有技战术指标、可靠性、强度、寿命等;民用飞机的主要要求则为安全性和经济性。飞机作为复杂的技术体系,其质量决定因素如图 2-28 所示。对于飞机零件、装配件而言,其质量特性分为几何和性能两方面,即外在质量和内在质量。几何方面的质量特性包括尺寸、形状、相对位置的精度与表面粗糙度;性能方面的质量特性涉及零件的质量,物理、化学及力学性能,部件重心,密封性等。在产品设计时就应提出质量要求,制造该产品时应达到所提出的要求,在使用时要保持这些要求。为确保飞机使用时安全可靠,除飞机机体应满足强度要求外,还应保证机内的各种技术装备安全可靠。

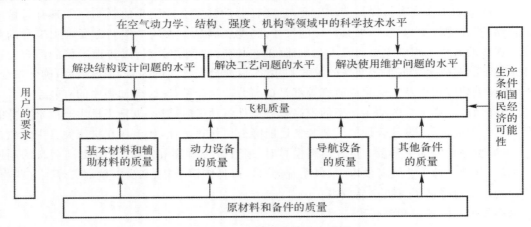

图 2-28 飞机质量的决定因素

制造误差是指加工后工件尺寸、形位等质量特性的实际测量值与设计图纸所确定的理想值偏离程度的量。制造准确度或制造精度是指制造工件的实际结构状态、尺寸、形位、性能与设计规定理想值接近程度的量,它与误差的大小相对应,因此在数值上用误差大小来表示准确度的高低,误差小则准确度高,误差大则准确度低。实际制造工件的几何和性能特性要符合设计要求,才能保证工件的可装配性和装配的产品获得一定的(对产品的工作能力和寿命有影响的)功能。

2.5.1.1 保证零件装配

制造任何一种零件,其几何形状和尺寸的形成,一般都是根据设计模型所确定的理论形状和尺寸,在生产中通过一定的量具、工艺装备(夹具、模具等)或机床而获得的。如图 2-29 所示,工件 A 和工件 B 要进行装配,设计规定的同名尺寸为 L,两个工件制造所得的实际尺寸为

L_A 和 L_B,在制造过程中每个环节误差的累积,构成了零件的制造误差,分别为

$$\Delta_A = L_A - L = \Delta_0 + \sum_{i=1}^{n} \Delta_{i.1} \qquad (2-1)$$

$$\Delta_B = L_B - L = \Delta_0 + \sum_{j=1}^{m} \Delta_{j.2} \qquad (2-2)$$

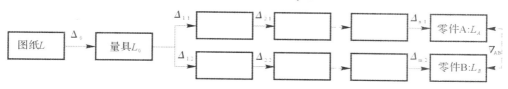

图 2 - 29　配合尺寸 L_A 和 L_B 的协调

为了使相互配合的两个工件装到一起,其配合的两个实际尺寸、形状要一致,即具有协调性。两个工件 L_A 和 L_B 尺寸协调的生产误差,即协调误差,用符号 ∇ 表示,表达为

$$\nabla_{AB} = L_A - L_B = \Delta_A - \Delta_B \qquad (2-3)$$

可以看出,工件配合尺寸的协调误差是由两个工件实际尺寸的差值或制造误差的差值确定的。只有制造误差均符合设计公差要求,才能保证两个工件尺寸具有良好的装配性。

2.5.1.2　保证产品质量

飞机在空中高速飞行,空运人员、物资,或空中作战等功能和使用特性要求结构具备安全可靠性。为了满足对飞机提出的功能、技战术性能等使用指标要求,不仅其结构设计必须合理,而且在生产中,要具有以高的准确度实现这种结构的可能性。至于对结构性能有影响的参数,如已装配结构内的残余应力水平,虽然这些参数对结构寿命的影响很大,但没有做具体规定。因此,保证达到零件、部件和整个飞机的制造准确度,就是保证产品在功能性、可靠性、寿命等使用指标方面达到设计给定的要求。

(1)制造准确度直接决定了飞机(直升机)的飞行技术特性。飞机的大部分零件都与气动外形有关,有的直接构成飞机的外形,有的是间接的,通过与其他零件装配后形成飞机的气动外形。其中,装配后的气动力外形准确度(外形误差、外形波纹度和表面平滑度)直接关系到飞机的飞行性能。零件尺寸增大会导致结构超重,而低于规定的公差又会使制品的强度降低。机翼、水平安定面、桨叶等的剖面形状偏离规定的形状时,会破坏飞机(直升机)的空气动力特性。

(2)制造工艺直接关系到飞机寿命。飞机寿命是重要的质量指标之一,是指飞机达到技术文件中预先指明的临界状态前总的飞行小时数。寿命基本上决定于结构的疲劳强度。控形、改性和连接工艺对结构的疲劳强度起着重要的,甚至是决定性的影响。这种影响是由利用不同的工艺过程,或利用同一工艺过程而采用不同的加工用量制造结构件时,材料性能和应力-应变状态发生变化而造成的,例如,对于切削加工的表面质量,表面粗糙度越小则耐疲劳性越好,零件的耐腐蚀性在很大程度上也决定于表面粗糙度。

另外,在加工装配过程中,构件变形所产生的残余应力对结构在使用中的强度指标也有影响。在这种情况下,结构内的残余应力所起的作用可能是有害的,也可能是有利的,这一作用的利弊取决于这种残余应力使得在使用载荷下产生的应力减小还是加大。如果能够有效地控制结构内残余应力的大小和方向,就能够大大地提高结构的生存力,延长结构的寿命。

2.5.2 误差原因与分类

(1)误差的产生原因。设备、夹具、工具等准确度不够,机床-夹具-工具-零件系统刚度不足,制造装配产品所用材料的物理-化学性质不稳定、设备调整不准确等,造成飞机零件加工和产品装配生产过程产生尺寸、形状、位置等方面的误差,表现如下。

1)因刀具调节、磨损、切削力或热处理引起的尺寸误差。

2)因装夹力、切削力和振动或工件自身应力可能产生的形状误差,例如圆度和平面度。

3)因切削挤压力、装夹力或机器的定位误差引起的位置误差,例如与轴或面的平行度。

工件的"实际外形"肯定会与图纸的规定有所偏差,产生误差的主要原因归结为 5M 因素,即人员(Man)、机床(Machinery)、材料(Material)、方法(Method)和环境(Milieu)(见表 2 - 14)。有时,除 5M 因素外,还包括其他一些因素,如资金、市场、动机和检测能力等。

(2)生产误差的分类。在工艺过程中,大小和方向保持不变或按一定规律变化的误差称为系统生产误差,这种误差的大小和符号是能够以较高的准确程度预测出来的,因此,可以通过预先将机床进行调整以补偿预期的误差值,从而控制生产过程。系统生产误差有时是常量,如加工原理误差,机床、刀具、夹具和量具的制造误差,工艺系统静力变形引起的加工误差等;有时是有规律变化的变量,如机床、刀具等组成的工艺系统在热平衡前的热变形、刀具磨损等引起的加工误差。

表 2 - 14 影响质量特性数值误差的 5M 因素

因　素	质　量　特　性
人员	劳动技能、劳动动机、劳动负荷程度、责任意识
机床	刚性、加工的稳定性、定位精度、机床运动中的不变形性、发热过程、刀具系统和夹具系统
材料	规格尺寸、强度、硬度、应力,例如热处理或机加工后的应力
方法	加工方法、工作顺序、切削条件、检测方法
环境	温度、地板震动

大小和方向呈无规律的变化,不可能事先预测其出现情况的误差称随机生产误差。如定位误差、夹紧误差、内应力引起的误差等均属于随机误差。随机误差只能用统计法进行研究,首先收集数量足够大的有关误差的统计资料,然后用数理统计法将获得的资料进行处理。根据概率原则,偶然性因素对一个质量特性数值的影响将导致其在一个平均值附近出现对称性数值分布。通过分析曲线的分布,以对工艺过程的进程提供必要的修正。

2.5.3 工艺检测

质量检验是通过测量、检查或试验手段和方法,对产品的一种或多种质量特性进行观察、测量、试验,并将结果同规定的产品质量特性要求进行比较,以确定每项质量特性合格情况的制造活动。质量检验强调"符合性",检验的结果应回答"产品是否合格""是否符合图纸、技术条件或标准的要求"等问题。不合格的产品若给出合格的错误结论时,在正常使用条件下就可能引起破坏。合格的产品若给出不合格的错误结论时,也会造成工时和生产资金的额外消耗。

按照是否使用测量器具,质量检验分为主观检验和客观检验。主观检验是不用测量仪器或检验装置,只用人的感觉器官,包括"凭听觉""用眼估计""用手触摸"等方法来评价质量,如对钣金零件边缘状况的检验。客观检验则是借助检测装置所进行的检测,检测工具如测量仪器和量规等,又称为仪器检测。

工艺检测是使用适当的测量器具,按一定的测量方法,表征在铸造、锻造、成形、机械加工、连接、热处理和表面处理等工艺过程中组织结构状态、力学性能、形位尺寸等质量特性的技术。工艺检测的任务是:确定零部件几何或性能特性的值及其误差;确定超差值及其对使用性能的影响,以便评估零部件的许用应力和寿命;通过剔除、更换或修复不合格的零部件,保证产品质量和使用安全;及时反馈制造工艺质量信息,改进工艺,降低制造成本,保证可靠性。因此,得出正确而可靠的检测结果对于质量检验显然是很重要的;在此基础上,才能确定一个被检的几何或性能特性是否达到设计技术要求,并给出工件合格与否的质量判定。

2.5.3.1　检测方法

按工艺检测的参数、工具和结果等对检测方法进行分类,见表 2 - 15。只有当一种检测方法的检测不精确性与工件公差或加工过程误差相比可以小到忽略不计时,该检测方法才适宜(有能力)承担检测任务。

表 2 - 15　工艺检测方法

分类依据	检测方法	说　明
质量特性	几何参数检测	对产品的直线尺寸、角度和表面形状所进行的检测。约占飞机制造中全部测量的90%
	物理参数检测	对确定工艺过程特性的电学量、力学量等所进行的测量或对零件、毛坯及其制造时设备系统的性质所进行的检验
	性能参数检测	对确定飞机设备系统工作性能的有关量所进行的检测。通常称为飞机系统试验
检测装置的自动化程度	手工检测	利用简单的测量工具,如直尺、分规、角规等进行的检测。这种检测的效率不高,而且经常不够准确,只适用于单件或小批量生产
	机械化检测	在操纵和调节的机械帮助之下所进行的检测
	自动化检测	用自动装置或自动系统,在不需要人直接参与的情况下所进行的检测
检测结果	仪器测量检测	使用各种类型的仪器(能指示被测量数值的指针式、标尺式或数字显示式的仪器)进行的测量
	仪器"二中择一"检测	这种检测并非要获取数学值,而是确定受检物体是合格还是报废。可用各种类型的探伤仪、样板、量规等进行的检测

检测误差包括系统性误差和偶然性误差。

系统性检测误差是因恒定的误差因素引起的,常常为温度、检测力、检测卡规的半径或不精确的刻度等。系统性检测误差将造成检测值不正确,但如果已知误差的量,则可予以补偿。可以使用更精确的检测仪表或块规进行对比检测,以确定系统误差。如在千分卡尺的校验举例中用一个块规对比检查显示精度。

偶然性检测误差无法用量和方向来解释,也无法补偿,其产生因素可能是未知的、变动的检测力和温度等。偶然性检测误差造成检测值不精确。通过重复检测,可求出偶然性检测误差。偶然性误差会降低检测数值的精度。通过在相同条件下进行重复检测,可求出偶然性数值误差。

2.5.3.2 检测装置

检测装置包括检测仪表和量规、测量设备和检验工装。

(1)检测仪表和量规。检测仪表包括整体量具(如量尺、角度块规)和显示性检测仪表(如游标卡尺、千分表、角度尺等)。量规所体现的是被测工件的尺寸(如尺寸量规)或尺寸和形状(如半径规、异形量规)。辅助装置是指检测支架等辅助检测的装置。

非显示性整体量具和量规是通过例如刻度线间距(画线尺寸),物体的固定间距(块规、量规)或通过物体的角度位置(角度块规)体现出检测量的。显示性测量仪表具有活动的标记(指针、游标)、活动的刻度或计数装置,其检测值可以直接读取。检测仪表的选择依据是检测现场的检测条件和待检测对象的规定公差,例如长度、直径或圆度。如果检测的不精确性最高不超过尺寸或形状公差的 10%,则该检测装置可视为合格。

(2)测量设备。复杂外形工件表面形状和尺寸的测量,主要有接触式测量和非接触式测量两类。

接触式测量应用最广泛的是三坐标测量机(Coordinate Measuring Machine,CMM)。在测量时,将被测零件放入其容许的测量空间中,各种不同直径和形状的探针(接触测头)沿被测物体表面运动,被测表面的反作用力使探针发生形变,这种形变触发测量传感器,将测出的信号反馈给测量控制系统,得到所测量点的三维坐标。

非接触式测量通过使用基于计算机视觉的三维扫描仪,非接触式采集工件表面点的云数据。根据使用的光源不同,可分为主动式和被动式两大类。主动式采用特殊的光源对被测物体表面进行照射,如激光三角法、结构光法;被动式常采用自然光源,如双目立体测定法。激光三角法根据光学三角形的测量原理,利用光源和光敏元件之间的位置与角度关系来计算被测表面点的坐标数据,具有高精度、高速度和数据转换方便等特点。

(3)检验工装。样板、检验模、检验架、检验夹具等用于检验形状复杂的工件,既能保证要求的检验准确度,也能使检查工作方便,从而可以提高劳动生产率。

样板是表示飞机零/组/部件真实形状、刻有标记并钻有工艺孔的专用刚性量具,用以表达零件、组合件、部件及其工艺装备的几何形状和尺寸,并且作为其制造和检验的依据。以切面样板和外形样板为例予以说明,如图 2-30 所示。

切面样板可用于检验蒙皮类复杂立体零件成形模具与零件,如切面内形、切面外形、反切面内形和反切面外形。对于形状复杂的立体零件(例如双曲度蒙皮),必须用一组切面样板才能把零件的形状控制住,如图 2-30(a)所示。

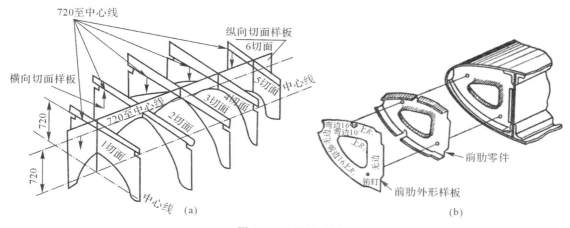

图 2 - 30　样板示例
(a)机身双曲度蒙皮用的切面样板；　(b)翼肋前段外形样板

外形样板一般用于检验平面弯边零件、平板零件和型材零件的外形。图 2 - 30(b)所示为翼肋前段的外形样板。对于有弯边的零件,样板外缘是零件弯边处外形交叉线所形成的轮廓线。外形样通过样板的外廓边缘线和样板上的标记符号表示整个零件的形状。零件的弯边在样板上的标记如"弯边 16 上 R3",表示该零件弯边的高度为 16 mm、方向向上、半径为 3 mm、角度为 90°。

检验架用于检验复杂外形零组件,检验模用于蒙皮、型材等零件的检验,可按样件、样板、成形模、数模制造。图 2 - 31 所示的液压油箱焊接检验架用于油箱的焊接检验,通过卡板固定油箱箱体,用定位头定位管嘴,在定位头上设置检验头,并在检验头上设置焊接余量。

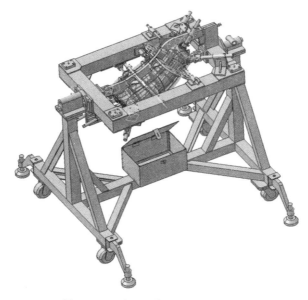

图 2 - 31　液压油箱焊接检验架

本小节内容的复习和深化

1.飞机产品质量可以用哪些指标衡量？说明制造准确度对于保证零件装配和产品质量的作用。

2.给合一个具体零件制造工序,说明影响制造误差的 5M 因素。

3.工艺检测在保证产品质量中起到什么作用？

4.检测装置有哪些类型？为什么飞机制造中会用到大量专用检验工装？

5.系统性和偶然性检测误差是如何影响检测结果的？

6.检测误差最大允许达到工件公差的百分之几,才能使它在检测时忽略不计？

本章拓展训练

选择具体零件和零件材料,分析其制造公差、热表处理要求等技术条件,在三维模型中进行描述和标注,并给出检测方案。例如:如何检测飞机机翼壁板零件的外形准确度？

第3章 加工与装配工艺

将材料转变为有用产品的实质是材料的形状、尺寸和性能的转变。材料的初始状态包括无形状和有形状两类,无形状的液态、粉末等材料转变为产品的工艺称为造型,如铸造;有形状的原材料到产品的工艺包括成形、分离、接合等工艺。改性工艺改变材料的性能,不改变形状(除了不期望的变形)。本章针对控形工艺,主要从其方法、参数、工具和设备的角度予以论述。

通过本章学习,要求读者掌握从各种材料形态转变为产品的工艺原理和制造工艺特点及其应用领域。

3.1 造 型

造型是将液体、粉末、颗粒等无形的原材料制成半成品或制成品的工艺,如:金属材料铸造、增材制造、塑料零件注塑成型、陶瓷零件烧结成型。下面介绍铸造、增材制造两种工艺。

3.1.1 铸造

3.1.1.1 铸造工艺原理

铸造是将熔融金属浇注、压射或吸入铸模型腔,冷却凝固后获得一定形状和性能的零件或毛坯的金属成形工艺,铸造原理如图3-1所示。

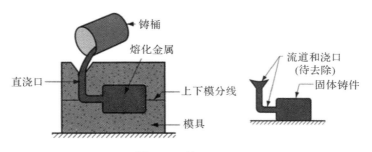

图3-1 铸造原理

如果一种材料可以形成稀薄熔液并完全充满铸模,冷凝后的材料内部不会形成空腔(缩孔),称这种材料具有可铸性。各种铸铁、铸铝合金和铜-锌铸造合金以及铸锌合金等,都具有良好的可铸性。除对所铸工件提出的要求外,如强度和抗振性能,铸造材料必须易熔化、易加工并具有良好的液态流动性。合金的流动性是衡量其铸造性能的主要标准之一,影响因素主要有合金的成分、温度、物理性质、不溶杂质和气体等。当工件采用其他制造方法不经济或不可能时,若材料具有良好的流动性,便采用铸造方法制造(如柴油发动机的汽缸曲轴箱体)。

3.1.1.2 铸造工艺分类

铸造工艺由铸模材料(如砂型、金属型、陶瓷型)、模样材料(如木头、石蜡)、浇注方法(如直接、离心、压力)、金属液充填铸型的形式或铸件凝固的条件(如压力铸造、真空铸造)等决定,可以按照上述不同条件进行工艺分类。造型和铸造方法分类如图3-2所示。

按照铸模使用次数的不同,使用一次性铸模和永久性铸模生产铸件,一次性铸模在铸件脱模后便已毁坏,它一般由石英砂和黏结剂构成,相应铸造方法又称为砂型铸造。永久性铸模用于大批量有色金属铸件的铸造,铸模由钢或铁铸件构成,如压力铸造。

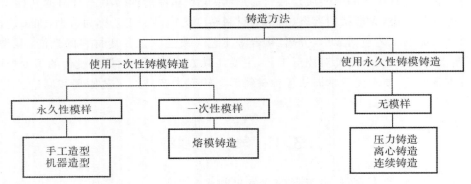

图3-2 造型和铸造方法分类

砂型铸造具有适应性强、生产准备简单等优点,被广泛应用于制造业,但砂型铸造生产的铸件尺寸精度低、表面粗糙、内在质量较差,生产过程较复杂。不同于砂型铸造的铸造方法统称为特种铸造。近年来,特种铸造发展迅速,尤其在非铁金属生产中占有重要的地位。重要的造型和浇铸方法应用举例及其优缺点见表3-1。其中,压力铸造法是将金属熔液以高压和高速压入一个由两半或多部分组成的已加热的铸模内。高压可以保证浇注的液流充分填充铸模,因而可以铸造壁板极薄的铸件。

表3-1 重要的造型和浇铸方法应用举例及其优缺点

方 法	应用举例	优点和缺点
手工造型	非常大的铸件	可制造任何尺寸的铸件,昂贵,尺寸精度和表面质量要求均低
机器造型	小型、中大型铸件,中等批量	尺寸精度高,良好的表面质量,但铸件尺寸受到限制
熔模铸造	特别小型的铸件	薄壁且复杂的铸件,高尺寸精度,优良的表面质量
压力铸造	小型到中型铸件,大批量	薄壁且复杂的铸件,高尺寸精度,优良的表面质量,精细颗粒型组织结构,具有高强度,但只有大批量生产时才具经济性

3.1.1.3 铸模和模样

制造砂型铸模要求使用模样(又称为木模)。工件图纸是模样制作的基础。由于铸件在冷却过程中将出现收缩,所以模样尺寸必须大于实际制造的工件尺寸,多出的尺寸余量就是冷却时收缩的尺寸,一个铝合金铸件的模样尺寸如图 3-3 所示。

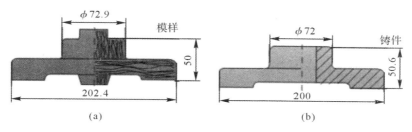

图 3-3 一个铝合金铸件的模样尺寸
(a)模样; (b)铸件

收缩是铸造合金本身的物理性质,是铸件产生缩孔、应力、变形及裂纹等铸造缺陷的基本原因。收缩尺寸取决于铸造材料,铸铁为 1.0%,铝合金为 1.2%,也与模样尺寸有关,它最大可达 2%。此外,在模样上,那些需切削加工的工件面还必须预留出加工余量。

模样分为一次性模样和永久性模样。永久性模样可多次重复用于铸模的制造,如砂型铸造。一次性模样则保留在铸模内,铸造过程中被毁坏,如熔模铸造。

3.1.1.4 砂型铸造

以手工造型为例,采用永久性模样的造型法生产铸件,如图 3-4 所示。铸件的空腔或侧凹由型芯隔出。砂质型芯用型芯砂箱(芯盒)制造[见图 3-4(c)]。利用位于模样边上的芯头,可在铸模中形成型芯座[见图 3-4(b)(g)]。

为了把木模装入铸模,一般都采用两个或多个砂箱(见图 3-4)。对于大型铸件或批量极小的铸件,其铸模都采用手工造型制作。为了把做成两半的木模装入铸模,首先把木模的一半放入铸模的下砂箱,并用手工压实填充的型砂[见图 3-4(e)]。然后,在上砂箱中放入另一半木模,捣实型砂后合在翻转后的下砂箱上,用砂箱定位销固定上砂箱的位置[见图 3-4(f)]。上砂箱从下砂箱上抬起后需切出内浇口和外浇口,接着抽出两个半边木模,放入泥芯。由于浇铸时的浮力,上、下砂箱将彼此紧扣或因质量过大而难以分开[见图 3-4(g)]。

浇铸时,液态金属充满铸模砂箱,这时,箱内空气通过冒口逸出。之后液态金属从冒口溢出,平衡了铸模砂箱内液体的收缩,从而避免了收缩空腔(缩孔)的产生。

为方便起模和避免损坏砂型,在模样、芯盒的出模方向留有斜度,即起模斜度。起模斜度应留在铸件垂直于分型面要加工的表面上,其斜度取决于立壁的高度、造型方法、模样材料等因素,通常为 $15'\sim3°$。

机器造型时,其铸模的制作过程与手工造型时完全一样,但是由机器完成的,例如型砂的压实和抽出木模等工作。若使用全自动造型设备,除此之外还可自动进行铸模浇铸和冷却后铸件的脱模,从而缩短铸造时间。只在生产中等以上批量的铸件时,机器造型才具有经济意义。机器造型铸件的尺寸精度高于手工造型的铸件,因此具有更好的表面质量。应用举例:浇铸小轿车的曲轴。

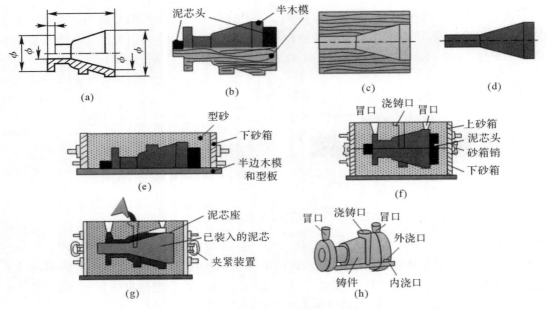

图 3-4　砂型铸造

(a)工件图纸；　(b)木模(两半型)；　(c)泥芯砂箱(两半型)；　(d)从砂箱脱出后的泥芯；
(e)装入砂箱的木模下半部；　(f)装入砂箱的木模上半部；　(g)浇铸；　(h)脱模后的工件

造型、浇铸和冷却时都可能出现缺陷,如图 3-5 所示。

(1)造型缺陷。

1)铸疤:铸件表面粗糙并且呈凸瘤状的隆起。型砂残余湿气蒸发,之后冷凝在砂层底部,导致砂箱壁变软。变软的这个部分可能会脱落[见图 3-5(a)],脱落部分将导致型砂被包裹在铸件之内。

2)错型:错型又称错箱。砂箱销扣得不紧等,导致上、下砂箱之间木模脱模后形成的空腔错位,浇铸后便产生错型[见图 3-5(b)]。

(2)浇铸和冷却时的缺陷。

1)夹渣:夹渣在铸件上形成平坦光滑的表面凹陷。形成夹渣的原因有浇铸熔液除渣不彻底以及不合理的浇口系统等。

2)气体空腔(气孔):冷却在金属内部的气体无法逸出,产生气孔。严格遵照正确的浇铸温度进行浇铸,可以在很大程度上避免气孔。

3)缩孔:在冷却和凝固过程中,冒口内的铸件材料已冷却,内部液态金属无法继续通过冒口得到补偿,导致收缩空腔[见图 3-5(c)]。

4)偏析:凝固以后铸件化学成分的不均匀现象。偏析产生的原因是合金元素的密度差别过大。偏析将导致在一个铸件内出现各不相同的材料特性。为了消除工件在浇铸时出现的偏析,将工件扩散退火,使成分均匀。

5)铸件应力。铸件壁厚的差异、锐角过渡段以及阻碍收缩的设计结构等因素都可能使铸件内形成应力。铸件应力的表现形式主要是铸件扭曲,还有常见的裂纹。

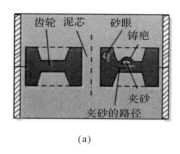 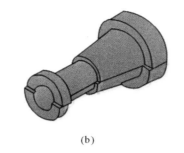 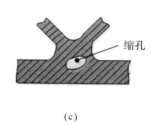

图 3-5　铸造缺陷示例

(a)铸疤；　(b)错型；　(c)缩孔

3.1.1.5　熔模铸造

以熔模铸造为例,对使用一次性模样的造型法予以介绍。如图 3-6 所示,熔模铸造法中的模样采用低熔点的材料制作,例如石蜡或塑料[见图 3-6(a)]。多个模样与浇铸的浇口部分共同连接,组成一个葡萄状模样排[见图 3-6(b)]。多次浸泡在一种糊状陶瓷性物质中并喷淋陶瓷粉末[见图 3-6(c-e)],在模样排表面形成一层耐高温的精细陶瓷覆层,烘干后,这个覆层将构成铸模。通过熔解来分离模样材料[见图 3-6(f)]。为使铸模具有承受浇铸所必备的强度,需将铸模放入约 1 000℃高温下燃烧。这时,铸模上残留的模样材料将一同燃烧殆尽。使用这种方法制作出的铸模在其高温状态下即送去浇铸[见图 3-6(g)]。由于铸模的高温状态,采用这种精密铸造的方法可以制造形状复杂的薄壁构件,铸造合金种类、生产批量等均不受限制。其铸件具有上佳的表面质量和尺寸精度。铸件材料冷却后,剥离陶瓷覆层。接着从浇铸系统中分离出各个铸件[见图 3-6(h)]。应用举例:铸造涡轮增压机的燃气透平机涡轮叶片和涡轮机叶轮。

3.1.2　增材制造

增材制造(Additive Manufacturing,AM)技术是指基于离散/堆积原理,由零件三维数据驱动,采用材料累加的方法直接制造零件的技术。由于无需任何附加的传统模具制造或机械加工就能够制造出各种形状复杂的原型,这使得产品的设计生产周期大大缩短,生产成本大幅下降。增材制造技术并非是对传统制造方法的取代,而是开辟了一个全新的空间,使人们在选择制造方式时增加了一种手段。

以激光束、电子束等为热源,加热材料熔化后使之凝固结合、直接制造金属零件的方法,称为金属零件高能束流增材制造,是增材制造领域的重要分支。下面介绍在航空制造领域中发展较快的激光增材制造技术。激光增材制造技术可分为两大类:一类是基于堆焊原理的激光直接金属沉积(Direct Metal Deposition,DMD)增材制造,通过后续数控加工确保零件净尺寸;另一类是基于超细粉末扫描熔化的选区激光熔化(Selective Laser Melting,SLM)增材制造,可实现零件的净制造。

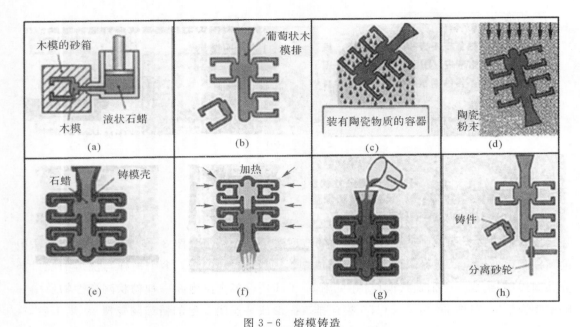

图 3-6 熔模铸造

(a)模样制作；(b)装配；(c)浸泡；(d)喷淋；

(e)经过多次浸泡和喷淋形成铸模壳；(f)熔解和燃烧；(g)浇铸；(h)分离

3.1.2.1 激光直接沉积增材制造

激光直接沉积增材制造是通过对零件的三维 CAD 模型进行分层处理,获得各层截面的二维轮廓信息并生成加工路径,以高能量密度的激光作为热源,按照预定的加工路径,逐层堆积,最终实现金属零件的直接制造和修复,其原理如图 3-7 所示。

与锻压技术相比,激光直接沉积增材制造技术具有以下特点:无需零件毛坯制备,无需锻压模具及大型或超大型锻铸工业基础设施,材料利用率高,机加工作业量小,生产制造周期短。激光直接沉积增材制造技术为航空航天大型整体钛合金结构制造提供了一种短周期、高柔性、低成本手段。

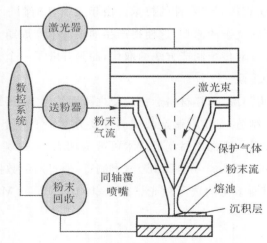

图 3-7 激光直接沉积增材制造原理

3.1.2.2　激光选区熔化增材制造

激光选区熔化增材制造是把零件三维模型沿一定方向离散成一系列有序的微米量级薄层,以激光为热源,根据每层轮廓信息逐层扫描并熔化预置的金属粉末,直接制造出任意复杂形状的净成形零件,其原理如图 3-8 所示。

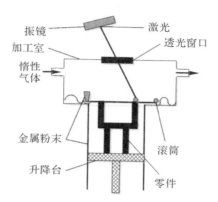

图 3-8　激光选区熔化增材制造原理

激光选区熔化技术可直接制成终端金属产品,无需数控加工,省掉中间过渡环节,仅需热处理和表面光整零件即可使用;零件具有很高的尺寸精度,适合各种复杂形状的工件,尤其适合内部有复杂异形结构、用传统方法无法制造的复杂工件,在航空航天等新型号研制、现役产品技术升级等方面应用前景广阔。

本小节内容的复习和深化

1.采用铸造方法制造工件是出于什么原因? 如何评价合金的可铸造性能?

2.为什么模样尺寸要大于待制造的铸件尺寸?

3.铸造时为什么需要型芯?

4.铸件在造型、浇铸和冷却过程中可能出现哪些缺陷?

5.分析增材制造在航空制造中的适用场景。

3.2　切　　　割

采用剪切、锯切、射束切割等方法分割板坯、板材、型材等原材料,以获得零件毛坯和平板零件。由于飞机零件原材料消耗量很大,通过优化下料工艺,可以显著提高原材料的利用率。常用的下料方法有剪切、数控铣切、激光切割、数控水切割等。

射束切割是指用气体射束或水流射束分割材料。把射束切割分为热切割和水流射束切割两种。选择哪种方法,取决于待切割的材料、材料厚度以及所需的切边质量。绝大部分射束切割方法都可以在数控机床上进行。把不同的工件进行排样,以使板料的利用率达到最优化。

(1)热切割是先将切割点加热,随后用一股气体射束把材料分割开来。热切割最重要的方法有乙炔气割、等离子熔融切割和激光束切割。激光束切割是由一股激光束使材料熔融或汽化,被一股惰性气体,通常是氮气或氩气,吹离切割缝。其优点是:适用于钢材、塑料等材料,切割面平滑,不需后续修整加工;具有极高的切割速度;可切出极小的孔和轮廓。缺点是产生烟尘和刺激性气体,必须配备防护设备,且切割机械昂贵。

(2)水流切割使用一股细薄的、一般均匀混合着例如石英砂之类射束物质的水流射束,以便增强水流的磨蚀效果。切割水流以约 400 MPa 的压力由水泵供给切割头。在切割头处加入射束物质,这股厚度为 0.1~0.5 mm 的射束从工件的一个起始孔开始切割材料。其切割速度取决于材料的硬度和韧度以及所要求的切割质量。若以最大气割速度的 25% 进行精密切割,即可获得非常光滑且无毛刺的切割边。水切割可切割所有的材料,没有热效应,因此也没有扭曲变形。水流切割时会产生很大噪声,可以在水下进行切割,以降低噪声。

本小节内容的复习和深化

哪一种切割方法适合于铝合金?不锈钢、陶瓷分别使用哪一种切割方法?

3.3　金属材料成形

3.3.1　成形基础知识

3.3.1.1　成形工艺原理

金属材料成形的原始材料是经过制备的毛坯件,例如板材、型材或管材下料件,将毛坯在设备和工装的作用下进行塑性变形而制成工件。成形加工方法的优点:①不中断纤维走向;②提高强度;③可制造复杂形状的工件;④制品具有良好的尺寸和形状精度;⑤材料无损失;⑥大批量生产时成本较低。飞机钣金件具有品种项数多、所用材料多、工艺方法多等特点,钣金成形是航空制造的关键技术。

(1)材料可成形性。可成形性是材料在力的作用下通过塑性变形成为工件的能力。材料只有具备足够的塑性才能进行成形加工。从单向拉伸应力-应变曲线图可以看出,成形加工的变形发生在屈服强度与抗拉强度之间的塑性范围内。塑性好的材料可以很好地进行成形加工,变形后只有少量回弹。具有良好可成形性的材料有低碳钢、铝的塑性合金和铜的塑性合金。铸铁是无可成形性的材料。

发生破裂和皱折前,材料能承受的最大变形程度称为成形极限。钣金零件的成形工艺性,除了所选材料零件尺寸和所需压力大小应符合成形机床的技术性能规格等要求外,主要取决于零件结构参数,确保其符合各类成形工艺的成形极限参数的要求,如极限拉深系数、最小弯曲半径、极限翻边系数、局部成形极限高度等要求。对于确定的成形过程和几何外形,各种材料的成形极限是不同的。以弯曲成形为例,为了防止弯曲区域出现裂纹和横截面变形,规定了不允许超过的最小弯曲半径。最小弯曲半径取决于材料、板材厚度和工艺条件(见表 3-2)。

表 3-2　最小弯曲半径

材　料	板　材	管　材
钢	1×板材厚度	1.5×管径
铜	1.5×板材厚度	1.5×管径
铝	2×板材厚度	2.5×管径
铜-锌合金	2.5×板材厚度	2×管径

（2）毛坯展开。对于板材零件成形，平板毛坯是钣金成形的起点，合理的平板毛坯对于成形件的质量有重要影响，并直接影响成形工艺的经济性。计算和确定平板毛坯的依据则是最终的成形件，从最终成形件的形状反算平板毛坯的工作称为钣金件展开。由于塑性成形是一个不可逆的过程，而钣金件在几何形状上又千差万别，因此对不同钣金件往往需要采用不同的展开计算方法。

（3）回弹补偿。对于一般的弹塑性金属板料，其塑性加工变形中除了塑性变形，总包含一定的弹性应变，卸载后，由于弹性应变的存在及其恢复作用，成形件会发生回弹甚至进一步由此发生结构失稳而产生翘曲变形。为了实现钣金零件的准确成形，通常需要对模具形状进行修正或者控制成形件中的应力分布，使零件在卸载后得到符合设计要求的外形和尺寸。这种回弹补偿或成形过程控制又随钣金零件类型的不同而有所不同。

3.3.1.2 成形工艺分类

根据成形时的温度将成形加工分为冷成形和热成形。冷成形加工在室温条件下进行。冷成形方法有冷轧、弯曲、卷边和拉深等。在冷成形加工过程中，材料被硬化，因此必须用中间退火的方法消除这种冷硬化，以消除脆变，预防裂纹的形成。热成形加工的温度须超过再结晶温度，这时仅需比冷成形时小得多的成形力便可使材料变形，材料的裂纹和脆性也更小。热成形方法有热轧和锻造等。

按照成形的特点不同，一般将塑性成形分为块料成形（又称体积成形）和板料成形两大类。

（1）块料成形。块料成形是在塑性成形过程中靠体积转移和分配来实现的。这类成形又分为一次加工和二次加工。

一次加工是属于冶金工业领域内的原材料生产方法，可提供板材、型材、管材和线材等，其加工方法包括轧制、挤压和拉拔，如图 3-9 所示。

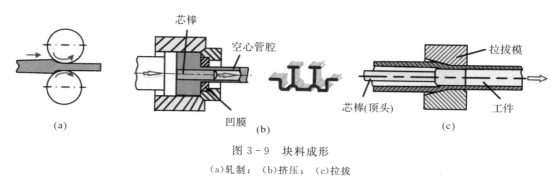

图 3-9 块料成形
(a)轧制； (b)挤压； (c)拉拔

轧制是让金属坯料通过两个旋转轧辊间的特定空间，使其产生塑性变形，以获得一定截面形状材料的成形方法。

挤压时，凸模顶推着坯料穿过一个已成形的凹模，形成一个实心横截面或空心横截面的长管腔。挤压成形加工可把坯料压制成用轧制方法无法制成的长条形半成品型材。

拉拔指通过一个变窄的拉拔模具拉制线材、扁平型材或管材。采用这种加工方法可制作形状精确且表面粗糙度低的制成品，例如液压系统管道使用的精密钢管。

二次加工是为机械制造工业提供零件或坯料的加工方法，冲压或模压使处于退火状态的工件成形,包括自由锻和模锻,统称为锻造。最重要的可锻金属是钢、铝、铜等塑性合金。钢的可锻性随其碳含量的增加而增强。将工件加热到锻压温度可提高工件的成形性,同时降低成形加工的能耗。

自由锻是通过对锭料或坯料件有目的地锤打,产生最终工件形状的工艺。自由锻不使用专用模具,因而锻件尺寸精度低,生产率也不高,主要加工单件工件或为模锻准备预成形件。

模锻是在一个由两部分组成的锻模中把毛坯件锤打成所需的锻件的工艺。模具是由耐高温工具钢制成的钢模。对钢模的耐磨损要求非常高。模锻具有材料损失很小、重复精度高、有利的材料纹理走向、可制造复杂的工件形状等优点。应用举例:曲轴、凸轮轴、连杆、扳手。

(2)板料成形。板料成形是使厚度较小的坯料在不破坏的条件下发生塑性变形,成为具有要求形状、尺寸的零件。根据成形力的种类和方向以及所使用的工装,将成形加工分为弯曲成形、拉压成形和拉伸成形(见图 3-10)等形式。飞机钣金零件材料主要为各种规格尺寸的板材、型材和管材。蒙皮、整体壁板、隔框、翼肋、长桁和导管等飞机钣金件结构各异,相应的成形工艺也各不相同,典型工艺包括橡皮囊液压成形、拉弯成形、拉伸成形、滚弯成形和喷丸成形等。

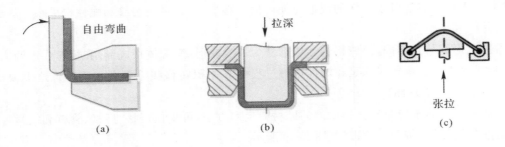

图 3-10　成形方法(举例)
(a)弯曲成形;　(b)拉压成形;　(c)拉伸成形

3.3.1.3　成形机床设备

按照驱动方式、冲压力的大小和行程等来划分压力机,按驱动方式分为机械压力机(如偏心轮压力机)、液压压力机和落锤设备。除了上述通用设备之外,飞机钣金零件成形加工以专用设备为主,钣金专用设备是飞机钣金工艺技术发展的标志和工艺技术成果的载体。

3.3.1.4　成形工艺装备

飞机外形由严格的气动布局所决定,所以多数飞机钣金件都具有双曲度的外形。钣金件制造的尺寸传递经历零件设计数据、形状控制数据、成形模具再到零件的过程,模具是零件形状控制数据的载体。当采用某种成形工艺时,模具保证制造出来的零件形状、尺寸和材料性能都在规定要求的范围内。钣金件包覆在模具上成形,模具的基本形状以所成形零件为依据,模具结构方案设计主要由零件特征决定,零件不同,所对应成形模具结构形状也不同,钣金成形模具结构如图 3-11 所示。

成形模具分类主要以零件成形工艺为依据,如框肋零件橡皮囊液压成形模具、型材拉弯模具、蒙皮拉形模具、导管弯曲成形模具等。成形模具结构较传统冲压工艺中的刚性凹凸模具简单,一般只需半模,但是由于零件结构的各异性,模具结构富于变化,如橡皮囊液压成形模具因加强结构形式的不同而富于变化、型材拉弯成形模具因截面形式和成形方式的不同而富于变化。

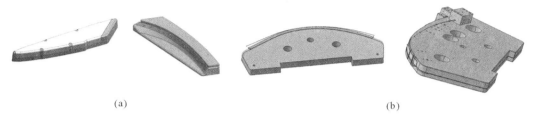

(a)   (b)

图 3 - 11 钣金成形模具结构
(a)橡皮囊液压成形模具; (b)拉弯成形模具

在普通的冷冲压模具中,由于使用模架,其中的大部分零件的参数都是标准化的,在设计时可以直接选用,而飞机钣金件成形模具外形基于零件特征,一般与飞机气动理论外形紧密相关,多为复杂的曲面,难以利用简单的参数来描述。虽然单个成形模具结构并不复杂,但模具数量大,模具中使用的标准件却很少,只有定位销钉、销钉保护帽、吊环螺钉等为数不多的几种类型。

3.3.2 板材零件成形

3.3.2.1 板弯成形

板材弯曲成形加工指借助模具将板材毛坯弯曲,制成具有型材特征的零件,如飞机上的桁条。最常见的弯曲方法有压弯和折弯。加工常用的设备为冲床、折弯机,所使用的模具可以是刚性的,也可以凸模是刚性的,凹模是弹性材料,如橡胶。折弯是利用闸压模逐边、逐次将板材折弯成形为所需形状的成形方法[见图 3 - 12(a)]。若要改变弯曲半径或弯曲角度,须同时更换两个弯曲模具。

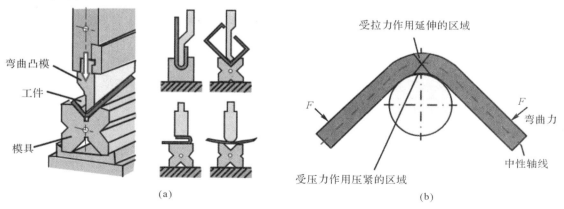

(a)   (b)

图 3 - 12 板材弯曲
(a)折弯举例; (b)弯曲时的中性轴线

对于板弯成形,工件的外面部分区域延伸,与之相反,其里面部分区域却被压紧[见图3-12(b)]。位于内、外两个区域之间的是其长度在弯曲时不变化的工件区域,这一区域称为中性轴线。弯曲部分的展开长度相当于中性轴线的长度。以大弯曲半径弯曲时,中性轴线位于横截面的中间;以小弯曲半径弯曲时,中性轴线不再位于横截面的中间,这是由于材料的受挤压部分大于其延伸部分。

3.3.2.2 液压成形

框肋类钣金件是飞机机体中的骨架类零件,确定飞机外形并承受气动载荷。弯边是框肋零件上的主要特征,弯边外缘线曲率、各截面弯曲角度和弯边高度均变化,长度各异。在大型飞机上,该类零件长度可达3 m以上。对于有气动外形要求的零件有较严格的精度要求,外形公差最高达±0.3 mm、弯边斜角公差最高达±0.5°、弯边高度公差最高达±0.5 mm。橡皮囊液压成形工艺是框肋零件成形的主要工艺方法。

(1)液压成形工艺原理。如图3-13所示,橡皮囊液压成形是将橡皮囊液压成形模具和零件毛料放置在成形机工作台上,操纵工作台使之进入工作位置,使容框四周全部处于封闭状态,然后向橡皮囊中充入高压液体;充压的橡皮囊即膨胀,压迫位于其下的橡皮垫,使其逐渐充满容框,产生高压,迫使毛料贴附在模具上制成零件。橡皮囊液压成形具有成形效率高、成形后零件表面质量好、成形过程噪声小等优点。

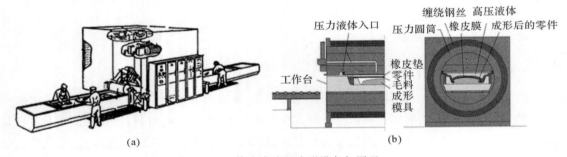

图3-13 橡皮囊液压成形设备与原理
(a)橡皮囊液压成形设备示意; (b)橡皮囊液压成形原理

(2)液压成形工艺参数。橡皮囊液压成形精度是由零件、模具及工艺参数共同决定的,包括决定模具形状的制造模型参数、模具结构的参数和机床设备的加工参数(成形压力、橡皮硬度、保压时间等)。其中,弯曲过程结束后,工件将回弹,回弹问题是影响框肋零件成形质量的突出问题。通过对成形工艺过程进行相应的改进与控制,虽然能在一定程度上减小板料的回弹量,但是并不能消除回弹。因此,为了使板料在卸载后形状与所要求的零件形状一致,最有效的途径是对回弹进行补偿,即凸模半径的选择应略小于所加工工件的半径(见图3-14)。弯曲凸模半径 r_1 和角度 α_1 取决于工件半径 r_2、板材厚度 S 和弯曲角度 α_2。

3.3.2.3 拉伸成形

蒙皮是典型的大型钣金件,数量很多,制造劳动量占钣金件总劳动量的10%。蒙皮构成飞机的气动外形,要求外形准确、流线光滑和表面无划伤,中小型飞机气动外形蒙皮外形公差高达±0.3 mm。单曲度蒙皮采用滚弯或压弯工艺,复杂形状蒙皮采用落压成形工艺,大尺寸、曲率变化比较平缓的双曲度蒙皮零件宜采用拉伸成形工艺(简称"拉形工艺")。

（1）拉形工艺原理。如图 3-15 所示,拉伸成形的基本原理是将毛料的两边夹紧,利用专用凸模上顶,使毛料产生不均匀的拉应变而与模具贴合成形;或者工作台不动,夹钳的拉伸包覆运动使坯料贴合到模具表面,从而获得最终形状。该成形工艺的优点是模具构造简单,零件表面质量好,成形准确度高。

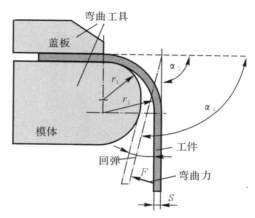

图 3-14　弯曲回弹补偿

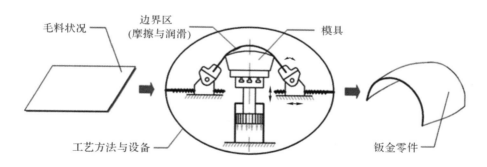

图 3-15　拉伸成形过程基本原理

拉形可以分为两类:纵拉和横拉。纵拉和横拉的基本原理相同,但在具体细节上和所用设备的结构上有所差异。横向拉形一般适用于制造横向曲度大和纵向曲度小的零件;对于狭长蒙皮,有时其纵向曲度比横向曲度小,为节省材料,采用纵向拉形较为合理。为了消除成形蒙皮零件上的凹陷或鼓包,可在拉形时从上方施加一定的向下压力。

（2）拉形工艺参数。蒙皮拉形成形模具、工艺参数、运动轨迹共同决定成形质量。拉形加载动作由两个主要因素决定,即拉伸量和包覆角,以实现夹钳的空间运动和扭转,是设计拉形加载轨迹的重要依据。预拉和补拉都是初始和结束时的拉伸,通过适当的预拉和补拉,可以减小回弹及提高成形的贴模度。蒙皮拉伸成形中易出现破裂、局部起皱、滑移线、粗晶、橘皮及残余应力等成形缺陷,特别是镜面蒙皮滑移线缺陷,控制难度很大。

3.3.2.4 拉深成形

拉深成形加工是指采用拉力和压力将坯料加工成所需的立体空心零件。

(1)传统机械式拉深。拉深加工是利用模具对金属板坯施力,使其成为立体空心零件的压制工艺方法。就其变形性质而言,是靠毛坯的外缘材料的收缩流动而形成立体空心零件。如图 3-16 所示,首先通过压边圈把一块板料压紧在拉深模上面,然后,拉深凸模通过拉深模圆角把板料拉入拉深模,板料的圆环面 A_2 便构成已完成的拉深工件表面。由于面 A_2 的直径大于已拉深成形的杯形,"多余"的材料便流向拉深工件的表面。因此,其深度 h 会大于圆环的宽度 b。

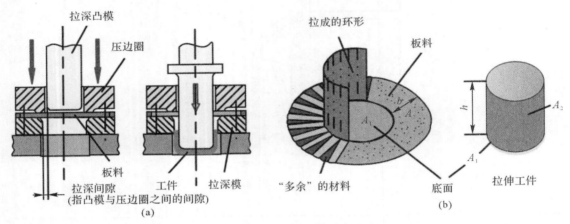

图 3-16　拉深成形
(a)拉深工艺原理；　(b)拉深时材料的分布

影响成形质量的重要因素之一是拉深系数 β,筒形件的拉深系数用筒壁段的中位层直径与毛坯直径之比表示,连续拉深时,则是用筒壁段的中位层直径与拉深凸模直径之间的比例表示,拉深系数表示拉深时板料的形状变化,取决于材料、模具和工艺参数。拉深工件可能会因拉深模具、拉深过程或被拉深的材料本身等原因而出现破裂、起皱等缺陷。

(2)充液拉深。充液拉深(液压式拉深)在传统的机械式拉深基础上取消了拉深凹模,而以充液室取代之,凸模下行深入充液室中时,利用液体作为传力介质把板料压向凸模,从而使板料变形(见图 3-17)。与机械式拉深过程不同的是,充液拉深取消了拉深凹模,因而消除了拉深时板坯与拉深凹模圆角之间的摩擦,工件的外表面质量更好,同时模具简单且易于更换,降低了拉深模具的成本。

拉深工具由拉深凸模、压边圈和充液室组成。先把板料放置在充液室,用压边圈压紧。拉深凸模向下行进,把板料压入充液室,这样便在液体中形成一个高压。该高压的压力受到限压阀限制,该阀阻止受到挤压的液体流出。压力的大小由压力控制系统调控,并可在拉深过程中予以改变。其可达到的拉深系数大于传统拉深方法的拉深系数,适用于形状复杂的薄板零件的成形。

3.3.2.5 旋压成形

旋压成形是用压辊把一个圆形板料顶压在旋转的旋压模上(见图 3-18),使之产生连续的局部变形而成为所需空心回转体零件的成形方法,可加工的钢板最厚可达 20 mm,例如锅炉底部。

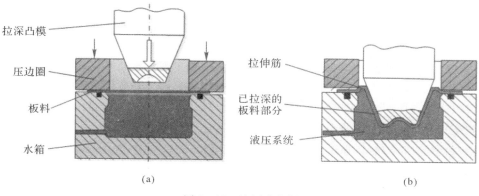

图 3-17　液压式拉深

(a)拉深加工前；　(b)拉深加工后

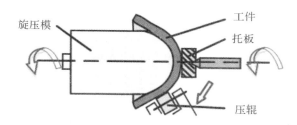

图 3-18　旋压成形制作空心形状工件

3.3.2.6　喷丸成形

整体壁板是由整块板坯制成的飞机整体结构承力件,是飞机的关键零件。机翼外形相对理论外形的偏差小于 0.5 mm,不平滑度小于 0.05～0.15 mm。整体壁板成形方法包括滚弯、压弯、喷丸、热应力松弛等。喷丸成形技术是在 20 世纪 50 年代伴随着飞机整体壁板的应用,在喷丸强化技术基础上发展起来的,具有生产效率高、适用范围广等显著优势,已成为机翼整体壁板成形的首选方法。

(1)喷丸工艺原理。如图 3-19 所示,喷丸成形是高速金属弹丸流撞击金属薄板件表面,形成无数的压坑,使受喷表层材料向四周延伸,表层面积增大,但又受到材料变形一致的限制,导致板坯产生内弯矩而产生塑性变形,板坯在可控制和重复进行的弹流撞击下逐渐达到要求的外形。

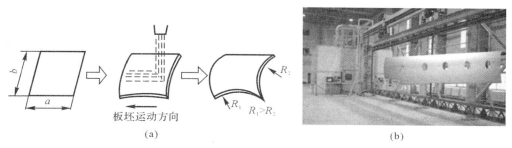

图 3-19　整体壁板喷丸成形

(b)喷丸成形原理；　(b)喷丸成形设备

喷丸成形实质上是在物体表层中产生点的塑性变形过程,板坯接受给定弹流的喷射,当覆盖率达到饱和状态时,零件不再变形。喷丸在材料表面形成的应力层,可阻止和延缓裂纹的产生、扩展,从而可以提高零件的疲劳强度。

(2)喷丸工艺参数。气动条带式数控喷丸成形主要是通过控制弹丸规格、喷射距离、喷射角度、喷射气压、弹丸流量和机床速度等不同工艺参数来实现对不同厚度和不同曲率壁板的成形,同时,受喷工件的受力状态等也会不同程度地影响成形效果和质量。喷丸的送进方式和弹流参数可以随意匹配,加工程序有很大的灵活性。只要提供足够的弹丸散射面积,一般被加工零件的长宽尺寸不受限制。条带喷丸成形的关键问题是确定喷丸路径、各路径上的喷丸参数以及需要双面喷丸的放料区域。

3.3.3　型材零件成形

型材是构成飞机骨架的主要结构件,在飞机纵向和横向构件中广为应用。根据在飞机结构中所起的作用,型材分为框肋梁的缘条、长桁、加强支柱、小角片等。挤压型材零件结构分为腹板和缘板两部分,缘板上可带有下陷,下陷分为直下陷、斜下陷、双面下陷、连续下陷和曲面零件下陷。

对于横向构件,外形轮廓一般是变曲率的,且曲率变化方向也可能不同,截面类型多种多样,通常带有下陷。与气动外形有关的型材零件外形公差最高可达±0.3 mm。长桁零件是构成机身和机翼的纵向构件。

型材成形工艺包括拉弯、滚弯、压下陷等。滚弯是在滚轴的作用力和摩擦力的作用下,向前推进并产生弯曲变形的成形过程,适用于大曲率半径、截面形状简单的型材零件的成形,最适用于等曲率、对称截面的型材的成形。拉弯工艺是型材零件的主要成形工艺方法。

(1)拉弯工艺原理。拉弯是指型材在弯矩和纵向拉力的联合作用下被压入模具型槽的成形过程,用于制造尺寸大、变曲率、外形精度要求高、相对弯曲半径大(不小于10)的零件。拉弯成形设备分为转台式和张臂式两种,航空制造企业中主要应用的是张臂式拉弯机,如图 3-20 所示。

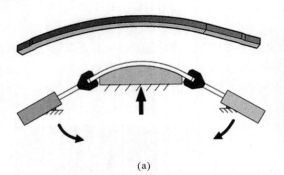 

(a)　　　　　　　　　　　(b)

图 3-20　张臂式拉弯机

(a)张臂式拉弯机工作原理;　(b)数控拉弯设备

张臂式拉弯机的工作原理是:台面固定不动,由两侧张臂旋转,每个张臂上分别装有拉伸作动筒,张臂由装在机床身上的作动筒用拉杆带动旋转,模具安装在工作台面上,操作时将毛料两端夹紧,开动拉伸作动筒,使毛料受拉,然后转动支臂,使毛料绕模具弯曲成形,最后进行补拉。张臂式拉弯机适用于成形几何尺寸大、对称的拉弯件。

（2）拉弯工艺参数。合理的工艺参数和补偿回弹的成形模具是型材拉弯精确成形的关键。按照加载方式和次序的不同，常用的拉弯方式有三种：一是先预拉，后弯曲；二是先弯曲，后施以切向拉力；三是先预拉，后弯曲，最后补拉。决定型材拉弯成形质量的主要工艺参数包括拉弯过程中的预拉量、拉弯速度和补拉量，通过适当的预拉和补拉可以减小回弹。

3.3.4 导管零件成形

飞机的液压、燃油、环控、供氧等系统均主要依靠导管来传递工作介质，导管零件品种多、数量大、形状复杂，成形质量要求严格。导管是一种薄壁轴、对称的中空结构。管径为 $\phi4\sim$ $\phi150$ mm，壁厚为 $0.4\sim1.5$ mm，随着飞机管路性能要求的提高，越来越多地采用大直径、高强度薄壁导管。对起皱、截面畸变等有严格要求，如管径 <18 mm 的低压管允许波纹偏差 $\leqslant0.1$ mm。导管材料有铝合金、钛合金、不锈钢和铜合金等。

导管成形包括弯曲成形和端头加工，其检验方法包括外形、管壁、端头的形状、尺寸和表面质量检验以及气密、液压试验等性能检验。

3.3.4.1 弯曲成形

导管弯曲方法很多，包括绕弯、拉弯、滚弯、模弯和液压弯曲等。下面介绍绕弯成形。

（1）绕弯工艺原理。如图 3-21 所示，绕弯是导管成形的主要工艺。将导管安装在数控弯管机上，配合相应的弯曲模、夹块、压块、防皱块和芯棒等，在弯管机旋转力的作用下，管子被夹紧在转动的弯管模具上一起转动，当管子被拉过压块时，压块将导管绕弯在弯曲模上。

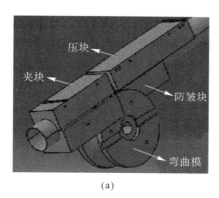
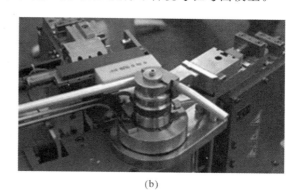

(a) (b)

图 3-21 导管成形

(a)成形模具； (b)导管成形设备

（2）绕弯工艺参数。在导管绕弯成形中，机床设备参数包括压块压力、压块助推压力、弯曲速度、弯曲角度、加热温度等，与摩擦因数（导管与芯棒之间、导管与压块之间、导管与夹块之间、导管与防皱块之间的摩擦因数）、芯棒伸长量、管坯与芯棒间隙等工况参数相互耦合，影响成形质量。导管在数控弯曲过程中，往往易产生截面畸变、破裂、起皱和回弹等质量缺陷。

3.3.4.2 端头加工

系统导管是飞机各导管系统中的主要组成部分。将导管端头加工成各种形式的连接接头，如扩口、波纹等，以便将系统中的导管、附件连接起来，形成完整的工作系统。

(1)扩口:在液压和滑油系统的导管端头一般要求加工成喇叭口,保证密封要求。为了保证密封性要求,对喇叭口的锥角、粗糙度等均有较高的要求。

(2)波纹成形:若导管需要经常拆卸,则相连接的管端应制成波纹。管端波纹成形不允许出现裂纹,边缘不允许有毛刺。

本小节内容的复习和深化

1.飞机钣金成形工艺的特点是什么?

2.机身蒙皮、纵向和横向骨架零件结构特征是什么? 分别选用哪类钣金工艺?

3.如何评价材料的可成形性?为什么弯曲半径的选取不能太小?

4.弯曲加工时决定回弹量的因素有哪些?

5.飞机钣金成形模具的结构特点是什么?如何在双曲度零件成形模具中进行补偿?

6.分析蒙皮、框肋、长桁、整体壁板等典型钣金件制造准确度要求。探讨为了达到精确成形,分别需要控制工艺过程中的哪些因素。

7.为了使导管形成完整的工作系统,需要对导管零件进行哪些加工?

8.框肋零件展开建模与整体壁板零件展开建模有何异同?

3.4　树脂基复合材料成型工艺

3.4.1　基础知识

树脂基复合材料是由树脂和高性能纤维增强材料(例如碳纤维)构成的一种具有两个或两个以上独立的物理相的固体材料。本节主要介绍热固性复合材料制造工艺。制造工艺和模具是精确制造复合材料构件并保证其经济性的控制因素,在设计中必须将设计与制造作为一个整体加以考虑。在树脂基复合材料构件制造中,材料制造与结构成型是一次完成的,这是与金属结构制造的最大的差异。

3.4.1.1　复合材料成型工艺原理

尽管先进复合材料的成型方法很多,但所有的方法都具有一些最基本的共性步骤,即具有适合特定零件几何形状和微观结构的复杂纤维网络结构,这些纤维结构必须被树脂完全浸润和渗透,而且树脂在刚性模具的支撑下固化。制成复合材料的同时也即制成所需形状、尺寸的构件。在可能的许多纤维结构中,有两种主要的变化形式:线性、交织。纤维交织可以产生 2D 和 3D 的互锁织物结构,每种形式需要不同的制造方法,而且会产生不同的材料性能。树脂基复合材料成型过程如图 3-22 所示,树脂对纤维的浸润(浸渍)、模具的赋形和固化成型是树脂基复合材料构件制造的三个主要环节。

(1)纤维浸润:纤维的浸润有两种方式。①离线浸润,在形成最终完整的纤维结构之前进行;②在线浸润,和成型工艺同时进行。

对热固性体系而言,通过离线浸润,可以得到具有轻微黏性、部分固化的纤维带或片[这些都称为预浸料(Prepreg)],这些预浸料可以进行手工铺放或用于其他各种线性加工工艺。由于这些材料可以发生化学反应,因此,在使用前要求保存在冰箱中,它的适用期是有限的。通过控制环境中的离线浸润,可以保证材料具有高的质量,并在制造阶段省去了这一步。

在线浸润是在制造加工时才将可反应的热固性组分和纤维混合,这种非混合的在线浸润工艺使得材料具有非常长的适用期,而且一般不需冷藏,但在线浸润增加了产生错误的可能性,如产生未浸润区和空隙等。在线浸润可以在制备纤维结构前一步进行,如常见的缠绕成型和拉挤成型,也可以在制备纤维结构的后一步进行,如树脂传递模塑。在线浸润的优点在于,室温下材料非常柔软、容易操作制备复杂的纤维结构。和离线浸润相比,在线浸润显著增加了加工时间,并导致浸润效果和性能稍差。

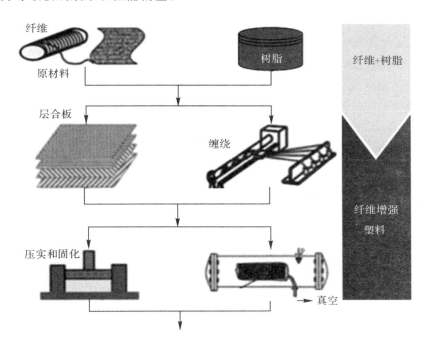

图 3-22　树脂基复合材料成型过程

(2)模具赋形:在树脂固化之前,纤维和树脂非常柔软,因此必须用刚性的模具或芯模进行支撑,模具一般限制一个或几个零件表面,通过在模具上铺贴/缠绕、模具的挤压或闭合、模具内注塑等工艺方式,可以形成预期的形状和尺寸。热压罐和缠绕成型等工艺方法是在零件的一个表面采用刚性模具,而在其他表面采用真空袋或软模,树脂传递模塑使用闭合模具。

线性纤维结构是将纤维束、带或定向排列的纤维片(通常浸有树脂)铺放在模具上而形成的。预浸料的铺放可以是手工铺放,也可以是自动铺放。自动纤维束和纤维带铺放的过程和机械加工过程有些相似,只不过复合材料加工过程是添加材料,而机械加工则是去掉材料。因此纤维带的铺放类似于反向铣削,缠绕成型则类似于反向车削。新型的纤维束铺放技术非常复杂,可按模具表面情况进行控制铺放,可以形成带面内曲度的(测地线)纤维路径,所有这些工艺制造的复合材料的特点是:纤维束平行排列且纤维体积分数很高,因而具有高的面内比强度和比刚度。

(3)固化成型:渗透在纤维结构中的热固性树脂通过化学反应而发生固化。在复合材料制造工艺中的固化(热固性)/固结(热塑性)阶段,必须按照一定的控制规律,对层合板进行加热和加压处理,基体树脂发生从液态→凝胶态→固态的变化。

通常,先进复合材料加工用的模具承受较小的载荷(对于热压罐,成型压力为 0.5 MPa 左右,树脂传递模塑模具的载荷要大一些)和不太高的温度(对航空航天用环氧体系,温度为175℃;对于有些热塑性树脂和高温热固性树脂,温度则要求不低于350℃)。固化过程中受材料的热胀冷缩效应、基体树脂的化学收缩效应以及复合材料结构件与成型模具热膨胀系数的差异等因素的影响,复合材料结构件内部产生残余应力且分布不均匀,加之固化降温过程中构件尺寸的固化收缩和温度分布不均匀,导致复合材料成型件产生回弹变形及翘曲变形。因此,为了实现复合材料构件的精确制造,也需要对成型模具进行变形补偿。

3.4.1.2 复合材料成型工艺分类

复合材料构件成型方法有很多,根据不同的结构和性能要求,采用不同的成型方法。在此主要介绍预浸料/热压罐成型、缠绕成型、拉挤成型和树脂转移模塑成型。

(1)预浸料铺贴/热压罐成型。作为航空复合材料,制件主要生产设备的热压罐,是一个具有整体加热加压能力的大型密闭压力容器。热压罐成型是利用由压缩气体传递的热量和压力对铺贴在模具上的预浸料叠层毛坯施加温度与压力,以固化成型复合材料零件。热压罐成型工艺是目前航空航天制造工程中广泛应用的复合材料结构件成型方法。大多数大型热压罐都是按用户需求制造的,用于热压罐的典型气体有氮气、二氧化碳,温度可达400℃以上,压力可达3.0 MPa以上;当热压罐所需要的压力小于1.0 MPa,工作温度低于120℃时,可使用空气作为加压气体。

(2)缠绕成型。浸渍树脂的连续纤维束在纤维缠绕机张力的控制下,按预定路径高速而精确地缠绕在转动的模芯上,按一定的规范固化,固化后脱模。纤维缠绕成型广泛用于火箭发动机壳、火箭发射管及雷达罩等军工产品。纤维缠绕工艺既可以缠绕预浸带(干法缠绕),也可以缠绕通过树脂池的浸渍纱(湿法缠绕)。

(3)拉挤成型。使用拉挤设备将经树脂浸渍的增强材料(如纤维纱线、纤维毡和编织物等),在牵引力作用下,通过模具挤压和加热固化后,经定长切割或一定的后加工,得到型材制品。该工艺可以加工薄壁、中空等复杂截面形状的型材。

(4)树脂传递模塑。树脂传递模塑(Resin Transfer Moulding,RTM)工艺是在模具型腔里预先放置预制件,在压力注入或/和真空辅助条件下,将具有反应活性的低黏度树脂注入闭合模具中并排除气体,同时浸润干态纤维结构,完成浸润后,树脂通过加热引发交联反应完成固化,得到复合材料构件。RTM在与预浸料和热压罐固化工艺的竞争中,是一种具有成本优势的方法。

3.4.1.3 复合材料成型模具

复合材料固化对于所用的模具要求非常严格,首要的要求是模具材料在成型温度和压力下保持适当的性能。理想的复合材料模具具有如下特性:热膨胀系数与所生产的零件一致;在很高的温度和压力条件下,模具不损坏;尺寸稳定;成本低;耐久性好;重复生产仍能保持很高的尺寸精度;高温条件下强度性能不降低。

(1)模具材料。模具的设计、制造及其操作必须与所要生产构件的数量、结构、所使用材料的特性以及相关的制造和固化操作一致。根据复合材料固化温度的不同,模具材料可以分为以下几类:①用于低温到中温范围的树脂基复合材料,如碳纤维/环氧、玻璃纤维/环氧;②适于低温到高温范围的金属材料,如铝、钢、电铸镍;③适合于超高温的陶瓷和石墨材料。

钢、铝和碳/环氧复合材料等都可以满足飞行器树脂基复合材料固化温度和压力的要求,选择的依据在于模具制造的容易程度、耐久性和热膨胀系数。一般来说,对于需要长期使用的模具应该使用钢来制造。金属模具材料中最著名是殷钢。如殷钢 36(36% 的镍)的硬度与碳钢相当,但其热膨胀系数非常低,约为 0.28×10^{-6} m/(m·℃)并被认为具有尺寸不变的特性,能与复合材料相匹配,耐久性好,但加工有些困难。非金属材料制造的模具弱点在于其耐久性不好,基体须经受多次温度循环而不出现裂纹,但在研制阶段零件制造数量很少的情况下是可以接受的。

复合材料模具的最后加工尺寸不要求与复合材料零件的尺寸相同,两者之间差异的决定因素之一就是热膨胀特性。当加热和固化时,模具必定会达到与层合板同样的温度,因此应该使模具和复合材料的热膨胀系数尽量吻合。对于具有大曲度的复杂构件,当模具与复合材料的热膨胀系数出现严重失配时,复合材料结构的强度和尺寸精度会严重降低。热传导率高是有益的,能使模具和所生产零件之间的热梯度减小。

(2)模具结构。框架式模具是复合材料热压罐成型中主要使用的模具,特别是蒙皮类模具结构应采用框架式模具(见图 3-23),包含模板、框板、通风孔、散热孔、叉车槽、底板和吊耳等结构,这种模具结构厚度均匀,通风好,升温快,可使模具各点温度均匀。

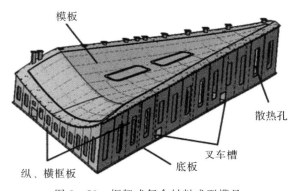

图 3-23 框架式复合材料成型模具

3.4.2 热压罐固化成型

如图 3-24 所示,热压罐成型是将叠层铺放的复合材料毛坯、蜂窝夹芯结构或者复合材料胶接结构用真空袋密封在模具上,置于热压罐中,使得复合材料构件在真空状态下,经过升温、加压、保温、降温和卸压的过程,使结构件获得所需的形状和质量状态。为实现温度、压力和真空等工艺参数的时序化和实时在线控制,热压罐通常由多个不同功能的分系统组成,包括壳体和真空、加热、压力、鼓风、冷却、控制等系统。

(1)预浸料剪裁、铺贴和工艺组装。预浸料剪裁可分为自动裁剪和手工裁剪。将预浸料根据各铺层的纤维方向和尺寸(数模或样板)进行剪裁,剪裁好的预浸料要逐层进行标记或编号,平面放置。

预浸料铺贴分为手工铺贴和自动铺贴。手工铺贴又分为激光辅助定位铺贴和按定位线或定位样板铺贴,在模具上形成不同预浸料铺层方向和铺层轮廓,进行铺贴。自动铺贴则集预浸带剪裁、定位、铺叠、压实等功能于一体。

构件铺贴完成后,铺放隔离、吸胶、透气、密封和真空袋等各种辅助材料。真空袋的作用是排除夹杂的空气和挥发物。根据预浸料含胶量选择吸胶材料的厚度和层数。

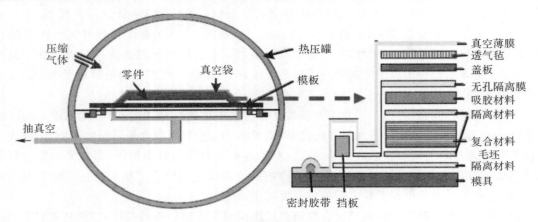

图 3-24　热压罐成型原理

（2）固化。将工艺组装后的坯件送入热压罐后固化。预浸料通过高温和施加压力，在材料内部形成细眼网状结构，从而形成可作为成型件的固态形状，这个过程称为固化。对大厚度构件来说，在升温加压前，可抽真空（真空压力 0.09 MPa）1～2 h，使铺层密实。如图 3-25 所示，固化温度和时间主要取决于树脂体系和制件厚度。严格按照工艺文件和生产说明书控制温度、压力、时间、升温速率及加压温度和卸压温度。

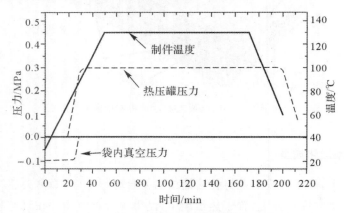

图 3-25　某型环氧树脂预浸料固化工艺参数

溶剂和水分等湿气（对于热固性基体，其质量约为预浸料质量的 1%）通过蒸发变成挥发物，并与空气一起滞留在铺层内，如果不将其排除将形成孔隙。获得均匀、理想结构的复合材料的先决条件是在一定阶段下对其施加压力，使制件密实。然而，压力必须在树脂发生相变，即在流动态向高弹态过渡的区间内施加。施压过早会使大量树脂流失，施压过晚树脂已进入高弹态，而自由状态下的高弹性会夹杂许多孔隙与气泡，导致结构不致密。

热压罐固化的压力均匀、制件尺寸稳定性好，可成型热固性或热塑性树脂以及从平面到复杂曲面、各种厚度、不同尺寸的零件，并可用于胶接或共固化蜂窝结构。然而，热压罐成型工艺成本较高，所占比例一般高达 70%。主要包括：模具复杂且昂贵；真空袋等辅助材料一次性使用、成本高；装袋和密封过程出现问题会导致成本增加；设备能源利用率低；加工周期长、生产效率低。另外,设备资金投入较高,必须配有空压机、压缩空气储气罐及热压罐本身的安全保障体系。

3.4.3　树脂传递模塑

树脂传递模塑包括用各种织物(或变形成型)制备干态纤维结构,然后在闭合模具中渗透树脂并固化两个步骤。

(1)材料制备。树脂传递模塑的主要特征是:增强材料和树脂基体分开处理,不需要运输和储存冷藏的预浸料(热固性树脂),编织物等增强体干态铺放,直到注胶时它们才在模腔内复合。树脂体系的制备和其他环氧树脂体系一样,但其黏度必须低,以满足易于浸渍的需要,可以是单组分(树脂和固化剂预先混合)或者双组分体系。预成型体包括机织物和纺织物等各种类型的增强体,采用预制件能够提高零件的损伤容限性能,可生产形状复杂的零件,如带有翼肋或隔框的封闭翼盒或机身。因为危险材料都封闭在工装里面,车间人员与化学品接触的危险大大降低。

(2)工艺过程。具有最终制件尺寸的预成型体在闭合模具中成型,树脂传递可通过注射装置在真空及附加压力下完成,如图 3－26 所示。

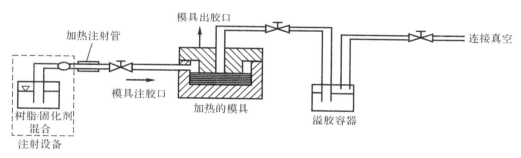

图 3－26　树脂传递模塑工艺的树脂流动过程

树脂传递模塑的固化是在模具中进行的,其固化温度由树脂体系决定,固化时模具中的压力取决于模具、预成型体和制件形状等诸多因素。注射树脂时,一般需要升高温度,以降低树脂黏度,但同时也会导致树脂更早、更快交联,从而使树脂的注射窗口变窄,由此产生的聚合反应也决定了树脂的最大流动长度。因此,温度取决于树脂体系的固化周期和最低黏度温度。压力决定了对模具材料的要求。对于相对高的压力就需要选择铝或钢材模具以及大的夹紧力,但压力太高也会导致纤维被冲刷而未保存在恰当位置上,或纤维浸渍不完全。

注胶结束后,有时仅使模具保持真空就足够了,但通常情况下还需要再施加注射压力以抑制空隙。树脂转移模塑成型所生产的零件表面光洁、尺寸精度高、形状修整加工量很少。

本小节内容的复习和深化

1.从纤维浸润角度分析复合材料原材料的特征。

2.预浸料手工铺放时如何确定其在模具表面的方位?

3.复合材料固化的机理是什么?复合材料零件固化后回弹的机理是什么?如何进行回弹控制和补偿?试分析复合材料零件与钣金件回弹的不同?

4.为什么殷钢适于作为复合材料成型模具材料?

5.蒙皮类、框梁类、壁板类复合材料零件的构造特征是什么?适用于哪类成型工艺?

6. 描述热压罐成型原理，试分析哪些因素导致成本高。热压罐固化成型主要工艺参数有哪些？压力施加在树脂变化的哪个区间？分析其原因。

7. 描述树脂传递模塑工艺原理。与热压罐成型相比，采取哪些措施可降低制造成本？

3.5　切　削　加　工

3.5.1　基础知识

切削加工（Cutting）的原始材料是棒材等下料件以及经过制备加工的工件，通过人为操作机床，利用切削刀具从工件毛坯上切除多余的材料，以获得具有一定形状、尺寸、精度和表面粗糙度的零件的加工方法，包括车削、钻削、镗削、铣削和磨削等。在切削过程中，刀具切削部分要受到高温、剧烈摩擦和很大的切削力、冲击力的作用，因此刀具必须选用合适的材料、合理的角度及适当的结构。切削的影响因素包括工件（形状、材料和质量要求）、切削刀具（材料、形状）和切削条件（切削方法、切削量和冷却）。

除了机械能以外，利用电能、化学能、声能等能量形式进行的加工称为特种加工，特种加工不受材料硬度及强度的限制，如电火花加工是在一定的液体介质中，利用正、负电极间脉冲放电的电腐蚀现象对可导电材料进行加工，从而使零件的尺寸、形状和表面质量达到技术要求的一种加工方法。

3.5.1.1　切削原理

在切削加工过程中，刀具对工件的切削作用是通过刀具与工件之间的相对运动和相互作用来实现的。

（1）切削运动。刀具与工件之间的相对运动称为切削运动，包括主运动和进给运动，如图 3-27 所示。

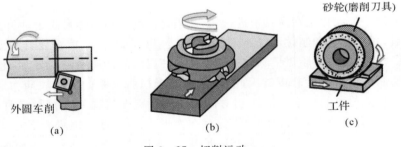

图 3-27　切削运动

(a)车外圆；　(b)铣平面；　(c)磨外圆面

1）主运动：切下切屑所需的最基本的运动。与进给运动相比，它的速度快、消耗机床功率多。主运动一般只有一个。图 3-27 中，(a)中工件的运动和(b)(c)刀具的运动为主运动。

刀具切削楔进入工件后，使工件材料受到强烈的轧边顶推。当超过材料的屈服强度后，工件材料便会出现塑性形变，在剪切区塑性形变最终导致切屑微粒部分被切断。切削时产生的高温和压力使切屑微粒部分彼此焊接在一起，最后形成切屑排出切削面。

2）进给运动：多余材料不断被投入切削，从而加工出完整表面所需的运动。进给运动可以有一个或几个。图 3 - 27 中,(a)中刀具的运动和(b)(c)中工件的运动为进给运动。

主运动和进给运动适当配合,就可对工件不同的表面进行加工。在切削加工过程中,工件上形成已加工表面、过渡表面和待加工表面三种表面。除了主运动和进给运动以外,还有吃刀、退刀、让刀等辅助运动。金属切削加工中的各种物理现象,如切削力、切削热、刀具磨损以及已加工表面质量等,都以切屑形成过程为基础。

(2)切削用量。切削用量是衡量切削运动大小的参数,包括切削速度、进给量和切削深度,它们是切削过程中不可缺少的因素,称为切削用量的三要素。

1)切削速度:主运动的线速度称为切削速度,即切削刃上选定点相对于工件沿主运动方向单位时间内移动的距离。

当主运动为转动时,切削速度为

$$v_c = \pi d n \qquad (3-1)$$

式中,v_c 为切削速度,m/min;d 为切削刃上选定点处工件或刀具的直径,m;n 是工件或刀具的转速,r/min。

转速 n 可根据切削速度 v_c 和刀具直径 d 计算出来。

$$n = \frac{v_c}{\pi d} \qquad (3-2)$$

当主运动为往复直线运动(如刨削运动)时,以平均速度为切削运动的速度为

$$v_c = 2L n_r \qquad (3-3)$$

式中,v_c 为切削速度,m/min;L 为往复运行的行程长度,m;n_r 为主运动每分钟的往复次数,str/min。

2)进给量:在单位时间内,刀具在进给方向上相对工件的位移量称为进给量。对于不同的加工方法,由于所用刀具和切削运动形式的不同,进给量的表述和度量方式也不同。

车削时,进给量指工件每转一周,刀具沿进给方向所移动的距离,以 f 表示,单位为 mm/r。进给速度 v_f 的单位是 mm/min,从转速 n 和进给量 f 中计算得出

$$v_f = n f \qquad (3-4)$$

3)切削深度 a_p:通过切削刃上选定点、垂直于进给运动方向上测量的主切削刃切入工件的深度尺寸,称为切削深度(又称为背吃刀量)。如车外圆时,用已加工表面和待加工表面的垂直距离计算切削深度。

(3)可切削性。可切削性是指一种材料是否可以及在何种条件下可以用切削方法进行加工。切削工艺性通过加工质量(尺寸精度、形状精度、表面质量和表面组织状态)和经济性(加工时间、材料切削量、刀具的磨损量等)进行评估。

大部分金属材料都具有良好的可切削性,尤其是碳钢、低合金钢和铸铁类,以及铝和铝合金。难以切削的是韧性很强的材料,如已软化的铜、不锈钢和钛,以及很硬的材料,如淬火钢。

对于所设计的飞机零件,除了提高被加工表面几何形状的工艺性以及正确规定加工精度和表面粗糙度要求以外,应使切削刀具在加工时便于进退,而且零件各结构要素(圆角、圆弧、中心孔尺寸、螺纹标准等)力求规格统一,以求减小专用刀具和量具的需要量,并应尽可能避免盲孔、台阶孔和特形孔等特种结构。

3.5.1.2　切削刀具

(1)切削刃。所有刀具切削刃的形状都是楔形。刀具切削时所产生的各种力和温度导致

切削楔发生磨损。因此,切削刃必须在高温下耐磨,并且具有足够的韧度。

在切入材料硬度比刀具软的工件内,切削楔由切削前面和切削后面组成(见图 3-28),这两个面之间的角度称为楔角 β。它的大小取决于待切削的材料,切削楔上各角度的大小见表 3-3。楔角越小,切削楔切入工件材料越容易。但是,为了在加工具有较高强度的材料时刀刃不被打坏,必须保持足够大的楔角。

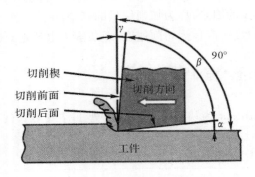

图 3-28 切削楔的面和角度
α—后角; β—楔角; γ—前角

表 3-3 切削楔上各角度的大小

楔角 β		前角 γ		后角 α	
大	小	小	大	小	有点大
强度较高的硬材料,如高合金钢	软材料,例如铝合金	硬材料和易脆材料(粗加工时)	软材料(精加工时)	硬材料和产生短切屑的材料,如高合金钢	软材料和可弹性变形的材料,如塑料

前角 γ 是切削前面与垂直于加工面的一个垂直面之间的夹角。为将所有出现的力抑制至最小,这个角度应尽可能地选大。加工较硬材料时、切削中断时、切削材料较脆时,前角必须要小甚至是负角度,以免打坏刀刃。前角 γ 是切削楔上最重要的角度,因为它直接影响切屑的形成、刀具的耐用度和切削力。

后角 α 是切削后面与加工面之间的夹角,这是一个不可或缺的角,其作用是降低刀具与工件之间的摩擦。后角的选择原则是其大小恰好可保证刀具足够自由地进行切削。

(2)切削刀具材料。把构成切削楔的材料称为切削刀具材料。切削刀具所用的材料在使用过程中必须承受很大的机械负荷和热负荷,它们可能因磨耗导致过大的磨损或切削刀具断裂,如图 3-29 所示。

为使切削刀具具有尽可能大的耐用度,切削刀具材料必须具备下列特性:

①热硬度高,切削刃即便在高温下仍能保持足够高的硬度,以使它能够切入工件材料;②耐磨强度高,对机械磨耗以及化学和物理影响因素如氧化和扩散等具有高耐受能力;③热疲

劳强度高,即便工作温度剧烈变化,刀具也不会出现裂纹;④抗压强度高,可避免切削刃的变形和崩刃;⑤韧度和抗弯曲强度高,可使切削刃能够承受瞬间负荷并使锋利的切削刃口不断裂。

1)切削刀具材料。切削刀具材料的选择以加工方法、待切削的材料和经济性等要素为准则。选择时必须注意材料的重要特性:耐磨强度和韧度,如图 3-30 所示。

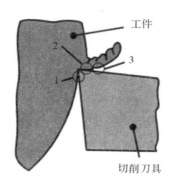

图 3-29　切削刀具的负荷

1—摩擦,机械磨损;　2—压力负荷,摩擦;　3—高温,扩散和氧化

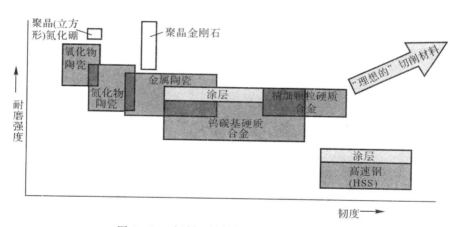

图 3-30　切削刀具材料的耐磨强度和韧度

　　由于高速钢、硬质合金、陶瓷等各种切削刀具材料具有不同的耐磨强度、韧度和成本,因此它们的应用范围也各不相同。如硬质合金具有高耐热硬度(最大可达 1 000℃)、高耐磨强度和高抗压强度,用于铣刀和车刀的可转位刀片、镶有可转位刀片的钻头等,几乎可以用于加工所有材料。由氧化物陶瓷制成的切削刀片的组成成分是氧化铝,对剧烈温度变化不敏感,具有极高的耐热硬度(最高达 1 200℃),与所切削的材料不发生任何化学反应,可用于加工铸铁和耐热合金以及用于已淬火钢的硬精车和高速切削中。

　　2)切削刀具的涂层。涂层处理可大为改善硬质合金和高速钢材料的耐磨强度,从而提高刀具的切削速度和进给量,降低加工成本。此外,切削刀具材料涂层作用还包括:阻止氧化和扩散、对高速钢或硬质合金基础材料隔热、阻止刀具上形成刀瘤。

　　最重要的涂层材料是氮化钛(TiN)、碳化钛(TiC)、碳氮化钛(TiCN)、氧化铝(Al_2O_3)和金刚石。涂层可分为单层或多层,涂层厚度可从 $2\sim15\ \mu m$ 不等。如图 3-31 所示,对于多层涂层结构,氮化钛由于摩擦因数低,非常适宜做涂层的表面覆盖层;氧化铝可形成极硬的涂层,因此可作为补充隔热层,阻断切屑与基础金属之间的化学反应;碳氮化钛由于其良好的附着特性,特别适宜做基础涂层。

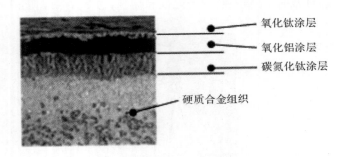

图 3-31 硬质合金的多层涂层

(3)刀具的磨损。把刀具使用到其允许磨损度所需的时间称为使用寿命。根据精加工时的工件表面质量和尺寸偏差以及粗加工时的刀具切削刃磨损状况,便可以识别出刀具的使用寿命是否已到期限,同时作用在刀刃上的机械负荷和热负荷是产生磨损的原因(见图 3-32)。在低切削速度(温度低)下,刀瘤的形成和机械磨耗导致磨损。切削温度较高时,氧化和扩散导致的磨损量特别大。

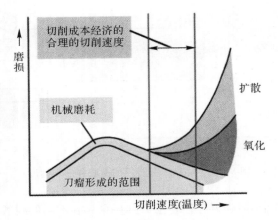

图 3-32 磨损的原因

1)刀瘤。刀瘤主要在低切削速度时,在切削前面形成,但在切削后面也可能出现材料微粒焊接在一起的堆积物,形成刀瘤。当使用未涂层高速钢或硬质合金切削刃铣削钢质工件时,容易形成铣刀的刀瘤,而涂层几乎可以完全避免刀瘤的形成。刀瘤会改变切削刃的几何形状,并导致切削力增大(见图 3-33)。当刀瘤被切断时,刀刃的某些部分也会随之崩裂,从而加剧了磨损。

2)磨耗。切削前面排出的切屑和切削后面工件的摩擦都会在其面上产生机械磨耗,温度的上升对磨损量变化的影响非常有限。切削后面的磨损使切削刃出现偏移,甚至导致工件尺寸偏差。

3)氧化。高温下刀刃材料会出现部分氧化。氧化主要导致刀具与工件的接触区边缘出现缺口和断裂。

4)扩散。如果在切削材料与工件材料之间出现化学相似性,例如硬质合金或高速钢与钢之间,则在高温条件下将会出现原子交换,这将导致切削面部分出现磨损。

(4)冷却润滑。如图 3-34 所示,冷却润滑剂的主要任务是冷却和润滑工件和刀具,除此之外,还可满足一些其他的任务要求,如:把切屑和刀具磨耗的碎屑从加工切削区(如孔中)冲洗出来,并脱离机床的工作空间,清洁加工区并使工件获得短期有效的防腐蚀保护。在磨削加工时,冷却润滑除了强冷却外还带走了粉尘。

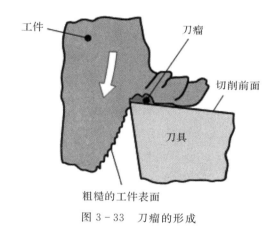

图 3-33　刀瘤的形成

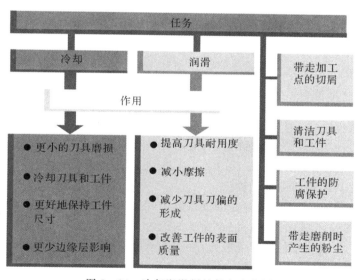

图 3-34　冷却润滑剂的任务和作用

冷却润滑剂降低了刀具、工件和机床的温度,同时也延长了刀具的使用寿命,提高了工件的表面质量。在大部分切削加工中,冷却润滑剂是无法舍弃的辅助材料。冷却润滑剂是一种特殊垃圾,只允许受到许可的专业企业对其进行回收处理。

冷却润滑剂可以分为两大组:纯切削油、可掺水的冷却润滑剂,应根据加工方法、工件的材料、切削刀具材料以及切削数据等因素选择冷却润滑剂。在有些情况下,例如切削塑料,还需要使用压缩空气冷却并带走切屑。

纯切削油大部分是掺入一定比例添加剂的矿物油,润滑效果好于冷却效果,并能提供良好的防腐保护,用于切削速度低、表面质量要求高或加工难切削材料的情况。可掺水的冷却润滑剂由具有良好冷却效果的水加上具有润滑效果的油组合而成,产生的乳浊液的冷却效果大于其润滑效果,用于车、铣、钻以及加工温度高时或加工易切削材料时的情况。

添加材料(即添加剂)可影响冷却润滑剂的特性,见表3-4。如:在切削加工期间,通过添加防锈剂,可以在工件表面形成一层仅有几个分子层厚度的防护膜,以阻止工件出现腐蚀。冷却润滑剂中的添加剂可对人身健康造成危害。如:乳浊液中所含的抗微生物剂有可能引起过敏反应,脱脂水和油也可能伤害皮肤,须做好防护措施。

表3-4 冷却润滑剂中添加剂对其特性的影响

添加成分	作　用
乳化剂	阻止油水分离,使油的细小微粒在水中均匀分布
防锈剂	阻止工件、刀具以及机床的锈蚀
防腐剂(抗微生物剂)	阻止细菌和霉菌的繁殖,具有杀菌作用
高压添加剂	阻止高压时出现金属焊接现象

在机械加工的总制造成本中,除机床、工资等成本外,冷却润滑剂的总成本较高,非专业性接触和处理冷却润滑剂将有可能造成健康问题和环境污染。出于这些原因,人们试图放弃使用冷却润滑剂,使用无冷却润滑或微量润滑的加工。使用无冷却润滑的干加工时,刀具切削材料必须在无冷却加工条件下具有很高的耐热硬度。干加工不适用于大扭力和大摩擦力的加工方法,如攻丝。

3.5.1.3 工装夹具

在切削加工过程中,使用工艺装备来保证工件与刀具之间、工件与机床之间的相对位置:①使用夹具保证工件与机床的相对位置,当使用夹具将工件在机床上安装固定后,工件在机床上的初始位置就确定了,便于进行以后的加工工序;②使用展开样板、下料样板和切钻样板等,用于保证工件与刀具之间的相对位置。

用夹具固定工件,以在准确指定并可重复的位置上进行加工,以缩短加工时间、提高重复精度、缩短校准和装夹的辅助时间。把未加工的原始工件在三个不位于同一排的点上支承,以便于装夹。支承点之间的间距应尽可能大,三点支承使工件在三点中的任何一点都牢固固定。夹具的夹紧力可以是机械的、液压的、气动的或磁性的。

机械夹具的夹紧力来自螺栓、曲杆、凸轮夹紧或偏心轮夹紧。机械夹具的优点是夹紧力大,夹具自行夹紧;缺点是装夹费时、夹紧力不均匀,有扭曲变形的危险。一般采用T形槽螺栓、夹紧螺帽、压板和压垫把工件夹紧在机床上。如图3-35所示,在薄壁工件下面还需要加入支撑件,以保证工件在加工过程中不会出现弯曲。

3.5.1.4 机床设备

(1)机床设备按加工性质分为车床、钻床、铣床、磨床、镗床、齿轮加工机床、螺纹加工机床和电加工机床等。现代企业中的加工制造已大部分采用 CNC 机床。切削材料所需的能量由安装在机床内部的电动机提供。

（2）机床设备按用途分为通用机床（万能机床）、专门化机床（专能机床）和专用机床。通用机床可以加工多种零件、多种工序，如普通车床、钻床、铣床等；专门化机床用于加工形状相似而尺寸不同的零件的特定工序，如滚齿机；专用机床用于加工特定零件的特定工序，如机床床身导轨的专门龙门磨床等。

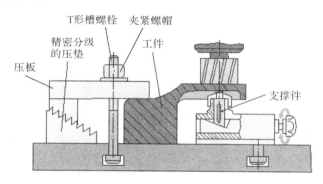

图 3-35　夹具示例

3.5.1.5　切削对疲劳强度的影响

零件切削加工对结构的疲劳强度具有重要的影响。用不同的切削方法制造零件时，被加工部位就会形成与基本金属性质不同的表面层。表面层的深度取决于材料性质、加工方式和加工用量。表面质量包括表面层微观几何形状误差和表面层的性能参数。表面层的状态用不平度的大小和方向、加工硬化的大小和深度、残余应力的大小和深度等表示。实践表明，如果基本材料质量好（无气泡、砂眼、表面裂纹等），则金属结构的疲劳破坏是从金属表面层开始的。因此，表面层的状态直接影响结构的疲劳强度。

（1）表面形状。切削加工零件表面不平度用波纹度和粗糙度表示。波纹度阻碍了相互结合的结构件紧密地接触，在接触处，材料强烈磨损，疲劳破坏就从该处发生。粗糙度表明了表面微观几何形状的特征，它的形成是工具和被加工材料相互作用的结果。粗糙度取决于加工方法（铣、磨等）和切削用量，并且和机床-夹具-零件系统的刚度有很大关系。从疲劳强度观点来看，处在垂直于内力作用方向的加工痕迹特别有害。在这种情况下，因加工而造成的危险是应力集中，并可能成为导致结构提前破坏的裂纹出现区。加工高强度材料的零件表面时，应当特别仔细。一般来说，通过提高表面粗糙度，可以显著提高结构的疲劳强度。

（2）加工硬化。加工硬化是弹塑性变形和被切削区局部变热共同作用的结果。硬化层的力学性能（弹性模量、屈服强度、抗拉强度和硬度）较基本金属好，而其塑性会降低，脆性会增大。与基本金属相比，表面层金属的物理性质也发生了变化，电阻增大，导磁率下降。表面层的加工硬化用硬化值、硬化程度和硬化深度表示。

采用一般切削用量加工中等强度钢和铝合金时，硬化深度不超过 0.1～0.2 mm。切削深度和进给量很大时，硬化深度可以达到 0.5～1.0 mm。

加工硬化程度 K 由表面层最大加工硬化值 H_{max} 与基本硬度 H_b 之比确定，即

$$K = \frac{H_{max}}{H_b}$$

$$(3-5)$$

在一般切削条件下,$K = 1.5 \sim 2.0$。加工硬化值过大会导致表面层破裂,而该处就有可能成为疲劳裂纹产生的区域。表面层硬化后,硬化层仍保持塑性时,则有助于提高结构的疲劳强度。

（3）残余应力。表面层内形成的残余应力,对疲劳强度有很大影响。例如,当外部为拉伸载荷时,压缩残余应力降低了结构中的总应力,从而提高了疲劳强度。加工方案、加工用量、工具几何形状以及切削时的冷却条件对残余应力的形成有很重要的影响。

本小节内容的复习和深化

1. 刀具对工件的切削作用是如何实现的?

2. 如何根据切削工件材料确定切削刃上各角度的大小?

3. 切削用量的三个要素是什么?

4. 切削刀具材料需具备哪些特性? 如何改善其耐磨强度?

5. 刀具磨损的主要原因是什么? 有哪些具体表现形式?

6. 冷却润滑剂有哪些作用? 为什么要在乳浊液中加入添加剂? 干加工（无冷却润滑加工）对切削刀具提出了哪些要求?

7. 在切削加工中夹具的作用是什么?

8. 切削加工的表面层状态如何表征? 它们分别对疲劳寿命有何影响? 加工硬化形成的原因是什么?

3.5.2 钻孔、扩孔、铰孔

钻孔、攻丝、扩孔和铰孔大都采用多刃刀具,并以类似的切削和进给条件进行切削加工（见图 3-36）。钻孔、扩孔和铰孔的刀具一般由高速钢或硬质合金制造。

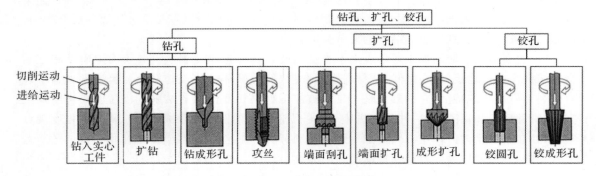

图 3-36 钻孔、扩孔、铰孔分类

3.5.2.1 钻孔

如图 3-36 所示,钻孔时,刀具一般都做圆周切削运动,与此同时,刀具的进给为沿旋转轴线方向的直线运动。刀具的切削刃通过进给力进入工件材料,圆周切削运动产生切削力。

制铆钉孔是钻孔在飞机制造中的典型应用。根据铆钉直径的不同,铆钉孔的极限偏差在 +0.1 mm 或 +0.2 mm 之内,表面粗糙度不大于 6.3 μm,不允许有毛刺;对长寿命连接孔的制作来说,需要严格保证制孔垂直度的要求;碳纤维复合材料孔壁应光滑,不应有分层、划伤、劈裂、毛刺、纤维松散等缺陷,应选择合适的制孔工艺及工艺规范来确保孔周的残余拉应力最小。

（1）钻孔刀具。对于钻孔直径最大为 20 mm，钻孔深度为 5 倍钻头直径的孔，麻花钻头是最常用的钻头。麻花钻头由刀柄和带有钻头尖的刀刃部分组成（见图 3-37）。钻头刀刃的基本形状是楔形。两个相对的、螺旋状的切屑槽构成主切削刃、副切削刃以及导向刃带。

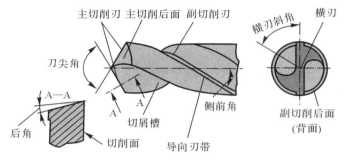

图 3-37　麻花钻头的切削刃部分

切削前角 γ 从刀尖处的最大角度向下逐渐减小，直至钻头中部，至横刃处已减为负数。螺旋角实际上就是钻头的侧前角 γ_f，其大小根据待加工材料而定，一般分为普通的 N 形（19°～40°）、用于硬材料和脆性材料的 H 形（10°～19°）、用于软材料和韧性材料的 W 形（27°～45°）。

主切削刃之间的夹角称为刀尖角（或顶角）。大刀尖角更容易使钻头运行，从而扩大钻孔直径。小刀尖角虽可使中心线保持良好并保证热传导，但却加大了刀刃磨损。大多麻花钻头的刀尖角为 118°。

横刃是两个主后刀面的相交线，横刃与主切削刃之间的夹角为横刃斜角。通过主切削后面的铲磨便形成后角，该角必须足够大，以使钻头在进给量较大时仍能自由切削。当后角磨至偏大时，横刃斜角减小，横刃长度增加，将导致切削刃变薄并使振颤加大。一个刀尖角 118°的钻头的铲磨是否正确，可从如下方面判断：横刃与主切削刃之间的横刃角应是 55°。

（2）钻孔参数。切削速度 v_c 的决定因素是钻头类型、钻孔方法、工件材料和所要求的加工质量，进给量 f 还取决于孔径。在一般钻孔条件下，高速钢麻花钻头在钻孔深度最大达 3 倍钻头直径时的推荐钻孔参数见表 3-5。如果钻孔条件有变，则必须修正切削值。高合金钢工件的切削速度应选最大值，以减少刀瘤的形成。钻孔深度超过 3 倍钻头直径时，进给量应减少约 25%。

表 3-5　刀具制造商提供的钻孔参数参考值

工件材料	v_c/(m·min⁻¹)	孔径为下列数值时的进给量 f/mm			冷却方式
		2～5	5～10	10～16	
钢（σ_b<700 MPa）	25～30	0.10	0.20	0.28	E
铝合金	40～50	0.12	0.20	0.28	E,M
热塑性塑料（σ_b=40～70 MPa）	25～30	0.14	0.25	0.36	T

注：1)有涂层的刀具可将切削速度提高 20%～30%；

2)E＝乳浊液（10%～20%），M＝微量润滑，T＝无冷却干加工或压缩空气。

3.5.2.2 扩孔

扩孔是在现有孔上加工出成形面或锥形面的一种钻孔方法(见图 3-36),包括:①端面刮孔,例如六角螺钉头的支承面刮孔;②端面扩孔,例如圆柱螺钉头的圆柱形沉孔;③成形扩孔,例如沉头螺钉的锥形沉孔。

(1)扩孔刀具。平底锪钻用于端面刮孔和端面扩孔,锥形锪钻用于锥形螺钉孔和沉头铆钉孔的成形扩孔。在飞机制造中,沉头铆钉铆接需要在工件上制沉头铆钉窝,锪窝法是制沉头铆钉窝的主要方法。

与钻头相比,锪孔刀具的切削后角更小,而(切削)后面更大。这种结构使锪孔钻"支撑"在切削面上,防止产生振颤痕。锥形锪钻有固定的或可更换的导向轴颈,导向轴颈导引刀具进入预钻的孔,确保锪窝的深度和垂直度。

(2)扩孔参数。加工锪孔时,其切削速度应与钻孔时的相同或更小,但其进给量最多可小 50%。

3.5.2.3 铰孔

铰孔是一种切削厚度较小的扩孔方法,用于加工配合精度最高达 IT 5 且要求表面质量高的孔。铰孔分为铰圆孔和铰成形孔。

(1)铰孔刀具。如图 3-38 所示,铰刀由切削部分、导向部分、刀颈和刀柄组成,一般都是偶数齿结构,半圈后又重复的不对等齿距结构,可避免振颤痕和圆度偏差等缺陷。铰刀的切削刃既可呈直线槽,适用于无切削中断的孔,也可是呈 7°或 15°左旋的螺旋槽;去皮铰刀则是 45°螺旋槽,适用于通孔或有切削中断的孔,例如切口、槽。

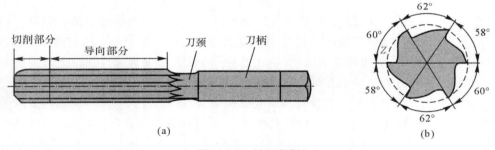

图 3-38　铰刀实例
(a)铰刀组成;　(b)铰刀的非对等齿距

(2)铰孔参数。根据孔径的大小和铰刀的类别,铰孔的切削余量亦有不同,直线槽和螺旋槽铰刀的切削余量达到 0.1~0.5 mm,去皮铰刀则最大达 0.8 mm。其切削速度为 3~28 m/min,约为钻孔速度的一半。进给量则根据工件材料、孔径和所需表面质量等因素而定,一般为 0.04~1.2 mm/r。

本小节内容的复习和深化

1.钻孔时,主运动和进给运动是什么?

2.麻花钻头前角的特点是什么? 多数麻花钻头的刀尖角应为多大?

3.钻头的材料有哪些类型?

4 钻孔时,切削速度的选择取决于哪些因素?

5.从提高疲劳寿命的角度阐述铆接钻孔有哪些要求?

6. 锥形锪钻适用于哪些用途？

7. 铰孔的用途是什么？

3.5.3　车削

车削是使用车刀对工件外圆表面进行的切削加工。如图 3-39 所示，车削加工是通过切削运动和进给运动完成的，一般是工件做旋转运动，刀具做进给运动。

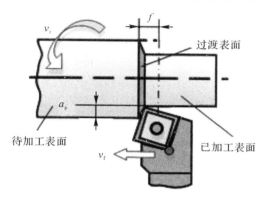

图 3-39　车削示例（车外圆）

根据加工后所产生面的种类，把车削方法划分为车外圆、车端面、车螺纹、切槽、成形车削和仿形车削。规定用于车削加工的切削参数有切削速度 v_c、进给量 f 和切削深度 a_p。切削速度是刀具旋转运动的线速度。进给量是刀具在工件旋转 1 周时前行的距离。切削深度可通过切削进给量进行调节。

3.5.3.1　车削刀具

车削刀具由刀柄以及夹入或用螺钉拧入刀柄的可转位刀片组成。车刀的切削楔受到切削前面和切削后面的限制（见图 3-40）。两个面相交的切削刃构成主切削刃。主切削刃位于进给方向并承担主切削任务，它通过整圆的刀尖过渡进入副切削刃。主切削刃相对于刀柄的位置决定着切削方向，把刀片分为 R 结构（右侧切削）、L 结构（左侧切削）和 N 结构（中部切削）。

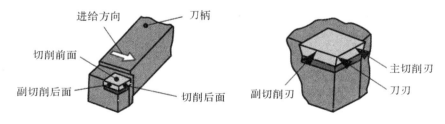

图 3-40　车刀的切削面和切削刃

（1）刀尖角。主切削刃和副切削刃构成刀尖角 ε（见图 3-41）。刀尖角应尽可能大，以改善切削时的热传导和车刀的稳定性。为了避免切削中断，刀尖应整圆。常规做法是，刀尖圆弧半径为 0.4 mm 至 2.4 mm。刀尖圆弧半径 r_ε 和进给量 f 决定着工件的表面粗糙度理论数值 R_{th}。

$$R_{th} = \frac{f^2}{8r_\varepsilon} \tag{3-6}$$

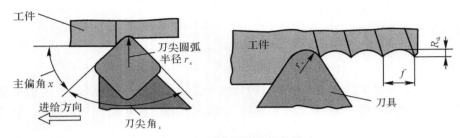

图 3-41　刀尖圆弧半径的影响

　　粗加工时都采用大刀尖角和大刀尖圆弧半径,而精加工时一般都采用小进给量和小刀尖圆弧半径。尽管较大的刀尖圆弧半径在进给量相同的条件下,理论上加工出的工件表面质量要优于较小的刀尖圆弧半径,但这同时增大了对刀具的挤压力,并对工件产生更强的推力,可能导致振动和工件表面质量变差。若工作条件稳定,精加工时也可采用较大的刀尖圆弧半径。

　　(2)切削刃结构。切削后面到切削前面的过渡段完全决定了刀具的耐用度。如图 3-42 所示,锐角型切削力最小,有断裂危险,用于精加工或切削塑料;整圆型用于有切削中断的钢工件的切削;棱角型切削刃有较大稳定性,用于切削已淬火的钢工件和硬铸件;棱角和整圆型加工安全性最高,但却提高了切削力、温度和振颤痕产生的可能性,用于疑难切削。

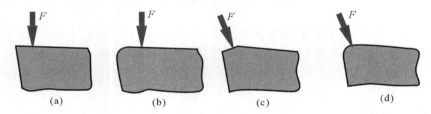

图 3-42　切削刃过渡段形状

(a)锐角型;　(b)整圆型;　(c)棱角型;　(d)棱角和整圆型

　　(3)前角。前角(切削前面与水平面夹角)决定着对工件切削面的撞击接触,因此对于切屑走向具有重要意义(见图 3-43)。负前角使切屑走向工件表面,正前角使切屑离开工件表面。切削刃必须调至工件中心线高度,它的偏差将导致前角和后角发生变化。

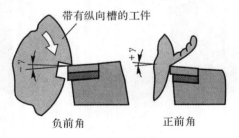

图 3-43　前角

　　若切削不中断,负前角在工件与刀具首次接触时避开了刀尖,从而降低了切削刃崩裂的危险。切削有中断以及进行粗重的粗加工时,规定采用负前角($-8°\sim-4°$)。精加工和内圆车削时,规定采用中性前角或正前角,以避免工件表面被切屑划伤。

（4）主偏角。主偏角 x 是主切削刃与被切削表面之间的夹角。它影响切屑的形状、切屑的中断、切削力和振颤的形成。主偏角的值取决于车刀和工件轮廓。一般根据各种不同的加工类型选择合适的主偏角（见表 3-6）。

表 3-6　各种加工类型的主偏角

大小	$x=0°\sim30°$	$x=45°\sim75°$	$x=90°$	$x>90°$
特征	大推力，要求工件、车床和装夹的高稳定性	切入时保护刀尖	小推力，因此工件纵向扭曲变形小，振颤形成的可能性也小	前倾的刀尖有折断危险
用途	用于加工硬质材料和大进给量的精车	用于粗加工	用于精加工、内圆车削	用于车轮廓和车退刀槽

3.5.3.2　车削参数

正确选择合适的切削速度 v_c、进给量 f 和切削深度 a_p 可达到以下目的：优化刀具的使用寿命；形成有利的切屑；达到所要求的工件表面质量；得到尽可能小的切削力。车削时应力争产生盘状短螺旋切屑和锥状螺旋切屑。切屑应是紧凑的，并可以成卷。

（1）切削速度和转速。实际上，切削速度 v_c 的选择取决于工件材料的可加工性、刀具所使用的材料和车削方法。可从图、表或切削材料制造商的切削材料目录中选用所需的切削速度参考值（见表 3-7 和表 3-8）。

例如，用涂层的硬质合金刀片 HC-P15 粗车一种碳含量为 0.35% 的碳钢，根据表 3-7，粗车进给量为 0.4 mm/r 时的切削速度应是 315 m/min。数控机床的合适切削速度一般存储在一个数据库内，在编程时预选一个数值，该数值便可以作为初始值。根据所选定的切削速度和切削直径计算转速 n。

表 3-7　钢的粗车加工参考数值

工　件			硬质合金，涂层的	
			HC-P15	HC-P35
钢的种类		硬度（HB）	进给量/(mm·r⁻¹)	
			$0.4\sim0.6$	$0.6\sim0.8$
			切削速度/(m·min⁻¹)	
碳钢	$w_C=0.15\%$	$90\sim200$	$365\sim310$	$195\sim170$
	$w_C=0.35\%$	$125\sim225$	$315\sim265$	$225\sim200$
	$w_C=0.70\%$	$150\sim250$	$300\sim250$	$185\sim160$

续 表

工 件		硬质合金,涂层的	
		HC－P15	HC－P35
钢的种类	硬度 (HB)	进给量/(mm·r⁻¹)	
		0.4～0.6	0.6～0.8
		切削速度/(m·min⁻¹)	
低合金钢 未淬火的 已淬火的	150～260 220～450	270～230 155～120	135～115 75～65
高合金钢 已退火的 已淬火的	150～250 250～350	235～195 120～115	110～95 60～50

表 3－8 钢的精车车加工参考数值

工 件		硬质合金,涂层的	
		HC－P10	HC－P15
钢的种类	硬度 (HB)	进给量/(mm·r⁻¹)	
		0.1～0.2	0.1～0.2
		切削速度/m·min⁻¹	
碳钢 $w_C=0.15\%$ $w_C=0.35\%$ $w_C=0.70\%$	90～200 125～225 150～250	440～355 380～305 355～290	415～355 370～295 320～270
低合金钢 未淬火的 已淬火的	150～260 220～450	270～215 155～120	250～200 140～110
高合金钢 已退火的 已淬火的	150～250 250～350	240～190 125～100	225～175 110～90

(2)进给量。进给量 f 的单位是 mm/r,粗车时的进给量应尽可能选大。进给量受到车床功率、切削刃可能承受的负荷、工件的稳定性、工件装夹的安全性等诸多因素的限制。表面粗糙度取决于刀尖圆弧半径和进给量。为了避免刀尖角崩裂,不允许超过最大进给量。

$$进给量 f_{最大粗车进给量} \leqslant 0.3 倍刀尖圆弧半径 \tag{3-6}$$

(3)切削深度。车外圆和车端面时,切削深度 a_p 取决于车刀的切深进给量,而在切断(切槽)时,取决于切削刃宽度。选择适宜的切削深度,可产生有利的切屑形状(见图3-44)。粗车加工时,首先应选定尽可能大的进给量和相应的大切削深度。精车加工时的切削深度相当于加工尺寸,采用小进给量和提高切削速度,可获得优良的工件表面质量。

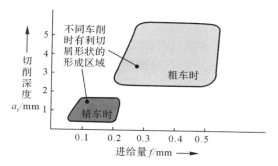

图 3-44　有利切屑形状的形成区域

本小节内容的复习和深化

1. 在车削加工中，主运动和进给运动是什么？

2. 哪些面限制了车刀的切削楔？

3. 请计算车削时的表面粗糙度理论数值。条件：刀尖圆弧半径为 0.4 mm，进给量为 0.15 mm。

4. 为什么精车时一般采用小刀尖圆弧半径？

5. 刀具的负前角有哪些优点？

6. 车削时希望的切屑形状是什么？

7. 决定车削时切削速度选择的因素有哪些？

8. 粗车加工和精车加工如何选定进给量和切削深度？

3.5.4　铣削

铣削通过刀具的旋转运动和工件或刀具的进给运动来改变毛坯的形状和尺寸。铣削加工用于面或轮廓加工。如图 3-45 所示，铣削方法按照工件待铣削面的形状划分，例如平面铣、直角面以及成形铣；按照完成主切削任务的铣刀切削刃位置划分，例如圆周铣和端面铣。

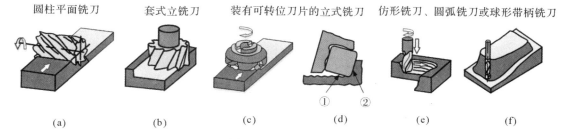

图 3-45　铣削方法

(a)圆周-平面铣削；(b)直面角铣削；(c)端面-平面铣削；
(d)①副切削刃，②主切削刃；(e)成形铣削(仿型铣)；(f)模具铣

铣削刀具为多齿刀具，以断续切削方式进行铣削，在铣刀旋转一圈的过程中，铣刀切削刃先切入工件，然后切出工件，同时进行冷却，切削刃上的切削力和温度将因断续切削而随之发生变化。铣削的主要参数包括切削速度、进给速度、切削深度、切削宽度。

3.5.4.1 铣削刀具

可按照刀具夹持的种类分为带柄铣刀或套式铣刀；按照切削刃或刀片的切削材料和形状分为粗铣刀和精铣刀；按照铣削加工分为直角面铣刀、槽铣刀、仿形铣刀。根据铣削加工面的特征、工件材料选择铣刀类型和刀片。

(1)切削刃结构。铣刀切削刃走向分为直齿形、交叉齿形和螺旋齿形(见图3-46)。螺旋使铣刀在切削时产生轴向力，但在交叉齿形的铣刀上，这种轴向力相互抵消。螺旋齿形带柄铣刀大部分是右螺旋，便于把切屑排出工件。大螺旋角可使多个切削刃同时切入工件，由此产生的切削力更均匀，铣床的运行更平稳。

图3-46 切削刃走向

(a)直齿形； (b)交叉齿形； (c)螺旋齿形(右旋)

铣刀刀齿齿距分为小齿距、中等刀齿齿距和宽齿距。首先应选择中等刀齿齿距的铣刀，只有在特殊加工条件下，选择其他刀齿齿距的铣刀才有意义。宽齿距铣刀适用于工况稳定性较差的情形，因为此类铣刀切削刃数量少，切削力也相应较小。小齿距铣刀由于其切削刃数量庞大，因此其单位时间切削量也大。

刀片切削刃的几何形状根据切削条件划分为轻型、中型和重型。根据切削条件，如单齿进给量、加工稳定性和铣床功率等，选择刀片切削刃几何形状(见表3-9)。

表3-9 刀片切削刃几何形状的选择

轻型(L)	中型(M)	重型(H)
轻度切削(精铣加工)：小进给量、小切削力	大多数工件材料的首选，单齿进给量最大可达0.25 mm	重度加工：耐热材料，锻件，有铸件砂皮的零件；大进给量，最大可达0.4mm；切削刃稳定性最高

(2)刀具材料。整体硬质合金或金属陶瓷(碳化钛＋氮化钛)制成的带柄铣刀具有更高的刀具耐用度和刚性。与硬质合金铣刀相比，高速钢带柄铣刀具有更高的韧性，因此具有更大的切削角度、更小的切削力和较薄的切屑。

装有刀片的铣削刀具，其刀片由硬质合金、氮化物陶瓷等材料制成，大部分硬质合金刀片涂层处理，可用于高速铣削加工、硬加工以及无冷却润滑加工在内的几乎所有铣削加工。如用聚晶氮化硼涂层的刀片，适用于已淬火的钢。

（3）刀具磨损。在铣刀断续切削过程中,切削刃切入工件后产生一定的温升,接着冷却,使切削刃降温,在这个过程中切削刃上出现频繁的温度变化。刀片的每一次切入都会产生冲击型负荷。

1）刀具材料过脆、进给量过大或铣刀刀体上刀片位置偏差等,还可能导致刀片断裂。若出现刀片断裂,应立即停机。

2）温度变化导致膨胀和收缩交替出现,从而使切削工具材料出现疲劳,将导致垂直于切削刀刃产生裂纹。

3）切削刃崩刃常出现在耐磨硬度极高、很脆的切削刃上,其原因可能是切削力过大、温度变化波动过大、铣刀定位偏差。若铣刀轴线位于工件之外,切入工件时刀刃的冲击可能导致刀刃崩刃;若铣刀轴线位于工件之内,稳定的切削面将会吸纳这种冲击负荷。

4）切削后面磨耗是无法避免的。两种类似的材料相遇,机械磨耗特别高,例如用未涂层的高速钢铣刀铣削钢质工件。随着磨耗的增加,工件的表面质量将变差,甚至导致尺寸偏差。

3.5.4.2　切削参数

（1）切削速度和进给速度。铣削切削速度 v_c 的选取取决于切削刀具材料、工件材料和铣削类型,应注意刀具制造商对粗铣和精铣的推荐参考数值,硬质合金可转位刀片铣刀头的切削速度和每齿进给量参考值（见表 3 - 10）。根据切削速度和铣刀直径计算铣刀转速 n 。

表 3 - 10　刀具制造商对粗铣和精铣的推荐参考值

加工种类		碳钢, σ_b 最大至 700 MPa	合金钢, σ_b 最大至 1 000 MPa	铸铁,最大至 180 HB
粗铣	$v_c/(\text{m} \cdot \text{min}^{-1})$	100～200	60～200	70～140
	$f_z/(\text{mm} \cdot \text{齿}^{-1})$	0.1～0.4	0.1～0.4	0.1～0.5
精铣	$v_c/(\text{m} \cdot \text{min}^{-1})$	100～300	80～220	90～300
	$f_z/(\text{mm} \cdot \text{齿}^{-1})$	0.1～0.3	0.06～0.3	0.1～0.25

因铣刀为多齿刀具,还规定了每齿进给量 f_z ,即铣刀每转过一个齿,工件沿进给方向所移动的距离。铣刀每旋转一圈的进给量 f （每转进给量）和铣刀每个刀齿的进给量 f_z （每齿进给量）,决定着工件的表面质量和刀刃负荷。

由每齿进给量 f_z 、铣刀齿数 z 和铣刀转速 n ,可计算出铣削进给速度 v_f 。

$$v_f = f_z z n \tag{3 - 7}$$

因此,可根据已选定的每齿进给量 f_z 和切削速度 v_c 设定铣床的进给速度和转速。

为使铣削加工成本经济划算,应选取尽可能大的切削速度 v_c 。加大每齿进给量将同时增加切削厚度、切削力和刀具的磨损。鉴于可能出现刀片断裂的危险,因此不允许超过最大进给量。由于刀具允许的磨损和耐用度等,还应严格遵守最大切削速度的规定。采用大的每齿进给量和中等切削速度,可达到较大的单位时间切削量。可转刀片的应用范围如图 3 - 47

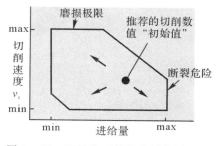

图 3 - 47　可转位刀片的应用范围

所示。

与一般的切削方法不同的是,高速切削(High Speed Cutting,HSC)的典型特征是高进给速度和高切削速度,铣削速度一般都比传统铣削速度快5~10倍,大功率主轴具有高径向跳动精度,其转速可达到100~42 000 r/min。X、Y 和 Z 轴的进给速度范围在0~20 000 mm/min之间。对刀具的要求为在高切削速度下具备高的耐磨强度。许多功效特征,如高表面质量和单位时间大切削量等,都只能通过高速铣削的高转速才能达到。

按照进给运动相对于切削运动的方向,可把铣削加工分为逆向进给铣削(逆铣)和同向进给铣削(顺铣)。如图3-48所示,由于力的方向不同,逆铣时,铣刀被拉向工件;顺铣时,铣刀被挤向工件。由于切入工件时的切削厚度不同,刀齿与工件的接触长度不同,故铣刀磨损程度不同。实践表明,顺铣时,铣刀耐用度可比逆铣时提高2~3倍,表面粗糙度也可降低。但顺铣不宜用于铣削表面带硬皮的工件,如铸件。

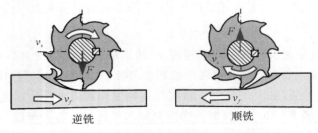

逆铣　　　　　　　　　　　顺铣

图3-48　圆柱铣刀铣削时逆向进给和同向进给

(2)切削宽度和深度。切削宽度,或称铣削宽度或切入宽度,表明铣刀切入工件的宽度。用端铣刀铣削时,轴向切削深度 a_p 表示刀具的轴向调节深度(见图3-49);为了保护切削刃在切入工件时不出现崩刃并在切出时不因压力骤减而出现刀片断裂,铣刀直径应是切削宽度的1.2~1.5倍。

单位时间切削量 Q,单位为 cm³/min,表示每分钟切除的工件体积,它是衡量某种加工方法经济性能的一个尺度。单位时间切削量为

$$Q = a_p a_e v_f \tag{3-9}$$

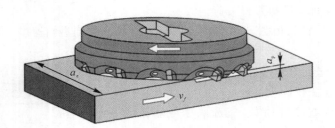

图3-49　端铣刀铣削时的轴向切削深度 a_p 和铣削宽度 a_e

举例:端面铣削一个材质16MnCr的工件,铣削宽度达60 mm,切削深度选定为4 mm,因此选用一把直径 $d = 80$ mm并装备6个硬质合金可转位刀片的立式铣刀。切削量 $v_c = 120$ m/min,$f_z = 0.2$ mm,$a_e = 60$ mm,$a_p = 4$ mm。请问,n,v_f 和 Q 分别应是多少?

解题：$n = \dfrac{v_c}{\pi d} = \dfrac{120\,\text{m/min}}{\pi 0.08\ \text{m}} = 477/\text{min}$；

$v_f = f_z z n = 0.2\ \text{mm} \times 6 \times 477/\text{min} = 572\ \text{mm/min}$；

$Q = a_e a_p v_f = 4\ \text{mm} \times 60\ \text{mm} \times 572\ \text{mm/min} = 137\ \text{cm}^3/\text{min}$。

本小节内容的复习和深化

1.在铣削加工中,主运动和进给运动是什么?

2.大螺旋角铣刀的优点?

3.与高速钢铣刀相比,涂层的硬质合金铣刀有哪些优点?

4.铣削时,断续切削会产生哪些作用? 为什么说切削刃裂纹是典型的铣刀磨损?

5.决定铣削切削速度的因素有哪些? 为什么应该选取尽可能大的切削速度?

6 与传统铣削方法相比,高速铣削有哪些优点?

7.用一把直径为 100 mm 并装有 6 个硬质合金的可转位刀片精铣一个 80 mm 宽的工件($v_c = 300$ m/min,$f_z = 0.1$ mm)。如果 $a_p = 3$ mm,则 n, v_f 和 Q 分别应是多少?

3.5.5　磨削

磨削是以砂轮作为切削工具的一种精密加工方法,适用于加工尺寸公差要求很高的零件,而采用车削和铣削方法无法达到这种公差。磨削加工优先用于具有良好加工性能的硬材料、高尺寸精度(IT5~IT6)和高形状精度、很小的粗糙度($Rz = 1 \sim 3\ \mu\text{m}$)的材料。

磨削方法按照砂轮和工件的特征进行分类,分类名称包含有磨削加工的标志性特征,其顺序是:进给方向—砂轮有效面—磨削面的位置和类型。进给方向分为纵向和横向,砂轮有效面分为正面和侧面;磨削面分为平面和圆周面。磨削参数包括砂轮运行速度、工件进给速度、切削深度、横向或纵向进给量。典型磨削方法和参数如图 3-50 所示。

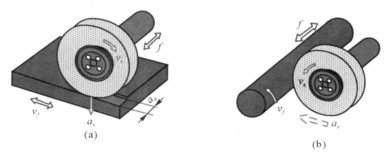

图 3-50　典型磨削方法和参数

(a)砂轮正面-平面磨削；　(b)纵向外圆磨削

3.5.5.1　磨削刀具

旋转的磨削刀具(砂轮)由磨粒、黏结剂和封闭的气孔组成(见图 3-51)。在砂轮这种复合材料中,脆硬的颗粒状磨料颗粒执行切削任务。黏结剂的作用是使磨料结合在一起,保持强度和韧性,气孔构成储屑室。

磨削是用几何形状不确定的切削刃进行的切削。各种不同的形状和位置的磨粒大部分都构成负切削角,每个磨粒的切削厚度也是不一定的。如图 3-51(a)所示:切削力大时,主要发生磨粒的破碎和从黏结剂中脱出；切削力小时，首先切削刃上摩擦磨损的增加致使磨粒负荷升高，最终导致磨粒碎裂成微粒。磨粒的碎裂和从黏结剂的破裂脱出形成新的切削刃，并在这个过程中使磨具自锐。

（1）磨粒。磨粒应具有高硬度、足够的颗粒韧性以及耐热性。大部分砂轮都含有由天然刚玉（白色，粉色）或碳化硅（绿色，黑色）组成的磨粒。磨粒的韧性、耐热性随着磨粒硬度的增加而降低。脆硬的磨粒在磨粒负荷小（精磨）时可因磨粒的碎裂而具有自锐性。磨粒的足够的韧性可在负荷大（粗磨）时阻止磨粒提前碎裂。

如图 3-51(c)所示，磨粒分为尖角形和方形。尖锐的磨粒，如天然刚玉，适用于长切屑材料。方形磨粒如单晶或聚晶结构的氮化硼、金刚石，更具耐磨强度。单晶磨粒具有很高的颗粒强度，适宜用于磨削玻璃和陶瓷。聚晶颗粒在磨削时从黏结剂中破裂脱出之前，碎裂形成许多细小的切削刃微粒，因此，磨削硬金属时，磨粒可以得到充分利用。

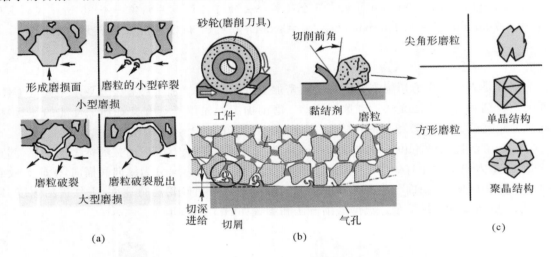

图 3-51　磨削刀具
(a)磨粒磨损的形状；　(b)磨削刀具切削过程；　(c)磨粒的形状

磨粒的粒度见表 3-11，可用目数或微粒尺寸表示，目数相当于 1 英寸[1 英寸(in)=2.54 cm]长度内筛子上已标记的颗粒正好可以穿过的网眼的数量。工件表面粗糙度要求越高，磨削轮廓的边棱越尖锐，则磨粒的粒度必须越细。

表 3-11　磨粒的粒度

磨　粒	粗　磨	精　磨		精密磨
表面粗糙度 $R_z/\mu m$	20～8	8～1.5	1.5～0.3	0.3～0.2
目数	8～24	30～60	70～220	230～1 200
微粒尺寸/mm	4～1	1～0.3	0.3～0.08	0.08～0.003
名称	粗	中等	细	极细

（2）黏结剂。黏结剂的作用是把各单个磨粒长期固定在一起，直至它们磨钝为止。砂轮的

硬度不是磨粒的硬度,而是黏结剂阻止磨粒脱离的阻力。

对于硬工件材料,应选软砂轮。硬工件材料摩擦磨损大而磨粒负荷小,只有软砂轮才能产生"自锐效应"。比如,使用陶瓷黏结剂的砂轮有气孔,具有良好的可修整性。过软的砂轮由于其高磨损,砂轮因此很快失去形状(外形轮廓),从加工成本的角度而言是不经济的。

对于软工件材料,应选硬砂轮。软工件材料磨削时,较厚的切屑要求较大的磨粒保持力,因此就要使用较硬的砂轮。如人工树脂黏结剂可以更牢固地黏结颗粒,因此可承受更大的磨削力。但过硬的砂轮保持磨粒过久,砂轮"润滑"并磨光,同时,砂轮与工件接触区内的磨削压力和温度也在上升。

(3)气孔。气孔构成储屑室,如果气孔过小,磨削时的压力和温度便会上升。在砂轮与工件接触区范围内,气孔需要接纳的切屑越多,组织必须越疏松。

典型磨削方法中工件与砂轮接触长度如图 3-52 所示。砂轮正面-平面磨削、外圆磨削工件与砂轮的接触长度短,这意味着磨削热量小,方便冷却,砂轮气孔空间容易容纳切屑,或者说砂轮储屑室很少被完全填满,通过离心力和冷却润滑剂的压力,可轻易地清除掉这些切屑。工件与砂轮的接触长度长时产生薄切屑,例如内圆磨削。

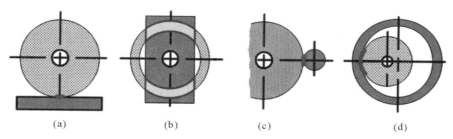

图 3-52　典型磨削方法中工件与砂轮接触长度
(a)砂轮正面磨削；　(b)砂轮侧面磨削；　(c)外圆磨削；　(d)内圆磨削

3.5.5.2　磨削参数

任何一种磨削加工方法都具备典型的磨削运动特征,只有按照磨削工件的要求认真调整砂轮盘、磨床磨削参数和冷却润滑方式,磨削加工的工件才能达到所要求的质量特征。

(1)磨削参数。

1)砂轮运行速度。砂轮的运行速度 v_s 相当于其圆周速度。在砂轮的标签上,除标明砂轮的最高运行速度外,还标有允许转速。磨削加工按切削速度分为传统的磨削(20~35 m/s)和高速磨削(60~120 m/s)。

2)进给速度。平面磨削时,进给速度 v_f(工件速度)相当于工作台进给速度,在外圆磨削时则相当于工件的圆周速度。传统磨削方法进给速度为 4~30 m/min。

速度比 q 决定了切屑厚度尺寸,因此也决定了磨粒负荷。

$$q = \frac{v_s}{v_f} \tag{3-10}$$

速度比 q 是根据磨削方法和材料选定的(见表 3-12)。高速度比时产生薄切屑。砂轮运行速度恒定不变时,提高进给速度将加剧砂轮的磨损,增加工件表面粗糙度,同时降低工件表层温度。

表 3-12　速度比 q(传统磨削方法)

材　料	平面磨削		圆周磨削	
	砂轮正面磨削	砂轮侧面磨削	外圆磨削	内圆磨削
钢	80	50	125	80
铸铁	65	40	100	65
钢,铜合金	50	30	80	50
轻金属	30	20	50	30

3)切削深度。切深深度 a_e 是垂直于主进给方向的磨削切入深度。无切深进给的精磨被称为"清磨"或"修光"。粗磨时选用大切深进给量,精磨时则选用小切深进给量。磨削加工按照切深进给量分为往复式磨削(传统磨削方法为 0.002~0.1 mm)和深磨(0.5~20 mm)。

往复式磨削采用小切深进给和工作台高进给速度的方法逐步磨削全部深度。在磨削过程中,砂轮每个行程都要越过工件边棱,这主要会导致尖锐轮廓的边棱严重磨损。平面磨削时,若采用往复式磨削方法,则加工尺寸宜小于 1 mm。

深磨(强力磨削)时,一般选用大切深进给,由于工件与砂轮的接触长度长,因此选用小进给速度。这种方法产生的切屑既长又薄,要求采用软的高空隙砂轮,且必须提高冷却剂供给量,以排除更多的磨削热量。成形磨削时,采用深磨的磨削方法更为有利。

4)横向或纵向进给量 f。平面磨削时每一个行程的横向进给量 f(单位:mm)和外圆磨削时工件每转一圈的纵向进给量 f(单位:mm),两者都决定着砂轮的切削宽度。

采用平面磨床进行砂轮正面-平面磨削时,切削工作由位于砂轮圆周的磨粒承担。砂轮的直径和宽度应尽可能选大,以便使尽可能多的磨粒参与到切削中去(见图 3-53)。

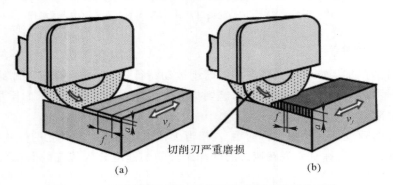

切削刃严重磨损

(a)　　　　　　　(b)

图 3-53　平面磨削时横向进给量和切深进给量的影响

(a)经济；(b)不经济

理想状况是,砂轮宽度正好是工件宽度。横向进给量应达到砂轮宽度的 1/2~4/5,大横向进给量与小切深进给量相结合,可以避免严重的切削刃磨损和局部高温。

采用圆周磨床进行纵向-外圆磨削时,装夹工件的工作台纵向进给,把工件送至砂轮,如图 3-54所示。若工件是整体圆柱体,砂轮走完一个行程后应稍微走过一点,否则,工件末段的直径总是大于其他段的直径。长工件受到磨削力的强力挤压,因此必须用支承架给予支承。纵向进给量在粗磨时应达到砂轮宽度的 2/3~3/4,精磨时应达到砂轮宽度的 1/4~1/3。

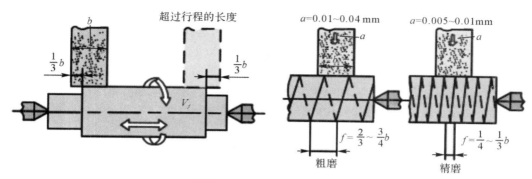

图 3-54　纵向-外圆磨削

以平面磨削的工作计划为例(见本节所列表中参考数值和推荐数值):平面磨削一块表面粗糙度 $Rz=4~\mu m$ 的铸铁板,工件长度和宽度均为 200 mm,砂轮宽度为 50 mm,加工尺寸为 0.5 mm。现需确定磨削参数。

解题:

工作速度 $v_s=30$ m/s;

进给速度 $v_f=30$ m/min;

速度比(参考值 $q=65$),$q=\dfrac{v_s}{v_f}=\dfrac{30\times60\mathrm{m/min}}{30\mathrm{m/min}}=60$(允许数值);

每个行程的横向进给量:$f=0.8\times50$ mm$=40$ mm(参考值 $f=0.5\sim0.8~b$);

切深进给量 $a=0.05$ mm。

(2)冷却润滑。磨削时,因切屑形成时磨粒的摩擦而产生大量的热,工件表面的温度可能因此超过 1 000℃。磨削产生的热可导致磨削缺陷,如尺寸偏差。应力和磨削区温度变化会导致裂纹形成(见图 3-55)。切削时烧伤点是工件表面的材料组织因温度过高而受到损伤的标志。磨削产生高温可能导致工件表面产生一层软皮层,随后通过冷却剂的骤冷作用在工件表面又形成一个新淬硬层。

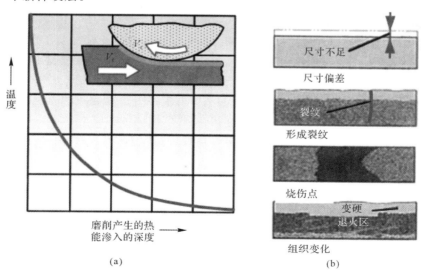

图 3-55　因工件表层温升导致的磨削损伤

(a)工件表层温度变化曲线;　(b)磨削损伤

降低工件表层温度的措施包括调整工艺参数(如减小切深进给量、减小速度比 q)、选择具有较低的磨粒保持能力和脆性磨粒的高切削能力磨具、选择有效的冷却润滑措施。通过冷却润滑,可以降低摩擦热,清洁储屑室并冷却工件。最有效的冷却润滑剂是磨削油,因为它比磨削油乳浊液能更大幅度降低摩擦热。使用磨削油乳浊液时,工件表面的温度先缓慢下降,然后骤然下降,从而导致频繁出现磨削裂纹。砂轮高速运转时,必须用高压供给冷却润滑剂。进给速度越低,磨削产生的热能越多,冷却润滑剂的供给流量也必须越大。

本小节内容的复习和深化

1. 在平面和圆周磨削加工中,主运动和进给运动分别是什么?

2. 磨削切削刃的几何形状有什么特征?什么是磨具的自锐?

3. 磨粒应具备的材料特性是什么?粒度60的磨具大概可以达到何种表面粗糙度?

4. 砂轮中黏结剂担负什么样的任务?如何理解砂轮的硬度?为什么磨削硬材料时应采用软砂轮,而磨削软材料时应采用硬砂轮?

5. 根据对砂轮材料的分析,说明材料组织和复合材料性能的决定因素。

6. 速度比对切屑厚度的影响规律是什么?

7. 深磨(强力磨削)时,选择什么样的磨削参数和砂轮?

8. 平面磨削时每一个行程的横向进给量、外圆磨削时工件每转一圈的纵向进给量与砂轮宽度有何关系?

9. 磨削产生的热量将对工件产生哪些影响?降低工件表层温度的措施有哪些?

3.6 连 接

机床、装置和仪器均由各个单独的零件组成。装配时,需把各个零件连接起来,使其具备所需的功能。把各零件组成一个功能单元的接合,称之为连接。

3.6.1 基础知识

3.6.1.1 连接分类

(1)根据实现连接的原理,分为使用紧固件的机械连接和通过材料接合的连接。

连接采用的紧固件主要包括铆钉、螺栓、螺钉、螺母和垫圈等。接合起来的零件可以传递力或力矩,除了通过内部彼此配合的形状相互连接所产生的形状接合(见图 3-56)传递力之外,还有通过彼此压接在一起时零件所产生的摩擦力传递力和力矩,如螺栓连接。机械连接是飞机装配的主要手段,其主要原因是:机械连接在强度、耐腐蚀和成本方面具有优势;机械连接使用的工具比较价廉、简单;对工件不要求进行预处理;适于在不开敞部位施工;检验直观、省工,出现故障时容易排除。

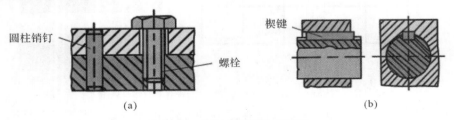

圆柱销钉　螺栓　楔键

(a)　　　　　　　　(b)

图 3-56　通过形状配合的连接
(a)销钉、螺纹连接;　(b)楔键连接

在材料接合中,通过内聚力和黏附力把工件连接在一起,包括焊接和胶接(黏结连接),如图 3 - 57 所示。

(2)根据连接后分解零件的方式,分为可拆卸连接和不可拆卸连接。

采用可拆卸连接时,组装在一起的零件可以不受损伤地分解开来,如螺栓连接。采用不可拆卸连接时,为了分解零件,必须破坏连接点或组件,如铆接、焊接。

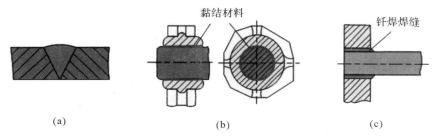

图 3 - 57 通过内聚力和黏附力所产生的材料接合
(a)电焊; (b)黏结连接; (c)钎焊连接

3.6.1.2 工艺装备

在飞机制造中的铆接、焊接和胶接等装配工艺过程中使用装配夹具,用来对进入装配的各装配件单元准确定位、夹紧,以进行连接。在装配过程中限制其连接变形,使连接后的产品符合设计要求。装配夹具在实际生产中按不同工艺方法命名,如铆接夹具、焊接夹具和胶接夹具等。

(1)铆接工装。在铆接装配夹具中将一些尺寸较大、结构较复杂的装配夹具称为装配型架。框架式装配型架主要由骨架、定位件、夹紧件和辅助装置组成,如图 3 - 58 所示。骨架是型架的基体,用以固定和支撑定位件、夹紧件等其他元件。定位件是主要工作元件,用以保证工件在装配过程中具有准确的位置,应准确可靠、使用方便,不致损伤工件表面。夹紧件一般与定位件配合使用,被称为定位夹紧件。辅助装置包括支撑调整装置,为产品进、出架而设置的附属于型架结构的吊运装置,以及为工人操作需要而设的工作架(工作梯)等。

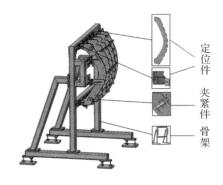

图 3 - 58 框架式装配型架

(2)焊接工装。焊接工艺装备就是在焊接结构生产的装配与焊接过程中起配合及辅助作用的夹具、机械装置或设备的总称,简称焊接工装,又叫钳焊工装。

　　焊接工艺装备的主要任务是按产品图样和工艺上的要求,把焊件中各零件或部件的相互位置准确地固定下来。只进行定位焊,而不完成整个焊接工作的,称为点焊夹具,简称暂焊夹具或暂焊架。在工艺装备(简称工装)上完成整个焊接工作的,称为焊接夹具或焊接架。如图3-59所示,导管暂焊夹具用于导管的暂焊,是焊接工装中最常见的类型。通过夹管器固定管子,用定位头定位管嘴。

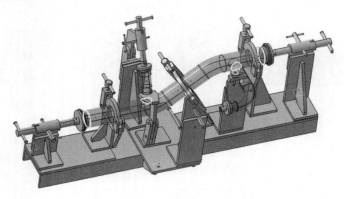

图3-59　导管暂焊夹具

3.6.1.3　机床设备

　　自动铆接机可钻孔、锪窝、送铆钉、铆接以及铣平埋头铆钉钉头等。在铆接机上若配置专用托架及计算机控制装置,可以自动调平,确定钉孔位置和调整工艺参数。飞机壁板还特别适用于在带有数控托架的自动铆接机(见图3-60)上自动铆接,使板件的钻孔、锪窝、放铆钉、压铆、将板件移至下一个铆钉孔位置全过程实现自动化。

图3-60　自动铆接机

3.6.2　铆接

　　铆接(铆钉连接)是一种不可拆卸的连接形式。在现代机器制造业中,传统的铆接几乎被焊接所代替。在飞机制造业中,铆钉连接是无法取代的连接方法,因为飞机大量采用可强化的铝合金,而铝合金的强度将因焊接而大幅度下降。因此,铆钉连接是飞机装配中应用最广泛的连接方法。例如,制造一架客运飞机需用 350 万个铆钉。

　　铝合金薄壁结构的飞机,大量采用铆接,约占全机总连接量的 80％。对于复合材料结构,用得最多的是铆接和胶铆连接。与其他连接方式相比,虽然铆接降低了结构的强度,增大了结构质量,铆接变形大,但其工艺过程简单,连接强度稳定可靠,检查和排除故障容易,能适应各种金属和非金属材料及其表面处理(例如涂层)之间的连接,也能适应不够开敞的结构连接,在仅允许单面接触的板材上也可以实施。另外,也不会因气体和光辐射对健康造成危害。当采用以整体壁板和整体构件为主的结构时,铆接就大大减少。飞机铆接包括普通铆钉铆接、无头铆钉的干涉配合铆接、特种铆钉的铆接。

　　(1)铆钉。可以根据铆钉的头部形状、杆部结构和铆接方法来划分铆钉(见图 3 - 61)。铆钉材料一般选择钢、铜、铜锌合金和铝合金,在特殊情况下还使用塑料和钛。为避免连接点在加热时出现电腐蚀和穿孔,铆钉应尽量使用与被铆接零件相同的材料。铆钉应具备足够的强度和良好的可变形性能。

　　(2)铆接方法。普通铆接常用凸头或沉头铆钉连接,典型工艺过程是:确定钉孔位置、制铆钉孔(以及锪窝)、铆钉插入钉孔后进行铆接。普通铆接过程是把钉杆镦粗,并在钉杆的一端形成镦头。根据作用力的方法不同,可分为锤铆和压铆。密封铆接要求连接零件的同时对铆钉与钉孔之间的缝隙进行密封。

　　无头铆钉铆接是将没有铆钉头的实心圆杆作为铆钉,铆钉在铆接过程中镦粗,同时在两端形成钉头和镦头。

　　除了采用普通铆接和无头铆接之外,飞机装配中还采用若干特种铆钉以适应各种要求。如:在结构比较封闭的地方采用单面铆接、在承受很大剪力的构件上采用抗剪铆钉等。

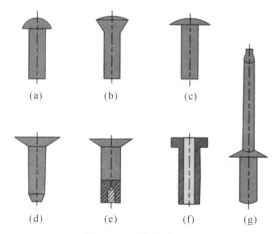

图 3 - 61　铆钉类型
(a)半圆头铆钉;　(b)半沉头铆钉;　(c)扁圆头铆钉;
(d)扁沉头铆钉;　(e)沉头半空心铆钉;　(f)空心铆钉;　(g)快装铆钉

3.6.3　螺接

　　螺接(螺纹连接)是一种可拆卸连接方式,是飞机结构的主要连接方式之一,它构造简单、安装方便、易于拆卸,连接强度高、可靠性好。螺纹连接主要应用于主要承力结构部位的连接,用于传递大的载荷和连接厚度大的夹层,如机翼与机身对接的连接,多采用高强度螺栓。飞机上的成品、系统结构件等也离不开螺纹连接。螺纹一般采用普通螺纹标准。为减轻结构质量，采用超高强度合金钢和钛合金制作螺栓。

(1)螺纹连接紧固件。通常把杆部全部制成螺纹的螺纹紧固件称为螺钉，有光杆的部分称为螺栓，杆的两端均制有螺纹的称为螺柱。螺栓可根据其头部形状、杆部尺寸、螺纹尺寸等进行划分。六角螺栓上的各种名称如图 3-62 所示。

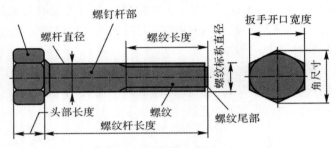

图 3-62　六角螺栓上的各种名称

根据螺栓头部形状划分，有六角头、圆柱头、扁圆头、沉头等。其中六角螺钉给扳拧工具提供了良好的导向。六角螺栓和内六角圆柱螺栓是机器制造中使用最多的螺栓。

根据螺栓光杆部形状划分，有圆柱、锥形和特制三种。飞机上使用最广的是圆柱形螺栓。铰孔螺栓（又称密配螺栓）用于必须承受横向力的螺纹连接或当工件处于应相互锁紧的位置时的连接。铰孔螺栓连接的成本高，因为螺栓杆是磨削加工的，螺孔是铰孔加工的。

常用的螺母形式有六角螺母、托板螺母、锁紧螺母等。六角螺母一般与螺栓配合使用。在振动和交变载荷下工作的螺母，一般应考虑锁紧。一些经常或定期拆卸的结构，如可卸壁板、口盖的连接，以及易损结构件，如前缘、翼尖等的连接，广泛采用托板螺母连接形式，能有效解决工艺性、检验维修和便于更换的问题。

如图 3-63 所示，垫圈的作用是保护被连接件表面在拧紧螺母或拧紧螺钉时不被划伤，增大被连接件的接触面积，补偿不平的（圆弧或倾斜的）接触表面，调整夹层厚度，保证螺母拧紧，改善被连接处的疲劳性能，防松、防腐和提高密封性等。

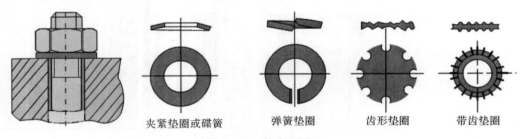

夹紧垫圈或碟簧　　弹簧垫圈　　齿形垫圈　　带齿垫圈

图 3-63　各式垫圈

(2)螺纹连接方法。在飞机制造中，螺纹连接以普通螺栓、螺钉连接为主要形式，应用最广。近年来，高锁螺栓连接、锥形螺栓连接、干涉配合螺栓连接、钢丝螺套连接的应用也不断地在扩大。

螺纹连接方法按照连接结构形式可分为螺栓（钉）和螺母连接（简称"螺栓连接"）、螺钉与基体零件上的螺纹孔连接（简称"螺纹孔连接"）、螺柱与基体零件上的螺纹孔连接（简称"螺柱连接")(见图 3 - 64)、用螺栓和托板螺母连接(简称"托板螺母连接")、用高锁螺栓和高锁螺母连接(简称"高锁螺栓连接")。螺栓连接的典型工艺过程是:零件夹紧、确定孔位、制孔、制窝、倒角与倒圆、准备紧固件、安装、定力、防松和涂漆。

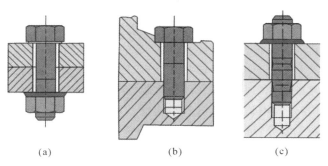

图 3 - 64　螺纹连接示例
(a)螺栓连接;　(b)螺纹孔连接;　(c)螺柱连接

　　有控制的紧固动作在螺钉上产生一个紧固力,该力紧固了螺纹的连接。材料的蠕变(螺栓的塑性变形)以及压实(螺纹和螺栓头部下方表面粗糙度的压平),可能导致紧固力下降。垫圈的作用之一就是防压实保护。经受轴向方向强烈动态负荷的螺纹连接可能在螺纹与螺母之间的啃合面出现因连接元件变形而导致的滑动,这时的螺纹连接可能向松动方向转动。螺纹连接松动后,由于振动等原因,可能会完全分离脱落。所以应采取合适的防松方法,如使用带有开口销的冠状螺母,阻止螺纹连接向松动方向转动。

3.6.4　胶接

　　胶接(黏结连接)是指把相同的或不同的材料通过一个硬化的中间层以材料接合的形式彼此连接起来的接合方法。胶接的耐久性取决于黏结材料(胶黏剂)对接合面的附着力和黏结材料层内部的内聚力。如图 3 - 65 所示,胶接主要用于结构零件的连接、螺纹的保护、接合面的密封。飞机和直升机制造中广泛使用胶接,夹层结构的飞机部件主要采用胶接,如蜂窝夹芯结构的制造。胶接在工业中有着广泛的应用,如汽车制造业中的车身和外罩以及固定刹车摩擦片,在机床制造业中用于固定轴套和轴承,保护螺栓和密封箱体。

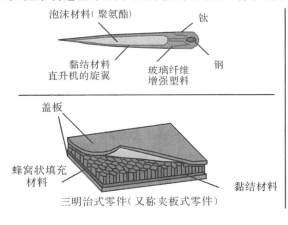
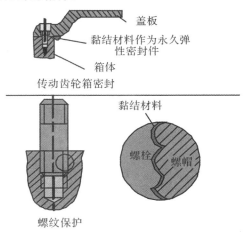

图 3 - 65　胶接

与焊接、铆接、螺接不同,胶接不会由于焊缝、焊点和开孔而削弱结构的强度,胶接中零件材料组织不发生变化,整个胶接面上应力分布均匀。胶接的缺点在于需要较大的接合面、疲劳强度较低、耐热强度较低、部分材料硬化时间长且过程复杂。

(1)胶黏剂。胶黏剂(黏结剂)通常由几种,甚至几十种材料组成,一般可归纳为四种主要成分:黏料(基料)、固化剂、填料和溶剂,此外根据需要添加催化剂、防老剂等。胶黏剂必须按所要求的量和正确的比例在涂抹前混合起来,混合后的有效使用期是有限制的。

反应型黏料是最经常用于金属连接的胶接材料,稀薄液态的黏料经过固化过程形成一层固体塑料层。金属胶接中常用的是酚醛和环氧树脂等热固性树脂,聚酰胺树脂等热塑性树脂常被加入热固性树脂中,作为增塑剂(改进其柔软性),以提高胶层的抗冲击性能、韧性和抗剥离性能。按照其处理温度划分,可分为热胶黏剂(见表 3-13)和冷胶黏剂,按照其组分划分,可分为单组分黏结剂和双组分黏结剂。双组分胶黏剂必须按所要求的量和正确的比例在涂抹前混合起来。黏结剂层的厚度应为 0.1～0.3 mm。

表 3-13 热胶黏剂

热黏料	组分	固化		抗剪强度/MPa	使用温度范围/℃	特性
		温度/℃	时间			
环氧树脂	2	120	15 min	≤40	−60～+80	高强度和高变形性,也用于填充较大的中间层空间
酚醛树脂	1	180	120 min	≤40	−60～+200	高强度,高耐热性,变形性极小,硬化时必须加压
聚酰亚胺黏料	1	140	—	25	−60～+200	在隔绝空气和加压的条件下的若干阶段硬化,短时间可耐受温度最高为 500 ℃

固化剂是使原来线型分子变成坚韧、坚硬的网状结构,使黏料固化,环氧树脂中常用胺类固化剂。填料用于减少胶层收缩和提高与被胶接零件之间的弹性系数等,如铝粉。溶剂用于改善胶黏剂的工艺性,降低黏度,延长使用期。

(2)胶接方法。胶接工艺过程包括表面处理、涂胶和固化。对零件胶接面处理的要求是必须洁净、无脂、干燥、易打毛。机械性预处理指用细砂喷砂处理或用砂布打磨。脱脂要求在机械性预处理之后或化学性预处理之前进行,方法有蒸汽脱脂、浸渍脱脂或用蘸有溶剂的干净抹布擦拭。也可以用化学预处理代替机械性预处理,它是预处理方法中最有效的一种,因为零件的表面在洁净脱脂的同时还进行了打毛处理。零件经过化学处理或脱脂后,必须进行漂洗与干燥。

根据胶黏剂供货形式的不同,可分别采用注射枪、刷子、刮铲或粘贴膜等方法将黏结剂薄薄地均匀地涂抹在黏结面上。胶黏剂应在接合表面处理后直接涂抹。

胶黏剂固化的时间和温度均取决于胶黏剂的类型。许多在涂抹过程中还是蜂蜜状黏稠的胶黏剂在硬化开始时却变成稀薄液体状,因此,胶接时必须防止黏结零件移动,有些胶黏剂在固化时还必须加压。人体皮肤不宜接触处于未硬化状态的胶黏剂。

3.6.5 焊接

焊接是用加热、加压等手段,使固体材料之间的冶金结合,从而形成永久性连接接头的接合技术。焊接使用的热源包括电弧热、化学热、电阻热、摩擦热、电子束和激光等。从冶金角度来看,可将焊接方法分为液相焊接、固相焊接和液-固相焊接。

焊接连接的质量不仅取决于所使用的焊接设备和材料,还取决于焊工的专业技能和可靠程度。航空航天装备产品对焊接质量提出了很高要求,常常必须通过特殊检验手段进行验证。无损伤检验包括颜色渗入法、磁粉法、超声波检验法和 X 光检验法。如果必须验证机械强度数值或鉴定焊缝构成,则需要进行损伤性焊缝检验,如通过弯曲折断焊接样品,从断裂组织中辨认出未熔合缺陷或焊渣夹杂物。

(1)液相焊接:熔化焊。将材料加热至熔化,利用液相的相容性实现原子间的结合,即液相焊接。熔化焊是最典型的液相焊接。液相物质由被焊接材料和填充的同(异)质材料(也可以不加入)共同构成,填充材料为焊条或焊丝。在大多数焊接方法中,使用添加材料填充焊缝。碳素钢和低碳含量的低合金钢具有良好的可焊接性。在飞机和直升机结构的焊接连接中,熔化焊能够制造油箱、各种用途的气瓶等。在设计结构中,必须考虑焊接对基体原材料性能的影响,焊接时,材料的机械性能有所降低,焊接结构中会产生残余应力和变形,从而影响制件的精度。基体金属和焊缝金属之间性能的差异会造成应力集中。

种类繁多的熔化焊方法包括电弧焊(手工电弧焊、气体保护焊、等离子焊、埋弧焊)、气焊、射束熔化焊(激光束焊接、电子束焊接)和其他类熔化焊方法。以射束焊接为例进行说明。射束焊接时,高能激光射束或电子射束接触并挤入工件后转换成热能,使材料熔化,并在凝固后形成焊缝。电子束焊接设备如图 3-66 所示,射束焊接可在真空或保护气体中进行,也可在裸露环境中进行。射束焊接的焊缝非常细小,焊接零件的扭曲变形小,连接强度高,所以在焊接时一般不需要附加材料(焊条)。

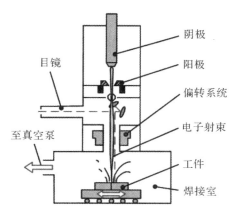

图 3-66 电子束焊接设备

熔化焊连接可以取消相互连接零件的重叠部分和附加的连接元件,例如螺栓等,焊缝的强度经常与母材的强度相同。上述优点使其在许多工程技术领域内得到广泛应用,例如,在桥梁建筑中的钢结构件、汽车或机器的支柱和容器,也可用于塑料零件的连接。熔化焊焊接区的材料组织变化可能降低焊接点的强度,焊接零件会发生扭曲和收缩变形,另外,并不是所有的金属材料都适宜于熔化焊。

(2)固相焊接:压焊。压焊属于典型的固相焊接。采用压焊焊接方法时,将待焊接零件的焊接区加热至接近熔化温度,然后,在无附加材料(焊条)的情况下通过压合,使零件彼此连接起来。采用固相焊接时温度低于母材(或填充)金属熔点。扩散焊接、电阻焊、摩擦焊和超声波焊等均属于固相焊接。

电阻压焊法利用的是电流穿过焊接零件接触区时所产生的热能。根据焊接方法的流程,把电阻压焊划分为点焊、对焊(又称"凸焊")和滚焊。

如图3-67所示,点焊时,由各单个焊点把上、下对应的两个板连接起来。两个水冷铜电极压合待焊接的板,瞬间强电流从一个电极穿过板流入另一个电极,两板之间的高电阻产生所需的焊接温度,使零件间接触处局部加热到热塑性状态或局部熔化状态,断电后在压力下冷却结晶并形成透镜状焊点。电阻点焊已用在飞机受力较大的组件和板件上,如舱门、框、肋和机身、机翼及尾翼的板件等。

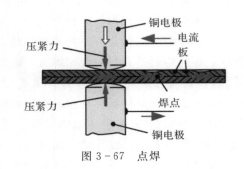

图3-67　点焊

(3)液-固相焊接:钎焊。钎焊与固相焊接不同之处在于待焊接表面并不直接接触,而是通过两者毛细间隙中的中间液相相联系。形成中间液相的填充材料称为钎料。显然,钎料的熔点必须低于母材的熔点。

被焊接的母材可以具有完全不同的特性和组分,例如,可以把硬质合金刀片焊接在结构钢的车刀刀柄上。钎焊经常在保护气体中或真空状态下进行。钎焊连接的前提条件是液态钎料浸湿基础材料(见图3-68)。通过毛细作用把焊料吸入钎焊间隙(0.05~0.2 mm),液态焊料会迅速在工件表面扩散。凝固时,液态焊料首先变成糊状,接着才变成固体,凝固过程中不允许出现振动。焊接时钎焊间隙深度不应超过15 mm,因为这种间隙一般都填充得不充分。

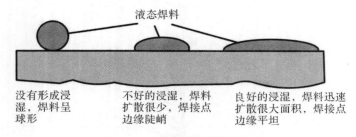

　　　液态焊料

没有形成浸　　　不好的浸湿,焊料　　　良好的浸湿,焊料迅速
湿,焊料呈　　　扩散很少,焊接点　　　扩散很大面积,焊接点
球形　　　　　边缘陡峭　　　　　边缘平坦

图3-68　钎焊时的浸湿形式

本小节内容的复习和深化

1.列举可拆卸连接和不可拆卸连接工艺。

2.分析装配型架的组成和作用。

3.与焊接相比,铆接有哪些优点? 铆接时如何选择铆钉材料? 普通铆钉连接的工艺过程

是什么?

4.分析螺纹连接的应用场景及其性能特征。螺纹连接的工艺过程是什么?

5.螺纹连接有哪些结构形式?哪些因素可能导致紧固力下降?如何防护?

6.胶接有哪些应用?胶黏剂的组成成分有哪些?描述胶接的工艺过程,如何预处理黏结面?

7.熔化焊和点焊分别应用于哪些典型飞机构件连接?熔化焊相比于紧固件连接,有哪些优缺点?

8.举例说明钎焊连接的应用。

3.7　加工环境保护与工作安全

3.7.1　加工环境保护

制造企业中所使用的材料,除大量无害材料,如铝、钢和塑料等之外,还有一系列对健康有害并加重环境污染的材料和辅助材料,例如工程材料中的铅和镉,以及辅助材料中的冷清洗剂、冷却润滑剂和淬火盐。材料和辅助材料在其制造、加工和正确使用时,要求对环境友好,不应产生有害健康的物质。加工方法的选择和加工设备的运行都应遵循下列原则:不释放有损员工身体健康的有毒物质;不向企业周边环境排放加重环境负担或损坏环境的有害物质。

在环境保护中,对待有害物质的对应措施的顺序是:尽可能避免→减少使用量→多次利用→对残渣开展符合专业要求的清理。①凡有可能做到的地方,都必须完全避免有害物质。例如防腐保护中弃用镉,以及用无毒清洁剂替代有损人身健康的冷清洁剂(如四氯化甲烷和三氯乙烯)清洗油污的工件。②在技术上尚无法避免有害物质的地方,则应尽可能减少有害物质的使用量,例如使用微量溶剂油漆。只有在所有避免和减少有害物质的可能性都考虑周全的情况下,才允许在严格限制条件下在加工方法中使用有害物质。③使用有害物质的机床和设备应采用闭合型材料循环系统,以保证在生产过程中无有害物质逸出。对于无法避免的剩余材料,必须汇集起来,经过处理后,应尽可能多次重复使用。对于无法继续利用的有害物质残渣,必须按专业要求进行清理。

(1)废物清理。切削加工机床和加工设备的运行不可避免地会产生有害物质和垃圾。切削加工中冷却润滑剂的油雾和悬浊液雾必须抽吸排出,通过机床的封闭外罩抽吸和用过滤器分离油雾,金属切屑必须去油和清除。应采用磁铁分离装置和过滤器粗略清洗掉已使用过的冷却润滑剂中的金属磨损物、小切屑和各种污物。必须对已废弃的冷却润滑剂进行处理,焚烧沉积物或运送到特殊垃圾填埋场。

(2)废水净化。在金属加工企业中,许多工作场所都会产生污染废水,包括来自湿法烟尘净化装置的沉积物和悬浮液,来自切削加工车间、油漆车间和酸洗车间的,已受到油沉积物、油漆残留物或冷清洁剂污染的废水,来自淬火车间和电镀车间含有酸、碱和有毒盐类的废水。金属加工企业所汇集的废水由一个多级净化设备进行净化处理。

(3)废气净化。使用含污加工方法运行的金属加工企业的废气中含有一系列有害物质,如来自铸造工厂、清整车间、熔化焊和钎焊设备的含重金属的细微粉尘和蒸气(铅,镉等),来自燃烧设备、电焊车间、淬火炉的氮氧化物和一氧化碳气体,来自酸洗车间、热处理车间和电镀车间的酸和有毒盐类的蒸气和气溶胶(雾)。这类废气必须经过废气净化设备过滤和去毒处理。

3.7.2　工作安全

为保障工作安全和防止事故发生,每一个职业门类都有自己的事故防护规定。它们由各行业协会颁布,在各企业内都必须张贴悬挂。为了提高工作地点的安全性,应相应地安放号令标志、禁止标志、警告标志和救护标志。每一个企业职工都必须严格遵守这些规定,并通过学习,学会实施事故防护的措施和行动,明白违反安全规定的行为将对自己和同事的身体造成伤害,以及对企业的设备和装置造成损坏。

事故发生的原因一般都是人为的失误,如对危险的模糊认识和轻率的态度,还有技术方面的失误。必须采取预防性安全措施以阻止事故的发生,包括消除事故危险、屏蔽或标记危险地点以及阻止危害的发生。

(1)消除事故危险。机床、工具和设备出现的故障必须立即报告主管人员;交通通道和逃生通道必须始终保持畅通;锋利、尖锐的工具不允许装入衣服口袋;工作之前需摘除首饰、手表和戒指等物品。

(2)屏蔽或标记危险地点。不允许擅自移动和挪开保护设施、指示牌和安全装置;齿轮传动机构、皮带传动机构和链条传动机构以及相互啮合的部件都必须加盖防护;装有易燃、易爆、腐蚀或有毒物质的容器必须加以标记并存放在安全地点。

(3)阻止危害的发生。工作人员面对火花飞溅、高温、噪声和射线,必须穿戴合适的防护服装;通过防护眼镜、防护挡板、防护罩和防护屏排除对眼睛和面孔的危害;对于电器设备和装置,应采取特殊的防护措施。

本小节内容的复习和深化

1.请给出对待有害物质的原则要求。

2.切削加工设备上的废物如何清理?

3.为什么必须净化处理焊接车间和淬火车间的废气?

4.可采取什么措施阻止对面孔和眼睛的危害?

本章拓展训练

对前面章节拓展训练中已建立的零件模型,确定主要加工工艺;对于切削加工零件,选择刀具,设计夹具模型,确定工艺参数;对于钣金件或复合材料零件,选择工艺和确定参数,初步设计模具方案;对于壁板件,初步设计型架方案。

第4章 飞机研制和生产体系

飞机制造的水平、生产组织模式与国家整体工业体系及其当前的发展水平密切联系,飞机型号产品研制生产有一套完整的体系。新型飞机的诞生,包括一系列的设计、制造、试验的综合工作,需要完成设计、工艺、组织方面的生产准备工作和将材料制造成飞机的生产过程。本章先分析制造系统的运行过程,再沿制造过程的逆序论述材料到飞机的过程、生产工艺准备的内容、新机设计的内容及其过程的管理。

通过本章学习,要求读者掌握飞机制造系统分析原理、从材料到飞机的工艺过程原理、因生产过程需要进行的各项工艺准备工作、设计工作和整个制造过程管控方法。

4.1 飞机制造系统的运行过程

制造系统是制造活动所涉及的设备、计算机软硬件、人力资源等所组成的一个统一整体。飞机的生产协作十分广泛,新型号飞机产品研制采用的多厂所联合研制的模式,参与飞机型号研制的单位包括主机设计所、主机制造厂、协作的设计制造厂所、机载设备厂所和发动机厂所等。下面主要介绍主机所的产品设计和主机厂的产品生产。

4.1.1 设计过程

飞机设计是一项庞大而复杂的系统工程,涉及多学科交叉和多技术领域。飞机设计所包括总体、气动、强度、结构、飞控系统、航电系统、传动系统和武器火控等部门,负责产品总体、气动、结构、航电、火控、飞控、操纵、传动、环控等的设计、分析和试验工作。

如图 4-1 所示,飞机设计过程分为总体设计、初步设计和详细设计三个阶段。具体而言,飞机设计是围绕产品模型设计而开展的,同时进行生产准备工作,新机设计过程的主要工作见表 4-1,产品模型包括总体外形布置、结构骨架、结构零组件和系统零组件等模型。

4.1.2 生产过程

将原材料及半成品转变为飞机的一切劳动过程统称为生产过程。生产过程包括工艺过程及辅助过程,如生产准备、设备维修、厂内运输和统计核算等。其中工艺过程是生产过程的主体,飞机制造厂围绕从材料到飞机的生产过程,设置了三个平行的生产部门,如图 4-2 所示。

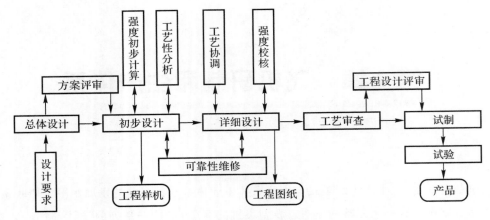

图 4-1 飞机研制业务流程

表 4-1 新机设计过程的主要工作

序 号	阶 段	设计任务	生产准备工作
1	论证	战术技术论证	编制或参加编制技术经济可行性论证报告 对采用的新材料、新工艺、新技术提出建议
2	总体设计（方案设计或概念设计）	选定飞机气动外形及主要参数和尺寸 选定各部件的大致构造形式以及各主要系统形式 绘制三面图及分解草图、各部件理论图	对总设计方案进行审查 提出研制条件及技术改造项目
3	初步设计（技术设计）	完成部件打样图，进行结构布置 制造样机，协调各系统和设备 确定工艺分离面 绘制重要零件的工作草图	样机工艺性审查 参加技术设计审查 提出新机研制工艺总方案 确定新工艺、新技术项目，进行预算 参与编制研制经费概算
4	详细设计	完成各部件的详细设计 具体设计零件和组件形状和尺寸 选用适当的材料、毛坯，确定热表处理，拟定生产技术条件，规定合理的公差要求 画出各部件总图、组件零件图、各系统和设备的安装图	对生产图纸进行工艺性审查 确定研制总方案 编制指令性工艺文件及其他工艺资料 设计制造"00"批工艺装备 新工艺、新技术的试验 机载成品的协调 大型锻铸件订货 参与技术改造工作 配合产品试制解决工艺技术问题 参与设计定型准备

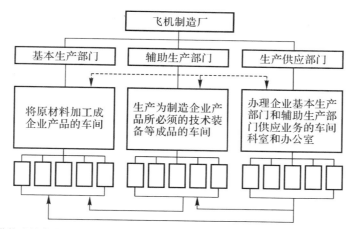

· 带箭头的虚线表示辅助生产机构和生产供应机构与基本生产机构的职能关系。
· 带箭头的实线表示辅助生产部门的生产活动和基本生产需要之间的依从关系，
　以及生产供应活动与基本生产和辅助生产需要之间的依从关系

图 4 - 2　飞机制造企业的组织结构

（1）将原材料加工和装配成企业产品的部门，称为基本生产部门，包括机械加工厂、钣金加工厂、复合材料加工厂、热表处理厂、部件装配厂和总装厂等。

（2）为生产企业产品而制造必须的技术装备等成品的部门，称为辅助生产部门，包括工艺装备设计部门、制造数据建模部门和工艺装备制造部门等。

（3）保证基本生产部门和辅助生产部门所需物质资料的职能部门，称为生产供应部门。

飞机生产过程是企业的基本生产部门、辅助生产部门和生产供应部门主要过程的综合（见图 4 - 3）。设计数据发放到航空主机厂后，首先由企业制造工程部门制定出产品加工的工艺路线，随后按照工艺路线进行工艺性审查，得出结果后反馈给产品设计部门以改善产品工艺性；各生产车间对产品工艺过程进行设计，厂内工艺分工与工艺进度制定、编制制造指令或装配指令、计算工艺参数和编制数控程序、提出工程数据申请和工装订货、完成作业指导书的编制。飞机生产过程还包括根据生产计划进行飞机零部件生产的实施，即从材料到零件、组件、段件、部门到飞机整机产品的过程。

制造数据建模部门是根据飞机零部件加工部门的工程数据申请，设计展开、回弹补偿等制造用的工程模型，及时准确地传递至加工、工装设计等下游使用部门。工装设计制造部门的主要业务是根据飞机零部件工装订货要求，以产品及工艺模型为依据，进行工装的设计工作，将工装数模传递给生产单位进行工装的制造。

某一型号飞机产品在生产数量、交货期确定之后，开始对生产过程进行计划和组织。产品的生产过程是物资的消耗过程，要使生产过程连续地进行，就需要及时补充不断消耗掉的物资。生产供应部门对企业生产过程中所需要的各种原材料、动力、工具和机器设备等各种生产资料，进行有计划的采购、供应、保管和合理使用。通过合理安排产品生产，维持合理库存，准确配送，缩短从产品到市场的时间，降低生产成本。

本小节内容的复习和深化

1．飞机制造系统可以从哪些角度进行描述？如何从制造的概念去理解？

2．试描述飞机设计所和制造厂的组织机构及其职能。

3.飞机设计如何根据需求形成完整的产品模型？

4.飞机制造各部门如何协作进行飞机生产？

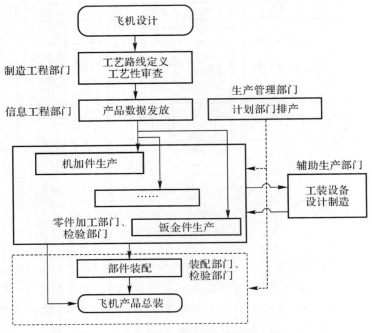

图 4-3　飞机制造阶段的运行过程

4.2　从材料到飞机的工艺过程

　　飞机制造是根据图纸或模型所确定的理论形状和尺寸,在生产中通过机床设备、工艺装备而获得规定的几何形状、尺寸和性能的过程,这个过程包括两个子过程:一是从设计到制造的尺寸传递过程,将产品设计图纸或模型信息传递至工艺装备以进行成形、保形和检形;二是从原材料到飞机零部件的工艺过程,通过机床设备和生产工艺装备将材料加工成零件,再将零件逐次装配成组件、部件,直至最终的飞机产品。

4.2.1　从材料到机体的形性转变

　　飞机是高复杂性、高精密度的产品,飞机中布满了各式各样的设备、仪表和机构,一架飞机机体上的零件达上万项。航空主机厂主要完成机体零件加工、装配和试验,大量的原材料、半成品、毛坯、零件、附件、成件和仪表设备等都由专业化企业供应。

4.2.1.1　工艺过程总述

　　飞机制造过程可以划分为毛坯制造、零件加工、装配和试验(试飞)四个阶段。飞机制造所用的毛坯和半成品,如锻件、铸件、板料、型材等,种类繁多,根据现代化生产的协作原则,主要由外厂供应。飞机装配、安装中所需的大量标准件以及发动机、特种设备、仪表等成品,也是由专门工厂组织生产的。即使这样,由于飞机构造复杂,制造劳动量大,为了满足国民经济的发展需要和国防战备需求,往往还要由几个工厂分工协作,共同生产同一型号飞机。将原材料制造成飞机机体的原理如图 4-4 所示,主要包括零件加工和产品装配。

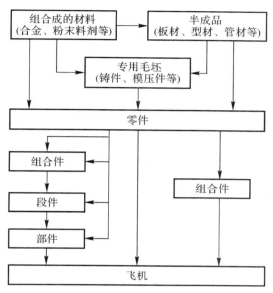

图 4-4　将原材料制造成飞机机体原理

先利用各种加工工艺将材料转变为零件。从材料、零件到产品的过程来看,零件制造的顺序取决于飞机各结构单元的装配顺序。首批为装入段件的组合件制造零件;第二批应当为装入部件的组合件以及段件制造零件;第三批应为装入飞机机体的组合件以及部件制造零件;最后一批是制造直接装入飞机机体的零件。

对于飞机装配来说,首先将零件装配成组合件(如翼肋、隔框、梁等)和板件,然后将组合件装配成段件(机翼、机身),再进一步装配成部件,最后将各部件对接,总装成整架飞机。在装配过程中,把发动机、起落架、设备、仪表以及各种操纵、液压、冷气、燃料和电气等系统按照图纸或模型准确地安装在装好的飞机机体上,称为安装。装配和安装完毕的飞机还要经过严格的检查、试验和试飞。

4.2.1.2　生产活动组成

工艺过程输入的是原材料或坯料及相应的工装装备、量具和其他辅助物料,经过加工、传送、储存、装配、检验 5 种基本的生产活动,输出飞机零件和成品。工件在流动中表现为形状、空间位置、性能的改变。材料形性的转变过程如图 4-5 所示。

(1)加工:改变原材料形状和性能的工艺。飞机机体零件数量大、品种多,决定了零件工艺种类多和过程复杂。加工工序主要包括切削加工、钣金件塑性成形、复合材料构件成型、热表处理等主要制造工艺。

(2)传送:在各工作位置之间移动工件,以改变其空间位置,一般也称物料搬运或生产物流。它是制造系统完成其制造功能必不可少的一项作业,这是因为原材料转变为产品的全部作业一般不可能在一个工位上完成。飞机零件数以万计,制造过程中的物料搬运工作量相当大,它是设计和运行制造系统时必须考虑的重要问题之一。

（3）储存：工件处于无任何形状、性能和空间位置改变的状态，包括原料储存、在制品或工序间储存、成品储存。工厂为了生产，必须储存一些原材料等物品，把这些可计量的储存物简称为库存。适量的库存对平滑和柔性的物料流来说，有一定的缓冲作用，对于保证用户的需求和制造系统的稳定运行均有重要作用，但过量的储存对场地、资金、成本和质量来说，有弊无利。

（4）装配：将大量的机体结构零件连接成组合件、板件、段件、部件和飞机机体，叫作装配。在机体上还要逐步安装各种装置、系统以及附件等，直至形成完整的飞机产品。

（5）检验：质量检验是对物料流的质量控制，是为达到质量要求所采取的作业技术和活动。飞机的检验过程具有一系列与其他机械产品的检验过程不同的特点，检验量大，检验内容多种多样，检验工时高，检验过程本身的质量要求高。通过提炼、梳理、归纳不同结构单元的检验内容，并结合其制造工艺特点与质量历史经验来确定质量控制要点，采取经济、可行的质量检验方法。

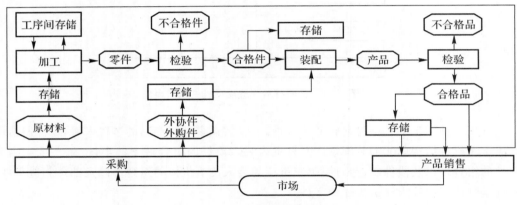

图 4-5　材料形性的转变过程

4.2.1.3　零件典型工序

零件制造一般采用分散化、多工序制造，零件结构各异、工艺类型众多、工序件转移次数多，但每类零件工艺过程遵循基本的规律，包括：下料→控形→改性→表面处理→检验。图4-6所示是典型的金属板料成形工艺过程。

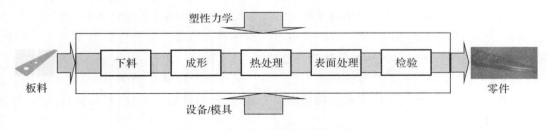

图 4-6　典型的金属板料成形工艺过程

（1）下料：将需要的毛料从整块坯料分离开。切削加工、钣金成形、复合材料成型等皆需经过下料工序。下料工艺方法众多，如数控铣切下料、激光切割、水切割等。

（2）成形：通过切削加工、利用金属材料的塑性等方式改变其形状和尺寸。在飞机生产中，按照切削加工、钣金加工、复合材料加工等专业划分零件制造工艺。精确制造是对各类控形工艺的共性要求，难点在于解决工艺过程中材料非受控变形问题。

（3）热处理：金属材料通过加热和冷却改变工件的内部组织，或改变工件表面的化学成分，使工件具有良好的力学性能。热处理属于飞机制造特种工艺。特种工艺是指对材料进行一系列精确控制，使其发生物理、化学或冶金性能的变化，仅从外观无法衡量其是否符合规范要求。

（4）表面处理：在零件表面上人工形成一层与基体的机械、物理和化学性能不同的表层，其处理过程包括清洁、外表面材料沉积、涂漆等。如：为了确保铝合金零件的抗腐蚀能力，对零件一般都要进行阳极化处理，通过电化学作用，铝合金表面生成一定厚度的致密的 Al_2O_3 膜。

（5）检验：对几何形状与尺寸准确度、厚度、质量、表面和边缘状态等进行检验，如框肋零件的检验内容包括外形轮廓、弯边尺寸、下陷尺寸、毛刺、划伤等，其中几何形状与尺寸准确度检验可采用样板、模胎和通用量具检验。

4.2.1.4　装配典型工序

图 4-7 给出了典型的装配工艺过程，包括定位、制孔、连接和涂胶等工序。飞机部件形状和尺寸由装配过程确定。

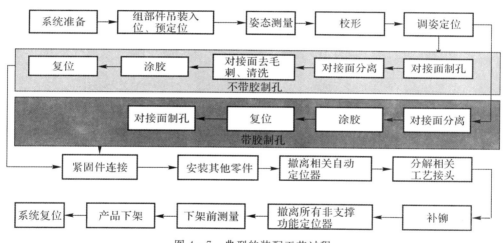

图 4-7　典型的装配工艺过程

（1）定位。在装配过程中，首先要确定零件、组合件、板件、段件之间，以及装配件与工装和设备之间的相对位置，这就是定位问题。常用的定位方法有：按基准工件定位、划线定位、装配孔定位和装配夹具（型架）定位。

飞机外形复杂，部件尺寸大而刚度小，因此，飞机装配须使用大量的工装来固定零件位置，加强装配件的刚度，控制和约束装配件的变形，保证装配的准确度要求。

（2）制孔。制紧固件孔是飞机装配过程中的重要工作之一。生产效率的高要求，加工质量、精度的苛刻标准，以及复合材料、钛合金等难加工材料的大量使用，使得飞机装配制孔技术不断面临新的挑战。

（3）连接。装配的核心是将两个分离的零件连接成一个实体。飞机装配需应用各种不同的连接方法，应用较多的是铆接、胶接、焊接和螺纹连接。飞机机体上连接方法的选用主要取决于各部件的结构及其构件所用的材料。

（4）涂胶。为了使某些结构具有密封性，需要通过涂胶来堵塞渗透路径。例如，密封铆接需要在铆接夹层中涂密封剂，或者在铆钉处涂加密封剂。密封连接需要将完成制孔后的装配件按与装配相反的顺序分解，然后清除每层零件所有孔边的毛刺和其他碎屑。

（5）检验。飞机装配检验内容主要包括装配前的外观质量、交接状态、主要尺寸，装配过程中的相对位置、制孔质量、连接质量、密封质量，装配完成后交付到上一级装配单元前的所有关键特性和装配准确度。

4.2.2 设计到制造的尺寸传递

任意一个装配单元尺寸和形状的形成，首先需要根据标准的尺度与量具制造出生产过程中使用的各种测量工具，然后用它们制造各种工艺装备，最后通过工艺装备或机床加工出工件的形状和尺寸，整个生产过程是尺寸传递过程。飞机机体结构主要是由大量形状复杂、连接面多、工艺刚性小的薄壁零件组成的薄壳结构。从零件加工到部件装配形成的气动外形准确度，取决于加工或装配顺序所反映的工艺尺寸传递链的误差累积过程以及其中的零件、工装制造准确度和相互间的协调准确度。

4.2.2.1 制造工艺过程尺寸链

从产品图纸开始，用于移形过程的尺寸称为原始尺寸。工件获得最后尺寸前，在各中间环节中所采用的模具等的尺寸称为工艺尺寸。显然，从飞机图纸传递的形状和尺寸到所制造的零部件的过程中各个环节的误差，伴随着形状和尺寸的传递而转移，这些误差的积累（相加或相减），最终体现到装配件的最后形状和尺寸上。

（1）尺寸链方程。与一般机械制造业一样，可以利用尺寸链理论来描述产品尺寸的形成过程。尺寸链就是在零件或装配件上各零件表面及其轴线之间的一组尺寸按一定次序首尾相接形成的封闭的链。尺寸链可理解为构成闭合外形的尺寸综合，这些尺寸的偏差对待定尺寸的精度有影响。所有包括在尺寸链上的尺寸称为尺寸链的链环，将零件加工或装配完毕后形成的链环称为闭环，所有其他链环称为组成环。如图 4-8 所示，尺寸链用图表示成尺寸链图的形式，可反映参与形成闭环的全部链环。尺寸链可用解析法写成

$$L_{\sum} = \sum_{i=1}^{m-1} \xi_i L_i \tag{4-1}$$

式中：$L_{\sum}$ 和 L_i 为尺寸链的闭环和组成环；ξ_i 为传递系数，在一般情况下传递系数就是偏导数 $\partial L_{\sum}/\partial L_i$。对于具有平行链环的尺寸链来讲，传递系数确定方式：对于增环，$\zeta_i = 1$；对于减环，$\xi_i = -1$。

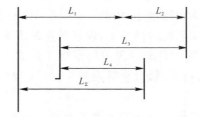

L_1, L_2, L_4 — 增环；L_3 — 减环（相对闭环）

图 4-8 尺寸链（平面平行）

　　根据要完成的产品制造工艺阶段的不同种类,尺寸链可分成工序的、零件的、装配的和全工艺的四种。要保证高的制造准确度,应使设计的工艺过程具有最短的工艺尺寸链,而要使尺寸链的长短与所选择工艺基准相关,工艺基准即存在于结构件表面上的点、线、面,用于确定毛坯或制品位置。

　　(2) 装配工艺尺寸链。飞机各部件的气动力外形准确度直接关系到飞机的飞行性能,因此在装配过程中保证和提高部件外形准确度是十分重要的。飞机结构装配单元的最终尺寸取决于在生产过程中积累的以下几种误差:① 送交进行产品装配用的零件本身的误差;② 零件在装配过程中的定基准误差;③ 装配用工艺装备在其制造和安装时的误差;④ 装配工艺过程中由铆接、钻孔、焊接的外力以及在零件热膨胀等的作用下零件变形所造成的其他误差。

　　装配尺寸链的闭环误差是全部组成环误差的函数:

$$\Delta_{\sum} = F(\Delta_{零件}, \Delta_{零件与基准}, \Delta_{工装}, \Delta_{连接变形}) \tag{4-2}$$

　　在装配过程中,首先要确定被装配工件之间的相互位置,这就是装配定位。被装配的工件定位好之后,应夹紧固定,然后再进行连接。装配中用来确定工件相对于其他工件位置的基准称为装配基准。

　　以骨架外形为基准的典型结构装配示意图如图 4-9 所示,装配过程如下:翼肋和大梁、桁条等组成骨架后,放上蒙皮,用卡板压紧,然后进行骨架与蒙皮的铆接。

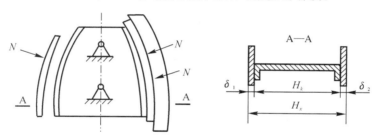

图 4-9　以骨架外形为基准的典型结构装配示意图

　　以骨架外形为基准的装配,其误差积累"由内向外",最后积累的误差反映在部件外形上。部件外形误差由以下几项误差积累而成:骨架零件制造的外形误差、骨架的装配误差、蒙皮的厚度误差、蒙皮和骨架由于贴合不紧而产生的误差、装配后产生的变形。

$$\Delta \text{部件外形} = \Delta \text{骨架外形} + \Delta \text{蒙皮厚度} + \Delta \text{骨架与蒙皮间隙} + \Delta \text{装配变形} \tag{4-3}$$

　　在一般机械制造中,由于绝大部分零件是形状比较规则、刚性比较大的机械加工件,在制造、装配过程中不易产生变形。产品的制造方法是:利用机床设备,按工程设计图纸上的尺寸和公差,直接加工出产品的零件,再由装配钳工按零件的配合关系装配起来。在装配时不采用或很少采用夹具。零件之间的协调准确度主要取决于零件的制造准确度,其装配误差按尺寸链理论,由零件制造误差积累而成。

　　飞机零件多为薄壁零件,一般刚度较小,飞机装配是由大量刚度较小的零件在空间组合和连接的结果,故飞机装配准确度一方面取决于零件制造准确度,另一方面在很大程度上还取决于装配型架(夹具)的准确度以及工件与工件、工件与工装相互协调的准确度。飞机大量的机体零件和系统决定了其协调关系复杂。为了保证外形准确度,保证协调就成为飞机制造中的主要矛盾,也是飞机制造技术不同于一般机械制造技术的特殊之处。此外,在飞机装配中还有定位和连接产生的应力和变形(如铆接应力和变形、焊接应力和变形),装配件从装配型架上取下后还要产生变形等。

4.2.2.2 飞机制造的协调路线

根据产品图纸,通过实物模拟量(模线、样板、标准工艺装备)或数字量(产品几何数学模型等),将机体上某一配合或对接部位中的一组或一个协调尺寸和形状传递到零件和装配工艺装备上去的传递环节、传递关系和传递流程图,称之为协调路线。

(1)保证协调的尺寸传递原理。协调性是指两个或多个相互配合或对接的飞机结构单元之间,及飞机结构单元与它们的工艺装备之间,或成套的工艺装备之间,配合尺寸及形状的一致性。协调性仅是针对几何参数而言的。协调误差越小,一致性程度越高,其协调性越好,协调准确度越高。

飞机制造的实践表明,协调问题是飞机制造中极为重要的一个问题。通过三种尺寸传递过程来保证结构单元之间的协调。

1)独立制造:结构单元的制造根据原始尺寸分别独立进行,为达到协调准确度要求,就必须对零件制造准确度提出更高的要求。所制造的同一种结构单元之间在几何尺寸、形位参数及物理功能上具有一致性,即互换性。

2)相互联系的制造:在尺寸传递过程中增加公共的制造环节,这些公共环节的准确度并不影响零件之间的协调准确度。也就是说,保证尺寸的协调可以不要求该尺寸本身精度非常高。

3)相互修配:在制造其中的一项结构单元后,以其为依据对另一项结构单元进行修配以达到相互的协调。但是,相互修配不能达到零件互换性的要求,同时,修配劳动量大,装配周期长。

为了提高飞机装配效率和质量,要求同一种工件具有互换性。只有在解决了装配单元之间的协调性的基础上,才有条件全面深入地解决互换性问题。鉴于上述联系,在飞机制造中,通常把这两个不同概念的术语合称为互换协调。为了保证最终产品的装配准确度,在飞机生产准备和制造全过程中要处理大量的互换协调问题。

(2)飞机制造的协调路线。协调路线的设计受到产品的构造、工艺特点和生产条件等因素的制约。对设计协调路线提出的基本要求是:保证飞机零件、组合件、段件和部件的互换性,即保证它们主要的几何参数(外形、接头和分离面)的互换性。

在一般机械制造中,主要依靠由国家统一制定的公差配合标准,采用一套通用量具,利用部分夹具或模具,以保证产品的制造准确度,从而满足装配的协调、互换要求。

现以很简单的轴和轴承的加工、装配为例[见图 4-10(a)]。轴的加工用千分尺检验,其公差要求为$\binom{-0.01}{-0.022}$;轴承的加工,其内孔用塞规检验,公差为$\binom{+0.013}{+0}$。轴和轴承相配合的协调误差要求为$\binom{+0.035}{+0.01}$,即装配时允许有 0.01~0.035 mm 的间隙,它低于轴和轴承的加工精度,而且协调准确度是通过轴和轴承的加工准确度予以保证的。轴和轴承分别独立加工制造,按设计规定的公差配合要求,经检验合格后就保证了零件的协调互换,协调路线如图4-10(b)所示。这种方法广泛适用于几何形状和尺寸比较简单、能用通用量具测定其加工质量的产品制造,其产品的协调准确度取决于制造准确度。

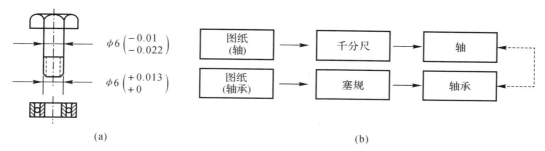

图 4-10　轴和轴承装配的协调

(a)轴和轴承；　(b)协调路线

在飞机制造中,由于飞机机体结构的大量零件、构件具有尺寸大、刚度低、形状和配合关系复杂等特点,用图纸、尺寸和一般公差配合关系无法表达或不能完全表达它的外形尺寸及其准确度要求。在传统的生产条件下,原始尺寸存在于飞机图纸中,对于与气动外形有关的零件,要达到较高的制造准确度比较困难,或者是经济上不合理。因此,采用一套与一般机械制造不同的传递产品形状、尺寸以及保证产品制造准确度的方法——模线-样板-标准样件工作法,或简称"模线样板工作法"(见图 4-11),采用模线、样板、模胎、标准样件以及各类模具和型架等一整套专用工艺装备来控制工件的几何形状和尺寸,以保证制造过程中的协调,并满足某些工件的互换要求。

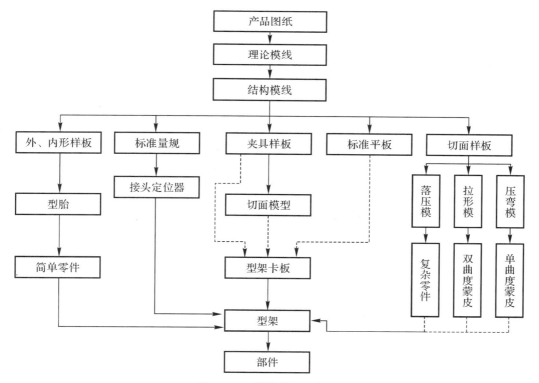

图 4-11　模线样板工作法

图 4-12 所示的某型直升机主机身和尾梁的对接要求,其制造公差要求为:主机身和尾梁的外形相对于理论外形的偏差不超过 ± 3.0 mm,14 个对接螺栓孔的孔位偏差不超过 ± 0.5 mm。螺栓孔径的公差为 $\binom{+0.043}{+0}$、螺栓直径的公差为 $\binom{-0}{-0.043}$,配合精度为 H9/h9 级。对接的协调要求是:对接处外形阶差不超过 ± 1.0 mm,螺栓在无强迫情况下可轻推入对接孔内。

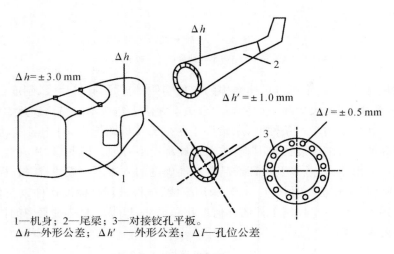

1—机身; 2—尾梁; 3—对接铰孔平板。
Δh—外形公差; $\Delta h'$—外形公差; Δl—孔位公差

图 4-12　某型直升机机身与尾梁对接要求

根据对接孔和螺栓的配合尺寸,如按中间尺寸考虑,即孔径为 $\phi 12.022$ mm,螺栓为 $\phi 11.978$ mm。为保证无强迫装配,要求对接孔的同心度在 ± 0.044 mm 以内,对每个孔的孔位偏差不超过 ± 0.022 mm。比如,对接孔和螺栓的配合情况在孔径较小而螺栓直径较大时,协调要求更高。

总之,对孔位的要求为 10^{-2} mm 数量级,其协调精度要求明显高于制造精度要求,如这两个部件的对接面分别按图纸独立制造,即使它们都符合制造精度的要求,也不能保证主机身和尾梁对接的协调互换。按制造公差的要求,它们的外形阶差可能达到 6 mm,对接孔的同心度误差可能达到 1 mm。因此,需要采用相互联系制造的方法,在制造准确度较低的条件下仍可获得较高的协调准确度,从而保证它们的对接协调。

主机身和尾梁对接协调关系如图 4-13 所示,它以产品图纸和模线数据为依据、用精密机床加工出机身和尾梁对接面的标准平板,作为协调的原始依据。按标准平板分别协调制造主机身和尾梁型架上的围框接头定位件——型架平板,在型架上按型架平板定位对接框,并加工其上的对接孔(如预先未钻出对接孔),机身和尾梁装配完成后,最后按对接铰孔平板(由标准平板协调加工而成)把各对接孔分别扩、铰至所要求的尺寸,以保证主机身和尾梁的对接协调和互换。

模线样板工作法在飞机研制和生产中已经使用了几十年,解决了从复杂几何形状工件的传递和协调问题,在以数字化为核心的制造技术出现之前,它是保证飞机的制造精度和协调性的唯一方法。在此尺寸传递体系下,传统的飞行器制造过程是:设计文件,设计图纸,制造模线样板、标准样件、各类成形模具和装配夹具,最后制造出飞行器产品。这种传统的工作方式是把飞行器的设计数据或信息,通过数十万件的标准工艺装备和生产工艺装备以模拟量形式传递到飞机产品上。这就造成飞行器工艺装备数量巨大、生产准备周期和制造周期长、互换协调困难、质量难以保证和成本高等一系列困难的原因。

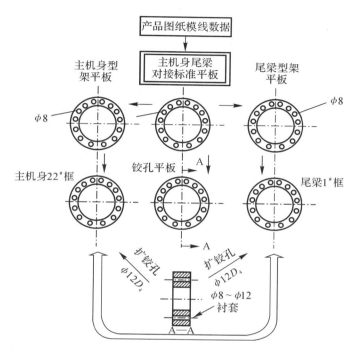

图 4-13　主机身和尾梁对接协调关系

随着对产品质量和精度要求的不断提高以及数字化技术和数控设备的逐步应用,这种模拟量传递的协调方法已逐步被基于数字量传递的协调方法所代替。最初采用计算机对飞机外形建立数字模型及数控加工两项新技术。整体结构件直接采用数控加工,飞机外形和内部结构钣金或复合材料件则以数字化模型传递给工装设计,再将工装模型传递至数控设备进行数控加工,不需要经过模线和样板等尺寸传递过程,这也就大大提高了零件加工的制造准确度和协调准确度。值得一提的是,专用样板的应用,虽然已经不再作为工装制造依据,但是在工装和产品检验中作为专用量具仍有其适用性,仍在工程中长期使用。

本小节内容的复习和深化

1. 材料形性转变的工艺过程中有哪些基本的生产活动?

2. 说明零件制造工艺过程的典型工序和装配工艺过程的典型工序,分析其形性渐变过程。

3. 与其他机械产品装配相比,飞机产品装配的特殊性是什么?飞机部件装配外形准确度的决定因素有哪些?

4. 阐述零件制造准确度、协调准确度和部件装配外形准确度的概念,说明部件装配外形准确度与前两个概念的关系。

5. 解释协调性、互换性的概念,说明实现装配单元互换协调的模线样板工作法。

6. 若将舱门与壁板的协调简化为口盖和蒙皮的协调,为了保证互换性,如何采用模线样板工作法实现它们的协调?

4.3　飞机生产工艺准备

一架新飞机的诞生,其生产准备的工作量很大,飞机生产过程,其生产准备工作大致可分为设计、工艺和组织三个方面。生产工艺准备工作是使新产品尽快地研制和投产,保证生产顺利进行的一系列技术工作,目的是保证企业在工艺过程中按规定的技术经济指标生产出更高质量的产品。对于一个飞机型号产品,其生产工艺准备工作从产品的研制开始一直到其停产时结束,主要包括以下几个方面:①飞机构造的工艺性审查;②飞机生产的工艺总方案的编制;③工艺文件的编写、试用及修改定型;④工艺装备的选择、设计、制造及调整;⑤工厂为适应新机生产进行技术改造;⑥新产品所采用的新材料、新结构、新技术的试验研究;⑦工艺技术人员和工人的培训。飞机结构复杂,使用大量专用工艺装备,且在生产过程中不但经常进行局部改进,而且还经常进行改型,这也就决定了飞机生产工艺准备的紧迫性和复杂性,因此,要求有周密的计划、严密的组织,各方面协调配合工作、按计划高质量地完成各项生产工艺准备工作。

4.3.1　飞机构造工艺性审查

构造工艺性是产品结构本身的一种属性,是设计时所确定的产品构造性能,使人们能获得规定质量水平,并且在生产和使用时有高的技术-经济指标。如果在整个研制过程中,改善工艺性获得的效果为100%,则在设计阶段改善效果可达90%以上。为了使新设计的飞机构造具有良好的工艺性以及使飞机制造获得最佳的经济效果,对飞机的设计图纸必须进行工艺性审查。生产工艺性是指在给定的质量指标值和当前的制造条件下保证劳动、设备、材料和工时费用最合理的结构特性的总和。

4.3.1.1　工艺性审查过程

飞机构造的工艺性问题具有综合性强、涉及面广的特点,它要求飞机设计人员与工艺技术人员互相配合、密切协作。在飞机产品设计的各个阶段,将达到一定成熟度的产品模型提交至制造部门进行工艺性审查。工艺性审查主要由企业制造工程管理部门组织各基本生产部门开展,按照冶金→零件制造→部装→总装的流程进行审查。一般需结合各设计阶段进行定性评估,经分析比较后选取合理的较优结构方案,必要时应进行定量评估。对于不符合制造要求的工艺性问题,需要与设计人员在产品数据正式发放前共同解决。

(1)设计人员应充分考虑工艺方面的要求,并及时改进设计方案,避免无法制造或难以制造的情形,同时及时向设计人员提供有关新材料、新工艺,确保新设计的产品采用新的科技成果,提高新制造飞机的先进性。

(2)针对设计中采用的新材料、新结构及技术要求,提前进行"可靠性"与"可能性"的鉴定,提出相应的工艺攻关和试验计划,及早进行工艺准备,以保证设计质量和研制进度。

4.3.1.2　工艺性审查原则

从普遍意义上讲,任何产品的工艺性都可以用"质量、生产率、生产周期、成本"四项技术经济指标来衡量,其要求可以概括为"优质、高效、低消耗"。①优质:技术容易掌握,容易达到所要求的质量。②高效:从研制到成批生产的生产准备周期短,可以有效提高劳动生产率,缩短生产周期。③低消耗:消耗原材料最少、采用工艺装备最少、付出的劳动量最少。

(1)飞机构造工艺性要考虑当前的生产条件。飞机产品构造不能脱离一定的生产条件,包括产量大小,工厂现实的工艺技术水平,毛坯原材料的供应能力、设备能力,还包括根据新技术、新工艺、新材料的储备情况,以及确定技术改造的可能性等条件。从技术的角度看,工艺性是设计的产品适应当前生产条件的特性,受当前材料、设备、工艺能力等因素的限制,所加工产品的形状、尺寸和性能也会受到一定限制。从经济的角度看,生产条件不同,对构造工艺性的评估结论可能就不一样。在成批生产来看工艺性好的结构,在单件生产来看就不一定好。例如,产量较大时,在飞机结构上采用模锻件、特种轧制件和精密铸件的工艺性较好;产量较小时,这些零件用自由锻或标准轧制件并以机械加工方法进行制造就比较合理。

(2)飞机构造工艺性要考虑设计各项要求及生产全过程。从设计的角度来看,气动力、结构和强度方面的要求有时和工艺方面的要求相互矛盾,不应该单纯、片面地强调某一方面,必须科学地分析这些要求的合理性,应该在保证不降低飞机的战术性能和维修性能的条件下,尽力改善工艺性。

从生产的角度来看,也不应强调某一生产阶段的工艺性要求,而必须从飞机制造的全过程通盘考虑,要综合地考虑材料及标准件的选用、毛坯制造、零件加工以及各装配阶段和安装方面的要求。这些要求也可能相互矛盾,如机身隔框零件的切面形状,从零件制造角度看,其同向弯边结构较好,但从部件装配角度看,则异向弯边结构较好,Z 形隔框成形时需要两套工装,这增加了制造成本和难度,零件工艺性和装配工艺性相矛盾。对这些矛盾,应分清主次,先解决主要矛盾,使生产的全过程合理。

4.3.1.3　产品工艺性要求

零件和装配件工艺性审查内容见表 4 - 2,要求产品零件部件结构及公差、技术要求等对现有机床设备等工艺条件有良好的适应性。

表 4 - 2　零件和装配件工艺性审查内容

序　号	对　象	工艺性审查内容
1	零件	模型规范性:建模规范性;标注和属性的完整性、规范性等 材料选用合理性:材料的正确性、一致性、合理性;毛坯原材料的供应能力;在一定的加工条件下将材料加工成相应形状和尺寸的能力 技术要求的合理性 设备可加工性:零件形状尺寸、所需的力在设备所能加工的范围之内 结构易加工性:外形力求简单,在工厂现实的工艺技术水平之内,结构规范性、结构要素应符合标准要求

续表

序　号	对　象	工艺性审查内容
2	装配件	机体和部件结构的合理分解 段、部件对接的结构工艺性 各系统、设备和附件安装的结构工艺性 结构的可装配性：结构的装配协调性、开敞可达性、合理的连接方法 技术要求的合理性

4.3.2　工艺总方案的编制

工艺总方案是指导飞机制造工艺工作的纲领性文件，是贯彻飞机研制技术经济可行性方案的工艺工作总纲。工艺总方案的内容和用途见表 4-3。工艺总方案的编制应在总工程师和总工艺师的领导下，组织各个方面最有经验的技术人员来完成。制定好方案以后，要组织全厂有关部门的广大技术人员贯彻执行。

表 4-3　工艺总方案的内容和用途

内　容	用　途
(1)研制新机的要求和实施原则 (2)车间分工原则 (3)互换协调原则 (4)工艺装备选择原则 (5)工艺文件编制原则 (6)新工艺、新技术采用原则 (7)各阶段的工艺工作原则	(1)编制指令性工艺文件、车间分工表、工艺计划表和工艺规程的依据 (2)工艺装备选择及其设计、制造的依据 (3)工艺性审查的依据 (4)技术改造和新工艺、新技术采用的依据 (5)工艺鉴定工作和投产批架次的依据

4.3.3　工艺文件的编写、试用及修改定型

飞机制造工艺文件包括三类：第一类是指令性工艺文件，是企业级类文件，反映生产总要求；第二类是生产性工艺文件，依从于指令性文件，用于指导生产；第三类是管理性工艺文件，用于组织生产和供应计划。型号产品制造工程管理部门接收产品模型后进行工艺路线分工，组织编写指令性工艺文件，进行工艺准备过程的规划、控制与协调。基本生产部门根据工艺分工进行生产工艺文件的编制。

4.3.3.1　指令性工艺文件

指令性工艺文件是根据飞机各部件、各类典型零件及复杂零件的具体构造，将工艺总方案中各项原则加以具体化，更具体地确定生产工艺准备中主要技术问题的解决方案。包括：①全机对接尺寸图表；②外缘工艺容差分配表；③各部件装配与协调方案；④各种典型零件工艺方案；⑤复杂零件工艺装备协调图表；⑥车间分工细则；⑦各种生产说明书。工艺装备协调图表的内容和用途见表 4-4。

表 4－4 工艺装备协调图表的内容和用途

内 容	用 途
（1）与理论外形有关和协调关系较复杂的零件，组件，段件，部件的正、反标准样件 （2）机加件、钣金件、组件、段件、部件的专用工艺装备及检验工艺装备 （3）协调各类工艺装备的原始依据，如模线、样板、标准工装、过渡工装之间的纵横依从关系 （4）成品、附件安装部位的互换协调关系	（1）编制工艺装备品种表（含标准工装）及其设计技术条件的依据 （2）设计工艺规程的依据 （3）处理技术协调问题的依据之一 （4）指导工装定期协调检查,确定检查路线

生产说明书是以产品为对象,对其生产过程作专题规定和说明的技术文件。生产说明书的内容及用途见表 4－5。

表 4－5 生产说明书的内容和用途

内 容	用 途
技术要求、工艺条件、工艺参数、工艺方法、工艺过程、试验检测方法、材料控制、质量控制等	作为编制有关工艺规程和工艺技术文件及产品验收的依据

指令性工艺文件是协调各工艺部门和车间全面开展各项工艺准备工作的指导性工艺文件,是编写生产用工艺文件和设计工艺装备的重要依据。

4.3.3.2 生产性工艺文件

生产性工艺文件包括零件供应状态表、工艺规程、零件和标准件配套表、工艺合格证等。

车间交接状态表是沟通车间与车间之间的工艺工作,使整个工艺过程衔接、协调,以实现产品图纸最终要求的工艺文件。一般来说,使用车间在工艺方法确定的条件下,向制造车间提出交接状态表。车间交接状态表的内容和用途见表 4－6。

表 4－6 车间交接状态表的内容和用途

内 容	用 途
（1）零、组件交接状态表：交付状态、验收状态、基准、余量、工艺容差、孔径尺寸精度、要求钻出的铆钉孔、导孔、定位孔和装配孔等。 （2）毛坯交接状态表：切削余量、工艺基准、凸台、特殊要求的工艺尺寸、毛坯等级、热处理要求、验收标准和交付状态等	编制工艺规程、提出工装设计技术条件和产品交接验收的依据

工艺规程是生产中使用的最重要、最基本的工艺文件,规定了零件加工或装配的工艺过程、工艺方法,所使用的工具、工艺装备和设备,检验及试验工序等。在飞机制造企业中,普遍采用装配指令（Assembly Order，AO）、制造指令（Fabrication Order，FO）作为生产性工艺文件,用于指导生产部门下达生产任务、指导现场工人进行加工和装配工作。

在新机研制、试制和成批生产各个阶段使用的不同工艺规程见表 4－7。工艺规程编写好以后,在生产中必然会暴露出一些不能保证产品质量以及技术经济上不够合理的地方。因此,需要在生产过程中对工艺规程加以修改与完善。通过小批生产,应逐步达到定型要求。实践证明,如果在头几批生产中放松了这项工作,工艺规程中的很多问题不能被及时、合理地解决,将严重影响之后成批生产的顺利进行,拖长整个生产准备周期。另外,产品模型表达最终形状和尺寸,而每个工序加工对象的形状、尺寸或性能不尽相同,为满足工艺过程中工装设计、数控编程、数控检测等环节的需求,还需要对毛坯到产品的加工过程中的工艺模型进行建模。

表 4-7　工艺规程名称和用途

工艺规程名称	用　途
通用工艺规程 (典型工艺规程)	用于不同机型、不同生产阶段,也可作为专用工艺规程的组成部分,是为同类型零件或工序的相同加工方法或试验方法编制的工艺规程
研制工艺规程	用于试验机研制阶段 为配合"00"批工艺装备编制的工艺规程
试制工艺规程	用于设计定型阶段 为配合"0"批工艺装备编制的工艺规程
批生产工艺规程	用于生产定型阶段和批生产阶段 为配合"1""2"批工艺装备,按成批生产的物质、技术条件,满足协调互换要求编制的工艺规程
临时工艺规程	为返修、排故、补充加工、零件订货、技术资料临时更改编制的工艺规程 这种工艺规程不能长期使用,应注意其使用的批次、架次

4.3.3.3　管理性工艺文件

管理性工艺文件包括车间分工表、工艺计划表、标准件工艺计划表、工艺装备品种表和标准工艺装备品种表等。车间分工表是根据工艺总方案所规定的车间分工原则并结合飞机图纸的结构、系统组合的顺序编制而成的。车间分工表的内容和用途见表 4-8。

表 4-8　车间分工表的内容和用途

内　容	用　途
(1)飞机零件、组件、部件、成品、附件的图号、名称、单机数量及随机备件数量 (2)飞机零、组、部件的制造车间和使用车间 (3)成品、附件、标准件的供应单位和装配车间	确定零、组、部件的制造路线、编制工艺计划表、工艺规程、交接状态表及生产计划的依据

工艺计划表在设计定型阶段之后使用。它是根据装配系统图表、工艺分离面划分图表、生产周期表编制而成的,并在车间分工表的基础上划分提前交件组和成套移交件。工艺计划表的内容和用途见表 4-9。

表 4-9　工艺计划表的内容和用途

内　容	用　途
(1)成套移交件和成套移交件中的零、组件图号、名称和数量以及工艺路线 (2)成套移交件中的成品、附件、标准件的供应单位和数量	组织生产、成套交接、均衡生产用的文件

4.3.4　工艺装备的选择、设计、制造及调整

工艺装备的设计与制造在生产准备工作中占有重要的地位,体现在以下几个方面:①工艺装备的设计与制造质量,对保证产品质量有决定性的影响;②工艺装备设计与制造的工作量很大,在飞机制造厂,需要有大量的工艺技术人员和很强的生产工艺准备能力,生产工艺装备的生产能力占全厂生产能力的 30% 左右;③工艺装备所需费用高,例如,某歼击机成批生产用全套工艺装备的制造需要一百多万工时,其制造费用占全部生产工艺准备费用的 70% 左右;④工艺装备设计与制造的周期在整个生产准备周期中最长,它实际上决定着整个生产工艺准备的周期。因此,保证工艺装备设计与制造的质量,降低工艺装备设计与制造的费用,最大限度地缩短设计与制造的周期,是制造工程中比较关键而艰巨的任务。

4.3.4.1　工艺装备的选择和设计前的准备工作

在指令性工艺文件编写完以后,先要集中力量做好工艺装备的选择和设计前的各项准备工作,包括 4 个方面。

(1)确定工艺装备品种。在飞机制造中,为了尽快完成研制和试制任务并转入小批生产,对工艺装备采取一次选择、分批制造的措施,将成批生产用的全部工艺装备分批进行制造并陆续提供给生产车间,即按从研制到成批生产的 4 个阶段,相应地将全部工艺装备分为 4 批,即"00"批、"0"批、"1"批和"2"批。工艺装备系数是工艺装备总数与零件品种总数的比值(见表4 - 10)。

表 4 - 10　各批次工艺装备系数

批次	工艺装备系数(不含刀量具,专用工具)
"00"	0.3～0.5
"0"	0.5～0.8
"1"	0.8～1.2
"2"	1.2～2.0

(2)确定工厂原有工艺装备的清单。此项工作对减少工艺装备制造费用和缩短生产工艺准备周期有重要意义,应由工艺部门和工艺装备设计部门共同进行调查研究来确定,因为往往对工艺规程和原有工艺装备稍加更改就可利用原有的工艺装备。

(3)编写工艺装备设计技术条件。编好指令性工艺文件以后,为了使工艺装备设计能与工艺规程的编写并行进行,需要由工艺人员提出工艺装备设计技术条件,交由工艺装备设计人员进行设计。在工艺装备设计技术条件中,应规定工艺装备的功能、结构形式、定位基准、制造依据和主要技术要求等。

(4)确定工艺装备各种标准件的需要量和储备量。这样可使生产准备车间利用空闲时间提前制造工艺装备用的各种标准件,并及时将各种标准件品种及储备量的清单发至各有关工艺装备设计部门,作为工艺装备设计的原始资料。

4.3.4.2　工艺装备的设计、制造和调整

(1)工艺装备的设计:由飞机制造基本生产部门工艺人员提出工艺装备订货单,明确工装设计技术条件,交由工艺装备设计部门进行设计。编好指令性工艺文件以后,工艺装备的设计

工作与工艺指令编写工作平行进行,以缩短生产工艺准备的周期。在工艺装备设计过程中,要与工艺部门保持密切的联系,以保证工艺指令和工艺装备协调一致。

(2)工艺装备的制造:飞机工厂生产工艺准备工作中的重要环节。为此,飞机制造厂设有技术力量很强的各类工装生产车间,包括模线样板车间、木模车间、夹具车间、模具车间、刀量具车间和型架车间,在这些车间配备有较强的技术人员和技术工人。工艺装备的制造有三个重要环节,即模线的绘制及样板的制造,标准工艺装备的制造以及生产工艺装备的制造。在传统飞机研制模式中,工艺装备采用相互联系的制造原则,因此,这三个环节应紧密地相互衔接,以尽量缩短生产工艺准备周期。

(3)工艺装备的调整:工艺装备经过试制和小批生产阶段使用,必然会出现许多结构上不合理、制造质量不高、工艺装备之间不协调等问题,需要及时查清故障、进行必要的修改和调整,在小批生产阶段达到定型要求,相应地形成"00"批、"0"批、"1"批和"2"批工艺装备。

4.3.5　工厂的技术改造和车间的平面布置

技术改造的内容包括在科学技术进步的基础上,通过革新生产工艺,更新生产设备,重新进行车间平面布置,并相应地改进管理方法,培训生产人员,提高工艺技术水平,以满足新产品的加工需要。

飞机的结构和制造技术发展很快,为了提升飞机性能,在新机研制中必然需要使用一些新结构、采用新技术和新工艺、增添一些先进设备。同时,各个车间,尤其是各个装配车间需要按新机生产的要求重新进行调整和布置。按订货方对新机最高年产量的要求,计算所需生产能力,包括各车间所需生产设备的品种和数量、工艺装备的数量、生产面积,画出各车间的平面布置图。对于需要扩建和改建的车间,要及早制订出扩建和改建计划并予以实施。

4.3.6　新结构、新技术、新工艺的试验研究

为了提升飞机的性能,往往要采用一些新材料和新结构,如采用性能更好的铝合金和钛合金,采用更多的和尺寸更大的整体结构,采用新的复合材料结构等。为了提高产品质量和生产效率,要采用新技术,如采用智能化技术辅助工艺与工装设计等,或采用一些新的工艺方法,如新的零件加工、成形方法和新的装配方法等。

这些新结构、新技术和新工艺的采用,需要进行大量的试验研究,其技术攻关包括两个方面:新加工与装配技术的应用研究和生产中关键件的工艺试验。这就需要在新机设计最初阶段,即在方案论证阶段,提出项目并制定试验研究计划,组织较强的技术力量和提供必要的资金予以实施。完成攻关任务后,应组织鉴定验收,之后方可用于生产。

新工艺、技术研究、试验成果的工程化,贯穿攻关项目的实施过程,应提供完整的工艺方法,操作规程,生产说明书,相应的设备、工艺装备、工具说明书,测试手段、检验方法和标准,以及操作人员的培训方案等。

本小节内容的复习和深化

1.飞机生产工艺准备包含哪些工作?

2.什么是构造工艺性?工艺性审查要考虑哪两方面因素?对飞机产品工艺性的要求有哪些?

3.工艺总方案包含哪些内容?其用途是什么?

4. 工艺文件包含哪三种类型？在生产性工艺文件中，车间交接状态表、工艺规程(FO/AO)规定了哪些内容？

5. 为什么飞机工艺装备设计制造在飞机制造中占有重要地位？

6. 什么是工艺装备系数？该指标反映了研制阶段各批次工艺装备的哪些特点？

7. 新结构、新技术、新工艺的试验研究成果有哪些表现形式？

4.4　新机的研制过程

飞机制造产业是当代科学技术的集中体现，具有高投入、高产出、高风险的特点。一种新型飞机的研制，从设计方案的提出到试制生产和投入使用，一般都要经过几年，有时甚至要十几年的时间，这是一个很复杂的过程，从不同的角度可以分为不同的阶段。我国航空工业建立并完善了新机生产的一套完善体系，即我国军机研制所采用的设计定型、小批生产、生产定型、成批生产的体系。研制工作阶段的划分与各飞机公司工程部门的组织分工有关，因此，各阶段的名称和内涵也不统一。我国军机研制可划分为 4 个阶段：设计及新机研制阶段、试制及设计定型阶段、小批生产及生产定型阶段、批生产阶段。

4.4.1　新机设计及研制

设计及新机研制阶段包括总体设计(草图设计)阶段、技术设计及样机制造阶段、详细设计/试制及试验阶段。该阶段的工作是根据新机研制任务分析论证报告，经过设计、试制、试验、调整、试飞，使其主要性能达到设计指标，是一项工艺准备工作。

4.4.1.1　各阶段的主要工作

在对飞机进行设计之前，先由使用部门提出或由使用部门与设计部门共同拟定飞机的设计要求，对飞机的气动布局、性能、质量水平、航空电子、武器、所需新技术、费用和市场前景等方面进行论证，有的文献把这部分工作称为"外部设计"(见图 4 - 14)。

(1)总体设计(即草图设计)阶段(见图 4 - 15)。①由设计部门根据设计任务书提出的战术、技术要求，进行空气动力计算和风洞试验，确定飞机的总体外形及主要参数和几何尺寸。②选定各部件的大致构造形式、各主要系统形式、部件安排及结构布置方案。③绘制飞机总图(三面图、总体布置图、结构受力系统图)。

在此期间，工艺人员参与的工作是：①从工艺角度对总体设计方案进行工艺性审查，包括部件理论外形和几何参数的工艺性，分解成部件的设计分离面的工艺性，各系统、设备、附件的安装工艺性，部件及组合件结构的继承性；②拟订工艺总方案；③确定各项试制工作的总原则，提出可采用的新工艺和新技术建议、研制条件及技术改进项目等。

(2)技术设计及样机制造阶段(见图 4 - 16)。设计部门在完成总体设计的基础上，①进行部件的内部构造设计和强度计算，对主要受力部件进行初步设计和分析，选择合理的结构形式、新材料、新工艺和质量估算。②对所有系统进行原理设计，确定主要附件和系统的功能和功率。③进行较为详细的质量计算和重心定位，进行比较精确的气动力性能计算和操纵性、稳定性的计算。④进行全机布置协调，对管道、电缆进行初步设计，绘制结构模线并设计或制造出全尺寸的样机，进行人机接口、主要设备和通路布置的协调检查以及使用维护性检查，协调各系统和设备。

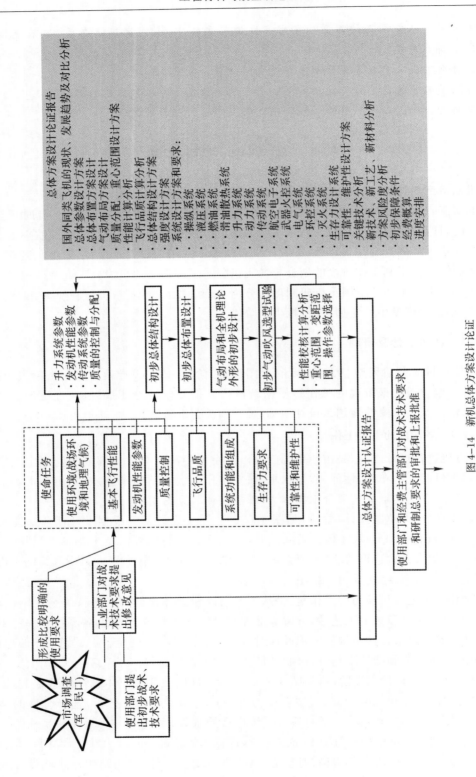

图 4-14　新机总体方案设计论证

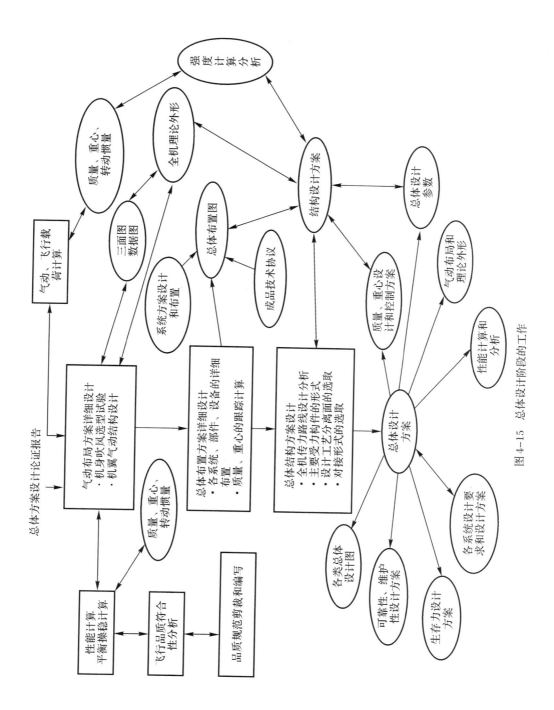

图 4-15　总体设计阶段的工作

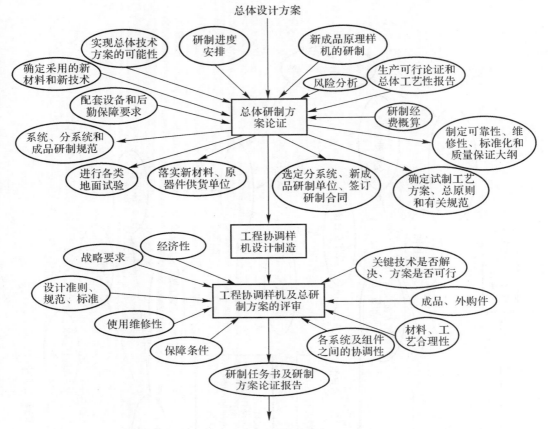

图 4-16　技术设计和样机制造的工作

工艺人员为配合新机研制,在本阶段应完成对样机的工艺性审查,工艺性要求包括:部件内主要受力件的布置应力求使工艺方法简便;各部件工艺分离面应具备合理性;各部件对接接头便于装拆,易于保证协调互换,从而提高部件结构的整体性;参加产品结构和各系统的技术设计审查;提出新机研制的工艺总方案;等等。同时,工艺人员还应根据设计的需要,确定工艺试验项目和需研究的新工艺方法,并确定所需的研制费用等。

为了提升飞机的性能,往往要采用一些新材料和新结构,如:采用性能更好的铝合金和钛合金,采用尺寸更大的整体结构和新的复合材料结构等;为了提高产品质量和生产效率,要采用新技术,如扩大数字化、智能化工艺工装设计技术的应用范围等;需要采用一些新的工艺方法,如新的零件加工、成形方法和新的装配方法等。这些新结构、新技术和新工艺的采用,需要进行大量的试验研究。这就需要在新机设计最初阶段即提出项目并制订实验研究计划,组织较强的技术力量予以实施,确保新机生产的顺利进行。

(3)详细设计、试制及试验阶段(见图 4-17)。设计人员绘制部件及零件模型,编制部件和重要零件的验收技术条件和制造工艺要求,包括:①完成各部件的详细设计;②具体设计零件和组件的形状和尺寸;③选用适当的材料、毛坯,确定热表处理工艺,拟定生产技术条件,规定合理的公差要求;④画出各部件总图、组件零件图、各系统和设备的安装图。

飞机制造工厂根据飞机设计单位提供的全套图纸与技术资料进行制造。制造出整架飞机的结构以后,还应把飞机所需的设备、系统都完整地装好,制造出的飞机应能保证满足设计图纸和技术资料规定的要求。这样,由飞机工厂首批试制出来的新飞机即可投入试飞和全机强度试验。试验飞机至少两架,一架用于破坏性静力试验,一架用于飞行试验。可采用最简单的生产方法制造用于试验的飞机,即尽量简化工艺方法、减少工装数量和缩短制造周期。

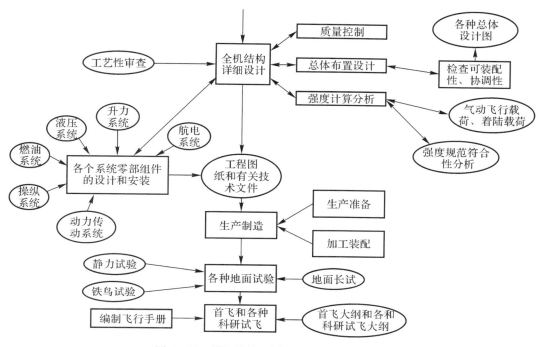

图 4 - 17　详细设计、试制及试验阶段的工作

本阶段工艺人员的工作包括:①与设计人员配合,对详细设计的零部件图纸进行工艺性审查,包括零件的可加工性和结构的可装配性等,在提高产品效能或保证产品原效能不变的情况下,改进产品的工艺性,使之尽量符合当前生产条件,以达到简化生产过程、节约原材料、节约劳动力和缩短制造周期的目的。②着手编制指令性工艺文件,研制用制造指令/装配指令工序划分较大,工序内容应简单叙述。③在设计及制造"00"批工艺装备新机研制阶段,选用尽量少的工艺装备,采用较简单的工艺方法,只要能保证试验机的制造质量即可,可以生产几架试验机。"00"批工艺装备的数量占成批生产全套工艺装备的 30%～50%。④进行新技术、新工艺试验。

在新飞机的试制过程中,必须开展很多试验。譬如为了选择较好的飞机外形,应进行风洞试验;各分系统的设备要陆续提交设计部门进行分系统的验证,然后对液压、燃油、飞控、空调、电源、航空电子等分系统进行全系统的地面模拟试验。要对飞机部件及整机做静力试验,以验证飞机的强度,对起落架还要做动力试验。为了保证有足够的强度与寿命,要做结构的强度试验与寿命试验。设计部门应根据试验所得的各项数据,对原设计图纸进行修改。至此,新机论证及研制阶段即告结束。

实际上,在整个飞机的研制过程中,各设计阶段之间也要反复进行迭代,逐渐逼近。例如,在详细设计阶段可得到精确的几何数据和质量数据,应根据这些详细、精确的数据,完成对飞机的质量计算、重心定位和内部布置工作。

4.4.1.2 改善工艺性的措施

为了使工艺过程具有良好的技术经济效果,对于设计的飞机产品模型,整体上要求材料选用和技术要求合理(见第2章),力求飞机部件及其零件的几何外形简单,提高飞机结构的继承性和整体性,减少零件和结构尺寸的品种规格,提高规格化、典型化和标准化程度。

(1)构件外形力求简单。飞机部件及其零、构件的几何外形对于零件成形和装配工艺的难易程度、工艺装备的需要数量以及飞机的制造成本等均有很大影响。应力求其几何外形简单,以期减少工艺装备数量,简化协调关系。比如:在有旋转轴线的机身类段、部件上,应使隔框的布置垂直于该处的旋转轴线,隔框呈圆形,且斜角不变;若隔框是变斜角,则工艺性就差。又如机身类段、部件上桁条等纵向骨架元件的布置,桁条轴线应尽可能位于通过部件旋转轴线的径向平面内,使长桁仅在该径向平面内弯曲;否则将出现双曲度或是空间弯扭的情况。

(2)提高结构的继承性。继承性是指新型飞机上继承原准机或已成批生产机种上的零件、组合件以及部件的利用程度。实际上有许多新型飞机就是在原准机的基础上逐步改进和提高飞行性能的。俄罗斯的米格型飞机系列,在继承性方面就比较突出。其明显的优点是飞机设计和生产准备工作大大减轻,原有工艺装备的重复利用率高,试制周期缩短,试制费用降低,而且有利于产品制造质量的改善和稳定,对飞机的使用和维修也是有利的。但也不能不加分析地盲目利用原准机的结构,应在满足新型机的各项性能要求的前提下,在科学分析论证的基础上,努力提高新机结构的继承性。

(3)提高结构的整体性。结构的整体性是指原用许多零件连接成的装配件改为形状比较复杂的一个整体零件,例如蒙皮桁条式铆接板件由整体壁板所取代。结构的整体性程度可用飞机结构每吨质量的零件数来衡量和比较。提高结构的整体性,能十分有效地减少飞机零件数量,从而明显地降低飞机装配劳动量所占的比重,而且也有利于减轻飞机结构的质量。例如某型歼击机的襟翼用4个整体零件代替了由98个零件装配成的薄壁结构。由于采用整体结构,零件数量大大减少,简化了装配工作,缩短了生产周期,而且零件制造工时也可能相应减少,因而加工费用有所降低。

(4)提高结构规格化、典型化和标准化程度。飞机的结构比较复杂,零件品种数量很大,零件及某些结构尺寸的规格、标准也很多,无论从生产制造上或者管理供应上都占有较大工作量。因此,在飞机设计阶段,应尽可能使零件及其结构尺寸的品种规格减少,提高它们的规格化、典型化和标准化程度,这对缩短研制和生产周期以及降低成本都是有利的。

飞机结构上有些零件如连接片、角材、支架等,它们的形状尺寸并无严格要求,完全可以使它们的尺寸规格尽量一致。甚至某些主要骨架零件(如等剖面部件上的翼肋和隔框等零件)也可以设计成相同的形状尺寸。但是飞机上绝大多数零件的形状尺寸由于需满足结构要求,不可能强求一致,而它们的某些结构要素尺寸的一致性则是可能达到的。例如框、肋上的桁条缺口、减轻孔、下陷、压埂等,应尽可能力求规格化、标准化,以减少它们的规格品种。

对于标准件(铆钉、螺栓、螺母、垫圈、开口销等),也应尽可能减少品种和规格数量,以便相应减少所需配备的工具数量,还应尽量采用工厂批生产机种使用过的标准件。

4.4.2 新飞机试制及设计定型

新飞机试制及设计定型阶段的工作如图4-18所示。

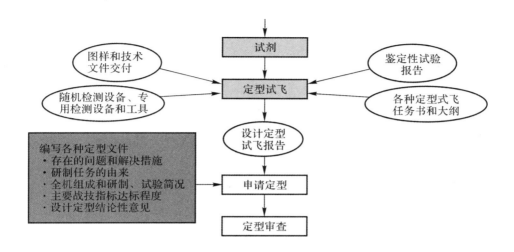

图 4 - 18 新飞机试制及设计定型阶段的工作

试验飞机符合设计要求后,便可进行新机试制(即"0"批生产)。一般对 3 架新机进行试制,还应做静力试验和全面的飞行试验。新飞机首飞成功后即应按照试飞大纲要求进行定型试飞,在开始定型试飞前应由研制单位负责进行飞机的调整试飞,以排除新飞机的一些初始性的重大故障,要飞到原设计飞行包线的 80% 左右,再开始正式的国家鉴定试飞,以检查新飞机能否达到设计要求,参与鉴定试飞用的原型机按不同分工完成各自的试飞任务。在调整试飞过程中,新飞机会出现各种各样的故障,必要时还要对飞机进行局部修改。定型试飞需要上千次起落,试飞科目全部完成后,由试飞鉴定部门和飞行员出具正式报告,上报国家鉴定委员会批准后,方可进入小批量生产。

试制阶段的工艺工作包括:设计、制造"0"批工艺装备;修改、补充或编制试制总方案和必要的指令性工艺文件;调整补充必需机床、设备,调整关键零件生产线;完善协调方案;针对关键工序,对工人进行培训;对于采用新工艺、新技术的关键零件组件进行试验性生产。利用成批生产全套工艺装备中的主要工艺装备,即所谓"0"批工艺装备,采用与之相适应的工艺方法,制造几架飞机,实现飞机设计定型的目标。"0"批工艺装备是在试制阶段需要补充的工艺装备,不仅要保证产品质量,而且要考虑保证产品的互换协调要求和确保能顺利地转入小批生产。在试制阶段所需的工艺装备数量占成批生产全套工艺装备数量的 50%～70%。

4.4.3 小批生产及生产定型

新飞机试制("0"批)成功后,应以批准的设计定型图纸资料和产品的指标为根据,奠定成批生产的物质技术基础。经过设计定型后新飞机可能还有一定的更改,特别是工艺性的改进。改进后的飞机进入小批量生产,首批生产的飞机应进行鉴定试飞,主要检查工艺质量,即进行"生产定型",通过后即可进入成批生产。

生产定型阶段的工艺工作,应在制定生产定型规划和措施的基础上,进行下列工作:完成生产的工艺布置调整和技术改造工作,组织有关部门建成生产线;设计制造"1"批工艺装备和工具,并投入使用;完成工艺鉴定,对零件、组件、部件、工艺装备和工艺指令逐项鉴定、办理鉴定手续；对全机互换项目进行正式检查，使产品达到互换性要求；工艺规程由临时转为定型，以便新机达到生产定型。

"1"批工艺装备是指转入小批生产需要补充的工艺装备。"1"批工艺装备是为了提高生产效率、扩大装配工作面、缩短生产周期、使产品达到互换要求、实现按成批生产工艺规程进行生产、需要补充的工艺装备。"1"批工艺装备和"00"批及"0"批工艺装备合起来构成成批生产所需的一整套工艺装备。此外，"1"批工艺装备中还包括少量为进行小批生产所需要的大型装配型架的复制件。工艺装备经过试制和小批生产阶段的使用，必然会发现许多结构上不合理、制造质量不高、工艺装备之间不协调等问题，需要及时查清故障、进行必要的修改和调整，在小批生产阶段达到定型要求。成批生产用制造指令/装配指令不仅要保证产品的质量，而且要使成批生产达到比较先进的技术经济指标，包括高的劳动生产率、短的生产周期和低的制造成本。

4.4.4　成批生产

成批生产阶段的主要任务是巩固设计定型和生产定型的成果，使生产水平达到或超过规定的各项经济技术指标。批生产的飞机在使用中还会出现问题，积累到一定程度可再做改进。

随着产品数量的逐批增加，工艺装备的品种和数量均应按计划逐步增加，以便不断适应增加飞机产量、提高劳动生产率和降低成本的需要，从而满足批生产的要求。本阶段工艺工作包括设计制造"2"批工艺装备，并投入使用；贯彻工艺技术管理制度；定期组织互换性检查；不断改进工艺方法。"2"批工艺装备是为达到最高年产量需要进一步补充的工艺装备。其中主要包括为达到最高年产量所需要的工艺装备（主要是装配型架）的复制件，即增加某些工艺装备的套数，以及为进一步提高生产和运输的机械化程度所需要补充的工艺装备。

本小节内容的复习和深化

1. 新型飞机研制生产划分为哪些阶段？

2. 描述飞机总体设计、技术设计和详细设计的任务。飞机构造工艺性审查内容在这个过程中有何不同？

3. 生产工艺准备工作内容如何体现在各个研制生产阶段之中？

4. 不同研制阶段的工艺装备有何不同？

5. 批生产阶段和新机试制阶段的工艺规程的目标有何不同？

4.5　飞机制造过程管理

飞机制造企业的生产目的是按要求的数量和质量生产某种型号的飞机。产品的产量是在计划的期限内，由企业制造或修理的某一规定名称、型号的产品的数量。在飞机生产中，通过生产计划来保证按用户定单生产规定数量的产品；通过质量管理来保证不会生产出不合要求的产品。

4.5.1　研制过程管理

研制过程管理是对飞机产品数据及研制过程进行管理，实现产品设计与修改过程的定义、跟踪与控制。采用产品数据管理或产品生命周期管理技术，对静态的产品信息和动态的设计流程进行管理，在企业范围内建立一个集成化设计制造环境，促进产品创新，提高企业效率，确保产品设计质量。

（1）工程研制过程中的产品构型。为了有效地组织和存储飞机产品模型数据，在产品设计过程中建立以零件图号为中心的一致产品结构，描述产品部件、组件、零件直至原材料之间的层次关系。随着研制阶段的进展，飞机产品模型不断丰富和细化，产品模型在整个产品生命周期中不断演变的动态结构即飞机构型（Configuration）。飞机研制过程是从任务需求中分析出量化的技术要求，并确定能满足这些技术要求的最优产品构型的过程。

在飞机研制过程中，在前一个阶段结束、下一个阶段开始之前，建立一个基线，提供该阶段结束时的产品模型，作为前一个阶段结束的标志和下一个阶段研制工作的起点和依据。产品基线是一个已经确定的产品构型，是开展后续工作的标准和依据。我国飞机型号产品研制过程划分为方案设计、初步设计、详细设计、设计定型和生产定型等阶段，相应的构型基线可划分为功能基线、分配基线、设计基线和产品基线等。

功能基线是对产品及部件功能的定义，主要包括：项目定义或研制任务书、项目顶层要求、项目约束和系统边界；分配基线主要有产品架构、接口定义、各部件设计规范、研发进度计划等；设计基线建立在详细设计完成并批准的时刻，包括产品数据集、试验验证计划和任务书、制造装配计划等；产品基线建立在试验试飞向批生产转移的特定时刻，包括已批准和发放的设计文件，如三维模型、零件清单、产品说明书、使用手册、设计规范、工艺规范等。

（2）产品研制过程中的物料清单。飞机产品研制过程中的数据包括产品物料清单（Bill of Material，BOM）和产品技术资料。物料清单是最基本的产品数据。物料包括原料、半成品、毛坯、零件、组件和成品等，是组成物料清单的最基本元素。物料清单是描述一个产品、部件或组件内部所有零件名称、数量、性质及相互关系的文档。

在产品设计、工艺设计、生产、维护等不同阶段，有不同类型的 BOM，主要包括：EBOM（Engineering BOM）、PBOM（Process BOM）、MBOM（Manufacturing BOM），其转换过程如图 4 - 19 所示。

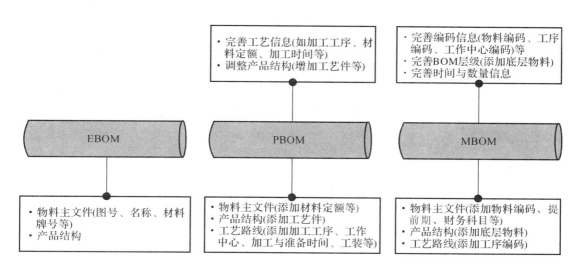

图 4 - 19　EBOM 到 PBOM、MBOM 的转换

EBOM 是设计所创建的产品结构树,反映产品设计的意图和内容,存储了工程产品设计属性信息及其组件的装配层次关系,是产品工程数据的组织架构。节点基本属性包括图号、名称、材料牌号、材料规格、毛料尺寸、质量、数量、是否关键件、版本等描述物料属性的数据以及产品零组件装配层次关系的数据。

EBOM 传递给下游主机制造企业,主机制造企业工艺部门按照加工装配过程对 EBOM 进行信息补充、结构调整,转换为 PBOM;设计物料清单中的部件分解成工艺件,是 EBOM 至 PBOM 视图的映射转换要处理的关键问题;PBOM 经过生产管理部门增加生产计划、工时核算以及在产品结构中纳入底层原材料等数据后,就成为航空主机制造企业的 MBOM。MBOM 是企业资源计划系统进行物料需求计划运算的依据。

(3)产品数据管理的工作流程。为了完成一定的目标,工作组中的人员按照一定的顺序完成一定任务的过程,称为工作流程。工作流程管理的目的是协调企业组织任务和过程,以便获得最大的生产效率。工作流程管理包括审批流程管理和更改流程管理,能够保留从总体设计、技术设计、生产制造到售后服务的整个过程的历史记录以及定义产品从一个状态转到另一个状态必须经过的处理步骤。

4.5.2 生产过程管理

生产过程是从原材料到产品的物料流动过程,通过这个过程实现物料增值。生产管理是对生产活动进行的计划、组织、协调和控制的总称。飞机制造企业生产过程管理是根据航空企业运营机制与飞机产品的制造特点,按照精益生产的思想进行全面统筹,进行生产任务规划、生产资源配置、生产过程组织、作业计划制定、生产过程控制及设备等资源的管理。其中,计划是管理的第一职能,是管理者为实现组织目标对工作进行的筹划活动。有计划就必须有控制。

生产计划(Production Planning)是企业在计划期,通过对目标、需求、任务、资源的平衡,确定应达到的产品品种、产量和产值等生产任务的计划和对产品生产进度的安排。

生产控制(Production Control)是按照生产计划的要求,组织计划实施,全面掌握生产过程,了解偏差和异常,及时调整人力、设备、物料、资金等资源配置的情况,达到预定目标。

企业生产计划是从宏观到微观、由战略到执行、由粗到细的不断深化过程,一般分为五个层次,即经营规划、综合计划、主生产计划、物料需求计划、生产作业计划(见表 4-11)。通过划分层次、明确责任,不同管理层次要对各自的计划负责。在五个层次中:经营规划和综合计划(销售与运作计划)是宏观规划的,计划内容比较粗略、计划跨度也比较长;主生产计划是宏观向微观过渡、进入具体产品需求的阶段;详细物料计划是微观计划的开始,是具体产品的物料需求计划;生产作业计划是进入执行或控制的阶段。物料和生产作业计划内容比较详细,计划跨度也比较短,处理的信息量也大幅度增加。

生产计划与控制系统是企业生产系统运行的神经中枢和指挥系统,决定着生产系统的活动内容和运动机制。如果将实物形态的生产过程视为企业制造系统的"硬件",则生产计划与控制属于企业制造系统的"软件"。"软件"和"硬件"必须相互适应、相互配合,才能使整个制造系统发挥出较高的效率和效益。

表 4 - 11　生产计划各层次的主要内容

阶段性质	计划层次		计划期	主要内容	主要编制依据	编制人
	名称	对应习惯				
宏观计划	经营规划	5 年计划	3～7 年	经营战略、产品发展、市场占有率、销售收入、利润	市场分析、市场预测、技术发展	企业最高管理层
	综合计划	年度大纲	6～18 个月	产品系列(品种、数量、成本、售价、利润)	经营规划、销售预测	企业最高管理层
	主生产计划	近似于销售计划	视产品生产周期而定	最终产品	综合计划、合同、其他需求	主生产计划员
微观计划	物料需求计划	近似于加工/采购计划	视产品生产周期而定	组成产品的全部零件	主生产计划、产品信息、库存信息	主生产计划员或分管产品的计划员
执行	生产作业计划	车间作业计划	日、周	执行计划、派工、结算	物料需求计划、工作中心生产能力	车间计划调度员

4.5.3　产品质量管理

　　质量管理(Quality Management ,QM)是指为保证和提高产品质量,对企业各部门、各环节的有关质量活动进行组织、协调和控制的全部工作的总称。质量管理则是确定质量方针、目标和职责,并在质量体系中通过质量计划、质量控制、质量保证和质量改进等实施的所有活动。质量管理发展过程经历了传统质量管理、统计质量管理和全面质量管理三个阶段。

　　质量管理是一个系统的过程,是伴随产品形成而不断反馈的过程,其覆盖了产品设计、制造、检验到售后服务的产品生命周期。为达成所要求产品质量而在企业内部相互衔接配合的各种行动,组成了质量控制链,如图 4 - 20 所示。

　　(1)质量计划:包括加工开始之前所有的计划性工作。必须明确规定与质量相关的目标和要求,编制所要求的工艺流程以及满足这些目标所必需的物质和资金准备。

　　(2)质量控制:将伴随整个加工过程,包括监视全部生产过程以及消除产生故障的原因等方面所需实施的所有行为。

　　(3)质量保证:证明生产过程中的质量要求已得到满足,并据此来保证客户手中产品的质量,在企业内部建立起对企业质量保证能力的信心。

　　(4)质量改进:包括为达成持续改进产品质量并提高客户满意度所实施的所有行为。

　　如果一个独立检验机构书面证明,某企业的质量管理已满足国际统一质量标准要求,称之为已获国际认证的质量管理体系。这种国际认证将增强客户的信任和企业员工的质量控制能力。质量认证是由独立和公认的认证机构承认一家企业质量管理体系的一种认可方法。质量认证应按照 ISO 9000 系列国际标准进行。认证检验的内容如下:质量管理体系的技术文件(手册、过程说明、工作说明和检验说明)、技术文件所规定的生产流程到实际工作的转换、过程的效率和效能。

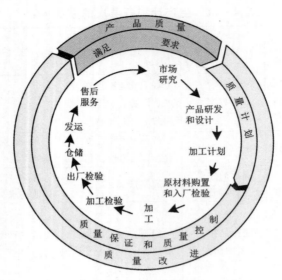

图 4-20　质量控制链

在质量检验范围内,质量保证和质量控制相互重叠。质量检验就是检查产品或与其质量有关的过程与技术要求的规定相符合的程度,其基本任务是不允许生产出不符合图纸要求、技术条件和国家标准的产品。质量检验从原材料的入厂检验开始,经过加工过程检验,直至最终出厂检验。

(1)入厂检验的目的是保证外购产品达到所要求的质量。外购产品在受检放行之前,不允许投入本企业生产过程。入厂检验包括对产品本身正误和数量的检查,以及根据检验计划所进行的质量检验。

(2)中间检验在生产和装配过程中进行。如果在指定的加工步骤后要求进行中间检验,该次检验必须在工艺计划中事先标明。检验报告中应详细列出已确定的缺陷和质量控制所采取的措施。

(3)出厂检验应检查产品重要的功能数值和连接尺寸。经过严格的出厂检验,到达客户手中的应是无缺陷的产品。在发货出厂之前或返工之前必须拦截缺陷零件。

本小节内容的复习和深化

1.如何按量保质完成飞机生产过程?

2.什么是产品基线?飞机研制过程中有哪些基线?PBOM与EBOM的区别和联系各是什么?

3.解释生产管理的概念。企业生产计划从宏观到微观划分为哪五个层次?

4.解释质量管理的概念。

本章拓展训练

根据飞机制造企业工艺专业组织原则,设计飞机制造系统的组织方案,结合第3章中选择的零部件制造和检测方案,给出从零件加工到部件装配的过程;各个部门如何协作完成工艺性审查、工艺设计、工装设计制造等工艺准备工作和制造过程管理工作,分析各个工作之间的信息联系和支撑该工作的软件与硬件设备。

第5章　飞机制造工艺过程

　　工艺过程设计是生产工艺准备工作重要的一步,是连接产品设计与产品制造的桥梁。以文件形式确定下来的工艺过程,是具体指导工人操作和验收零部件的依据,是其他生产准备工作以及生产组织、技术管理的主要依据,直接关系到产品质量、劳动生产率、成本和生产安全等各项技术经济指标。从工艺流程规划到每一个工序的详细方案,设计出合理的工艺过程是一项复杂而细致的工作,本章对于从零件加工到装配的工艺过程原理及其工艺过程设计的程序、方法和评价进行阐述,为后续深入学习飞机零件及装配工艺专业知识奠定基础。

　　通过本章学习,要求读者掌握零件加工工艺过程原理、飞机装配工艺过程原理、工艺过程设计的内容与程序、计算机辅助工艺过程设计方法和工艺方案评价方法,了解工艺仿真的作用。

5.1　零件加工工艺过程原理

　　飞机的特殊性质决定了其机体所有零件的特点是轻质、高强和薄壁。有不同的分类方法,按照结构的外形和用途,飞机机体零件大致可分为四类:构成飞机气动力外形的薄壳零件,构成飞机刚性骨架的骨架零件,内部设备零件,起飞、着落和操纵机构零件;在原材料到零件的加工过程中,形状、性能和表面外观会发生变化,按材料及其加工工艺主要分为三类:机械加工零件、钣金零件和复合材料零件,相应的工艺过程分别为机加工艺过程、钣金工艺过程和复合材料工艺过程。

5.1.1　零件及其毛坯选择

5.1.1.1　零件结构特点及其材料和毛坯

　　制造是将材料转变为有用产品的过程,在飞机机体结构的制造中,金属零件多为半成品,飞机金属零件常用毛坯见表5-1。

表5-1　飞机金属零件常用毛坯

毛坯名称	锻　件	铸　件	厚板成形和预拉伸	板材、管材棒材、型材
制造方法	自由锻 模锻 辊锻 精锻	砂型铸造 金属模型铸造 壳型铸造 压力铸造 熔模铸造 离心铸造	拉伸成形 预拉伸厚板	热　轧 冷　轧 冷　拉 挤　压 精　整

零件毛坯的选用,还应重视材料利用率,力求节省材料,降低成本,提高经济性。对机械加工来说,比较有效的措施是毛坯精化,即尽量采用模锻、热轧、精铸等方法生产毛坯。这样对工件只需进行少量切削加工或无需切削加工。其材料利用率的一般情况为:普通模锻件为 $35\%\sim60\%$,精确模锻件为 $55\%\sim80\%$,砂型铸件为 $60\%\sim90\%$,精铸件为 $75\%\sim95\%$。材料利用率愈低,说明花费切削加工的工时愈多,经济性明显下降。

(1)薄壳蒙皮零件。机身、机翼、尾翼的蒙皮,整流片和整流罩,它们可以是单曲率的或双曲率的,可以是开敞的形状或闭合的形状。飞机薄壳零件大多用高强度板材——铝合金、镁合金、钛合金和不锈钢制造。另外,机身和机翼的薄壳零件也可以是大块整体壁板,其结构包括蒙皮和骨架部分——刚性加强肋形式的纵向骨架,有时还有横向骨架在内;加强肋剖面形状可以是各式各样的。

整体壁板用挤压和轧压的特型板、用冲压和铸造的专用毛料以及用随后进行机械加工或化学加工的标准平板制造。薄壳零件应该以要求的准确度来重现飞机的理论外形,并应具有相应的表面粗糙度。同时,它们应该能在各种温度条件下很好地工作,为此,原材料应该具有相应的物理-力学性能。

(2)骨架零件。隔框或隔框段、框架、机身的梁和长桁、大梁的支板和缘条、桁条、翼肋、机翼和尾翼的分离面接头和型材、座舱盖等,其结构形状和所用材料多种多样。诸如隔框、桁条、大梁腹板和缘条、机翼和尾翼的翼肋等大部分飞机骨架零件,采用高强度铝合金的挤压型材、轧压型材和板材制造。此外,诸如框架、承力隔框段、梁、接头、分离面型材和座舱盖等大量骨架零件则用专门毛料——高强度轻合金、钢和钛合金的锻件、冲压件和铸件制造。与剖面理论轮廓等距的骨架零件的表面应该与相应的薄壳零件紧贴,并与后者一起呈现预定的飞机气动形状。整体骨架零件结构上接头的接触表面应该保证飞机部件的相互空间位置;因此,用高的精度制造上述零件,以与构成飞机外形的表面相协调。

(3)飞机内部设备零件。这类零件在结构形状和所用原材料上同样是多种多样的。器皿、框架、座椅支架、仪表板、电器设备盒和匣、衬板、卡箍和其他一些专用零件属于这一类。对于这些零件的制造,主要是采用铝合金、钢和塑料的半成品——厚板、薄板、型材,和这些材料冲压、锻造、铸造的专门毛料。

对设备零件的要求,与它们在飞机结构上的用途及工作条件有关。例如,不对电缆盒和匣提出独特的强度和精度要求;对框架、支架、座椅、器皿和一些专用连接零件则提出一定的强度要求和精度要求。此外,对某些内部设备和装饰零件还提出外形、表面粗糙度和颜色等一些特殊要求。

(4)起飞、着落、操纵机构零件。气动和液压的作动筒、活塞、活塞杆、起落架横梁、斜支柱和转轴、操纵摇臂、摇杆、拉杆等在结构形式和用来制造它们的材料上也是各种各样的。这些机构零件的制造,采用高强度轻合金和钢的半成品——薄板、棒材、厚壁管,以及这些材料冲压、锻造、铸造的专门毛料。

对机构零件的要求,与它们在所装组合件中的用途及工作特性有关。除了一般的机构零件的强度和精度要求外,其中许多还有密封性和耐磨性要求。例如,对通常由高强度钢制造的气动或液压设备的作动筒、活塞、活塞杆和起落架的转轴、横梁和斜支柱,除了高强度、精度和密封性要求外,同时还对个别表面(作动筒的内表面,活塞和活塞杆的外表面,起落架转轴、横梁和斜支柱的个别表面)提出高表面质量和高耐磨性要求。

5.1.1.2　零件及毛坯对飞机质量的影响

设计最小质量的结构是飞机设计时需要解决的最重要的问题。除了设计选择轻质高强材料之外,零件毛坯及加工对飞机质量也具有重要影响。

(1)采用树脂基纤维增强复合材料制造结构件是减轻结构质量的方向之一。计算和试验指出,根据目前可能实现的情况,即使只将一部分金属结构用纤维增强复合材料结构代替,也能将机体质量降低 10%～25%。

(2)选择质量合理的毛坯和半成品是使机体结构质量得到减轻的重要方法之一。毛坯制备工艺对毛坯的准确度和壁厚都有规定的限制。例如,砂模铸造可以得到的毛坯的最小壁厚为 2.5 mm,薄壳模铸造为 2.0 mm,而压力铸造则为 1.5 mm。其他条件相同时,壁厚较大的毛坯质量也较大。模锻和铸造斜度也影响结构的质量。斜度大,则毛坯和零件的质量就要增加。用铣切方法制造零件,毛坯(模锻件、铸件)或零件的结构结合部位的半径较名义半径大时,也会使结构质量增加。

(3)零件的制造误差也影响飞机质量。按余量方向的公差上限制造零件时,可以保证不出现无法修复的废品,但这样做会使零件和半成品的质量增加很多。统计指出,仅仅因按最大余量方向的公差制造零件和半成品时,所造成的质量增加就可以达到计算质量的 7%。

5.1.2　零件工艺过程

5.1.2.1　机加零件工艺过程

飞机机体结构机械加工(简称"机加")工艺有别于一般机械制造业的机加工艺,因为飞机的结构和生产方式具有自身的特点。机加零件是构成飞机机体骨架和气动外形的重要组成部分,它们品种繁多、形状复杂、材料各异。与一般机械零件相比,加工难度大,制造水平要求高。例如壁板、梁、框、座舱盖骨架、接头、长桁等结构件,由构成飞机气动外形的流线型曲面、各种异形切面、结合槽口、交点孔组成复杂的实体,不但形位精度要求高,而且有严格的质量控制和使用寿命要求。随着飞机性能的不断提高和数控加工技术的广泛应用,机加零件的数量不断增多,尤其是整体大件增加得更为显著。

(1)机加工艺特点。飞机零件机械加工分为普通机加和数控机加两部分。普通机加产品制造和检验的依据是设计给出的蓝图,检验则采用常规手段进行。数控机加零件多涉及产品的外形,形面复杂,无法用常规手段检验,因此采用数控测量机检验的方式进行检验。以数控加工的观点来看,梁、框、肋、壁板、接头等飞机结构件,其加工工艺具有以下特点:

1)结构件轮廓与飞机外形有关,为了减轻质量,进行等强度设计,往往在结构件上形成各种复杂型腔,一般加工比较困难。

2)整体结构件尺寸大,壁薄,易变形。例如,某型飞机机翼前梁中段零件如图 5-1 所示,其材料为 30CrMnSiNiA 合金钢,变截面凸缘厚度从 1.5～23.5 mm 急剧变化,总长为 2.3 m,上、下凸缘又要求符合机翼气动力外形。这种凸缘厚而腹板薄、截面厚度变化很大的狭长零件,加工过程中的变形很难避免,尤其是热处理的变形更大,主要是腹板纵向弯曲,最少达 3 mm,而且横向还有弯曲变形,工艺上难以排除,在与前梁根部套合装配时经常出现不协调的问题。

3)零件的加工部位大部分集中在上、下两面。加工精度要求高,有严格的质量控制和使用寿命要求。

4)零件整体设计方式为装夹带来了便利,可以采用工艺凸台、真空吸盘等装夹方案设计。飞机结构件壁薄、刚度较差,为了避免机加工过程中主装夹力直接作用在零件表面上引起的零件变形,可在工件上设计工艺凸台,便于进行装夹。

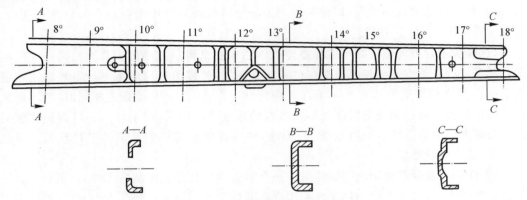

图 5-1 某型飞机机翼前梁中段零件

(2)典型工艺方案。为合理使用机床、选择工装、工具和安排辅助工序,不致因毛坯内应力的释放、粗加工的切削力及夹紧力等因素的影响而降低加工质量,根据零件机械加工工艺过程的繁简程度,可将其划分为若干加工阶段,加工阶段的划分见表 5-2。

根据零件表面的技术要求,首先选择能够保证该要求的最终加工方法,然后再确定各工序、工步的加工方法。根据已划分的加工阶段和已选定的表面加工方案来确定零件的加工方案。其中:基准的加工应安排在粗、精加工之前进行;零件设计所要求的热处理,应安排在粗加工或半精加工后、精加工前;理论外形表面的加工,宜安排在内形加工之前进行;去应力热处理工序,宜安排在粗加工后、半精加工前进行。

表 5-2　加工阶段的划分

阶段名称	内　容
粗加工	切除各加工表面绝大多数余量,为精加工做好准备,一般是在淬火之前进行(轻金属例外)
精加工 (含半精加工)	主要是保证零件各表面的尺寸精度、形状精度、位置精度和表面粗糙度,是加工过程的关键阶段。大多数零件经过这一阶段即可达到图纸技术要求
细加工	当零件的尺寸精度、形状精度、位置精度要求高,粗糙度值要求低时,在精加工的基础上还要进行细加工,才能达到图纸要求。主要的加工方法有研磨、精密磨削、珩磨、超精加工、金刚石车、金刚石镗、抛光和无屑加工等
光整加工或光饰加工	当零件表面粗糙度很低时,在精加工或细加工之后尚需进行光整加工。主要的加工方法有研磨、抛光、珩磨、超精研磨等。光饰加工主要是为了消除接刀痕、锐边、刀具死区、行切产生的横向波纹,并对各加工表面之间的过渡处、转接处进行光饰、修正,从而降低表面粗糙度,提高疲劳强度,以保证零件的表面完整性符合有关技术标准

以壁板类零件为例,从坯料到最终形状的壁板是其形状特征和尺寸逐步形成的过程,包括板坯平面、筋条、凸台、斜面、口框和下陷等。其加工过程主要分为粗加工和精加工两个阶段:

下料—基准加工—粗加工—精加工外形—精加工内形—数控检验—去凸台—产品终检

5.1.2.2　钣金零件工艺过程

钣金件一般具有外形复杂、结构和尺寸各异、厚度小、刚度差等特点。典型钣金件包括蒙皮、框板、翼肋、整体壁板和长桁等,多具有不规则的曲面形状。随着飞机产品性能要求的不断提高,零件复杂性也不断增加,同时,表面质量、形状精度、成形后性能要求日益提高。

(1)钣金工艺特点。飞机钣金成形工艺方法多,根据钣金件结构特点,选择相应的专用成形工艺。冷成形是制造铝合金板材、型材、管材零件的主要工艺方法。但是对于镁合金及某些钛合金来说,由于在室温条件下塑性较差,因此采用加热成形的方法。由于钣金件成形工艺的特点,不可避免地产生回弹等问题。对于各类成形工艺的共性要求是必须克服回弹、起皱、破裂等问题。

飞机钣金零件多以铝合金为材料,而飞机的铝合金板料多为可热处理强化的材料,如常用的 2024、7075 等,这些材料的供应状态可分为退火状态或不同的时效状态。从成形的角度看,要求材料具有良好的成形性能,从使用的角度看,要求材料具备较高的强度。因此,铝合金在退火状态成形,通过淬火以保证具有良好的机械性能。目前对复杂外形钣金零件的检验手段主要依靠样板或模胎,即制造后通过与样板的比较,来判定零件产品是否合格,同时还存在靠贴模度来检验产品外形的方法。

(2)典型工艺方案。按照成形和热处理的先后次序,有两类典型的钣金件工艺过程。

典型流程 1:下料+成形+热处理+校形

将表达最终形状的零件设计模型直接作为模具设计依据,航空制造企业在工程实践中为了防止装配干涉,仅在下陷区进行加深,在退火状态下进行零件的成形后进行热处理强化(即淬火和时效处理),由于回弹和热处理变形,还必须手工校形,即采用"设备和模具粗成形+手工精校形"的制造方式,因此,手工校形工作量大,零件性能和表面质量不高。

框肋类钣金件是飞机机体中的骨架类零件,弯边是框肋零件上的主要特征,主要采用橡皮囊液压成形工艺:

领料—下料—橡皮囊液压成形—校正—淬火—校正—表面处理—作标印—成品检验

如果成形量超过材料成形极限,则需采用多次成形,以蒙皮零件拉形为例,第一次采用过渡模拉形,通过退火消除硬化和内应力以利于继续成形,然后采用二次拉形的工艺方法:

领料—预拉形—完全退火—拉形—淬火—拉形—作标印—成品检验

典型流程 2:下料+热处理+校平+成形

铝合金材料经淬火后,在新淬火状态下具有良好的塑性。淬火后成形的"一步法"成形是指,铝合金材料下料后,在新淬火状态下成形一次即达到形状、尺寸和性能的要求。要实现"一步法"成形,需要对赋形的工作型面进行回弹补偿,这要求考虑回弹等工艺因素,建立工艺模型作为成形模具设计的依据。把下料工序制成的平板件,经热处理而产生的变形由辊式矫正机校平,使之符合钣金零件技术条件所要求的平整度,再进行成形,实现"一步法"精确制造:

领料－下料－热处理－校平－橡皮囊液压成形－表面处理－作标印－成品检验

5.1.2.3 复合材料零件工艺过程

在树脂基复合材料结构制造中，材料成形与结构成形是一次完成的，这是与金属结构制造最大的差异。复合材料的制造工艺水平直接影响材料或产品的性能，工艺过程复杂，制造周期长。壁板、框梁、蒙皮等航空复合材料层合板构件热压罐固化成形工艺过程主要包括工装准备、预浸料剪裁、材料铺贴、工艺组装、固化成形、检测、修整装配等步骤。

(1)工装准备：将工装表面用丙酮或其他有机溶剂擦洗干净后，涂覆脱模剂或铺贴脱模布，小心擦洗，不可夹杂硬物，以免损伤模具型面。如果要涂覆几次脱模剂，则必须等待前次涂覆的脱模剂晾干后再涂覆。

(2)预浸料裁剪：采用自动裁剪，对各层铺层的料片，根据其纤维方向、形状和尺寸生成排样下料数模，把预浸料放置在自动裁剪设备上自动裁剪，剪裁好的预浸料进行编号和标记，平面放置。

(3)材料铺贴：采用激光辅助定位铺贴，在模具上进行激光定位铺层之前，提取各个铺层单元三维数模轮廓的点位信息，激光头会将该信息进行处理，在模具上形成铺层轮廓的光路图，然后操作人员根据光路图将对应预浸料片按照规定次序和方向依次铺叠，每铺一层都需要用橡胶辊等工具压实、赶出空气，否则易产生缺陷。如果需要拼接预浸料，则各层之间的拼接缝应相互错开。

(4)工艺组装：构件铺贴完成后，铺放各种辅助材料，常用辅助材料分为隔离材料、吸胶材料、透气材料、密封材料和真空袋材料等。根据预浸料含胶量选择吸胶材料的厚度和层数。真空袋用密封胶带压实贴紧，必要时可使用压边条和弓形夹夹持。接通真空管路，抽真空至真空度至 0.095 MPa 以上，保持 10 min，以关闭真空阀 5 min 后真空度下降不大于 0.01 MPa 为合格。

(5)固化成形：将工艺组装后的坯件送入热压罐固化。固化工艺参数按构件制造工艺规范确定，对大厚度构件，在升温加压前可抽真空(真空压力为 0.09 MPa)1～2 h，使铺层密实。严格按照工艺文件和生产说明书控制温度、压力、时间、升温速率及加压温度和卸压温度。固化完成后，待冷却到室温后，将真空袋系统移除，完成成形。

(6)检测：检测成形好的制件几何尺寸及性能是否满足设计要求，检测制件是否有固化不完全、加压不均、脱模不当、孔隙和分层等缺陷。使用无损检测手段对固化后的复合材料构件进行检验，评价构件中的缺陷是否在许可范围内。无损检测手段如射线检测技术(包括 X 射线，红外线，微波，CT 照相等方法)、声发射检测技术、超声检测等。

(7)修整装配：用高压水切割装置、手提式风动铣刀或其他机械加工方法去除构件余量。为防止切割时构件分层，在切割部位上、下表面各加一层垫板并夹紧，对构件可起到一定的保护作用。通常采用机械装配，按尺寸要求制孔、扩孔并装配各附件，如加强块、角材等。根据构件材料选择相应的制孔工具，如高速合金钢钻头等。

在一些情况下也采用胶接装配。胶接装配工艺增加了热压罐的负荷，导致很多复合材料制件的热压罐成形过程要经历两倍于常规工艺周期的加热和冷却时间。为了提高热压罐成形的效率，这类复合材料制件的成形尽可能采用共固化工艺，一次成形一个完整的复合材料结构件，这种工艺需要复杂的固化模具，但它免除了垫片和装配。

本小节内容的复习和深化

1.结合零件结构特点,说明选用的毛坯。零件毛坯和加工如何影响飞机质量?

2.描述典型机加件的工艺过程。车削零件是如何产生淬火变形的?如何安排其工艺过程?

3.描述典型钣金件的工艺过程。以框肋零件为例,"一步法"成形对工艺装备、工艺参数有何要求?

4.描述航空复合材料层合板构件热压罐固化成形工艺过程。在模具上铺贴,如何确定预浸料片在模具上的位置?复合材料零件检测与金属件有何不同?

5.2　飞机装配工艺过程原理

飞机装配是将大量的机体结构零件定位安放在装配位置上,按一定的方法和顺序,连接成组合件、板件、段件和部件,最后将各部件对接成完整的飞机机体。在机体上还要逐步安装发动机、仪表、操纵系统以及各种附件、装置和特种设备等。装配和安装完毕的飞机还要经过严格的检查、试验和试飞。

5.2.1　装配单元划分

由于构造、使用、维护和生产上的要求,飞机机体必需分解成部件、段件、板件、组合件。动力装置(发动机)、电气设备、无线电设备,以及完成航行驾驶任务的其他设备,都是由专业化企业负责生产的独立产品。装配单元划分是根据飞机结构特征(设计分离面),合理地进行工艺分解(工艺分离面),将飞机机体划分为若干独立的装配单元,以缩短装配周期、提高产品质量、简化装配工艺装备的结构,减少复杂大型总装型架的数量,节省成本。

飞机工艺分解的顺序是:将机体划分为部件、组合件和直接装入机体的零件;然后,将部件划分为段件、组合件和直接装入机体的零件;再将段件划分为组合件/板件和直接装入段件的零件;最后,将组合件划分为其组成零件。

5.2.1.1　划分结果

将飞机机体结构划分为以下结构单元:组件、板件、分段件、段件和部件(见表 5-3);有形状简单和复杂、平面与立体、长型和短型、气密和不气密、承力与不承力、构成理论外形和不构成理论外形、对接和连接、有补偿件和无补偿件之分。

(1)组件由两个或两个以上的单元零件组成,零件之间是用一种连接方法(焊接、铆接、胶接、螺栓或螺钉)连接的,如翼肋、隔框、短梁、大梁、缘条、装配支架,以及其他装配单元。

(2)板件是指由蒙皮和骨架零件组成的飞机机体结构单元。壁板可以是平面的,也可以是曲面的,这主要取决于蒙皮形状;有带横向骨架、带纵向骨架或兼有两种骨架之别。蒙皮和骨架零件制造所用的材料,以及骨架零件与蒙皮的连接方法对壁板的分类亦有影响。

合理地确定工艺分离面,特别是部件结构的板件化,在装配工艺上有重要意义。对翼面类部件,比较典型的一般都沿翼梁划分板件出来。对机身类部件,一般都沿其较强的纵向骨架进行划分。但机体分解过细也有缺点,诸如:飞机质量增加,接头增多会降低机体结构的可靠性和寿命,而且可能使技术经济效果有所下降。

(3)分段件是指在工艺上划分的非闭合型结构单元,它由若干个壁板和组件用一种连接方法借助于纵、横向对接接头或分离面连接而成。机翼前缘,机翼的大梁后段、尾翼分段件,机身的上部、下部和侧部分段件,是飞机上具有代表性的分段件。

(4)段件是由若干个分段件、壁板和组件借助于纵、横向对接接头或分离面连接而成的闭合式飞机结构部分,用其自身的外形构成飞机的理论外形。段件是由工艺划分,有时也是由设计划分的飞机机体结构单元。属于段件的有机头、中机身和机身尾部,中央翼和外翼(有时机翼划分成更多的独立段件)等。段件可以是密封的,也可以是非密封的。

(5)部件是在设计和工艺上均划分的飞机结构部分,并在机体的构成中完成一定的功能。属于飞机机体部件的有机翼、机身、垂直安定面、发动机短舱、起落架舱、水平安定面、方向舱、副翼、襟翼、扰流片及其他独立的功能部分。各个部件通过分离面对接接头连接在一起。部件由独立的段件组成,或者由板件和组件组成。

表 5 - 3 飞机机体结构配单元分类

依 据	分 类	定 义	实 例
功能分解层次	部件	具备独立的功能和完整的结构	机身、机翼、垂尾、平尾、起落架短舱、发动机短舱
	段件(分部件)	构成部件的一部分,具有相对独立、完整及一定功能的装配件	机身前段、中段、后段;机翼的中翼、中外翼、外翼、襟翼、副翼;尾翼的水平安定面、垂直安定面、升降舵、方向舵
	分段件	若干个壁板和组件连接而形成装配件	机身后段上半部、机身后段下半部
	组合件	由两个或两个以上零件组成的装配件	梁、框、肋
	板件	由骨架零件和蒙皮连接的装配件	机身壁板、机翼壁板,尾翼壁板
	零件	装配的基本单元	角材,梁Ⅰ段,梁Ⅱ段,
结构工艺特点	平面类组合件	由平面腹板及加强件组成	平面框、肋、梁、地板、隔墙
	壁板类组合件	由蒙皮及骨架零件组成,分为单曲度壁板和双曲度壁板	机身壁板、机翼壁板
	立体类组合件	除上述两类组合件外,均属于该类	翼面前缘、后缘、翼尖;各种门、盖;机头罩、尾罩、整流罩;内部成品支架
	机身类(分)部件	机身部件	机身或机身各段;起落架短舱、发动机短舱
	翼面类(分)部件	机翼部件	机翼或机翼各段;水平安定面,垂直安定面,襟翼、副翼,升降舵、方向舵

5.2.1.2 划分原则

飞机装配单元划分应考虑到构造上的可能性、工艺上的开敞性、装配单元的工艺刚度、是否有利于尺寸和形状的协调、是否有利于减少部件总装阶段的工作量以及生产性质(试制、小批生产或大批生产)等结构、使用和生产上的要求,而且由于划分的结果,必然会涉及强度、质量和气动方面的问题。因此,在制定划分方案时,必须综合研究上述各方面的因素,进行综合技术经济分析,以求制订合理的结构划分方案。

研制试制时采用相对集中的装配方案,按照集中装配原则,适当地选取工艺分离面,主要满足生产准备周期和装配周期的要求。批生产时采用分散的装配方案,按照分散装配原则,分散程度取决于产量大小。一般产量越大,要尽量扩大平行工作面,装配分散程度也应越大。

在批生产阶段,将整架飞机的各部件按工艺分离面进一步合理划分成段件、板件和组合件,有着明显的技术经济效果。一方面,增加了平行装配工作面,为提高装配工作的机械化和自动化程度创造了条件;另一方面,由于改善了装配工作的开敞性,有利于提高装配质量和劳动生产率。采用分散装配的原则,固然带来了一系列优越性,但同时也增加了协调问题。

飞机部件结构的板件化对部件装配过程的影响很大。当部件划分为板件后,板件装配工作的开敞性好,连接工作可以采用自动化钻铆设备。现有铆接机一般只适用于板件结构,故部件板件化程度已成为评定结构工艺性的重要指标之一。在现代飞机结构中,有些部件的板件化程度高达 90%,统计资料表明,这可将连接工作的机械化系数提高到 80%,将劳动生产率提高 1.35～3.3 倍,将装配周期缩短 2/3～3/4。铆接中用压铆代替锤铆,因而改善了劳动条件,提高了产品质量,缩短了装配周期。

5.2.2　飞机装配工艺过程

飞机装配过程可分为组合件装配、段部件装配和总装试飞三个阶段。部件装配的一般顺序应是:零件→组合件→段件→部件。总装的一般顺序是:大部件对接→管线、管路安装→系统测试→交付。装配顺序反映了产品各个装配单元逐级装配为部件过程中的装配层次及先后次序,是进行工艺准备、生产计划管理、车间平面工艺布置的主要依据。图 5-2 所示是某型飞机机翼装配顺序。

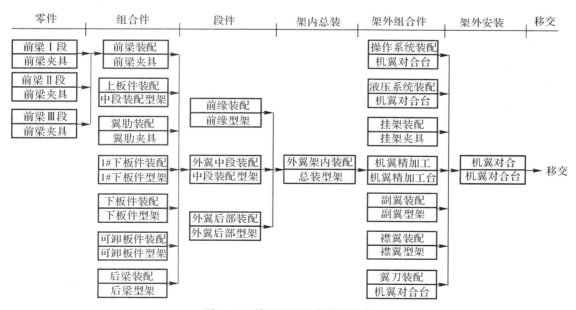

图 5-2　某型飞机机翼装配顺序

5.2.2.1 组合件装配

飞机组合件装配主要是完成飞机的梁、框、肋、壁板等组合件的装配。组合件有平面形状的，如肋、加强框、大梁等，也有曲面形状的，如壁板、翼尖、舱门等，其中壁板在组合件装配中占有主要工作量。壁板件主要由蒙皮、长桁和隔框或翼肋的一部分组成，有时还包括与其他部件对接的接头或对接型材等。

组合件的装配可以分为三个阶段：零件的定位及定位铆接，钻孔、锪窝和铆接，补充铆接及安装。该环节主要是连接工作，很少有安装工作，保证尺寸准确和连接强度是这个阶段的主要工作。

5.2.2.2 部件装配

飞机部件装配是利用组合件和零件组合形成翼盒、机身段、尾翼等飞机部件的装配过程。在飞机制造中，部件是结构比较完整的装配单位，飞机制造厂一般按机翼、机身（或机身各段，如前机身，中后机身）来划分部件装配车间。部件装配阶段的工作可分为三个阶段：架内装配，架外装配，精加工、检验及移交。

部件装配的技术要求是：首先，要保证部件设计分离面的协调和互换以及外形准确度；其次，成批生产时，部件内各系统的安装工作，如操纵、液压、冷气系统和起落架等，力求在部件装配时完成，避免安装工作过于集中，还要按技术条件的规格进行各种试验。某些部件或一部分结构是气密座舱或整体油箱时，应保证其密封性要求，并进行密封性试验。

小型飞机的部件以及大型飞机的机翼、尾翼等，一般来说结构都比较复杂，部件装配阶段的工作量大，而且工作的开敞性差，因此，在部件装配阶段大部分铆接工作只能使用手提式风钻、铆枪，劳动生产率比较低，装配周期长。

5.2.2.3 总装试飞

飞机总装配是装配的最后阶段。飞机总装配是根据飞机图纸、技术条件及生产使用说明的规定和要求，将部件装配车间移交的各段、部件对接成完整的飞机，并对飞机上安装部件装配阶段没有装上的系统、设备、机构和装置，进行调整、试验和检验，最后将飞机移交试飞车间。

（1）总装配。总装配按工作性质可分为：对接工作，安装工作，检验、试验和调试工作。对接工作是把装配好的机身、机翼、尾翼等部件对接成一架飞机，包括接头、导管、电缆和操纵系统等的连接。安装工作包括把动力装置及操纵系统、液压冷气系统、电气无线电系统、军械和火控系统及高空救生设备、特种设备等安装到机体上。检验、试验和调试工作包括对接后飞机各部件相对几何尺寸的检验，对安装的系统和设备要进行试验和调试，如系统的密封性、起落架的收放调试、射击军械的冷校靶等。

高完整性要求是飞机总装配的基本任务。不能漏装或错装任何一个装配元件，不能漏测、漏检、错检任何一个性能参数。否则，就有可能危及系统的使用功能甚至安全性。机上工作应尽量减少切削工作（或用带自动吸屑的风钻），要防止工具或标准件遗落在机体内。安装试验工作完毕后，要检查机内有无多余物。

功能调试是对系统装配工作质量的总检验，是总装配工作的重点。调试的某些差错或疏忽会造成重大的恶性事故。飞机总装配首次通电、供压和充气（高压），是系统功能调试中的重要环节，也是最容易出问题的环节，一定要做到万无一失。因此，要确保功能系统安装正确，被操纵件运动方向正确、运动不受阻碍，通电、供压、充气系统与无关系统隔离，调试操作人员应有良好的专业素质和极强的责任心。

（2）移交试飞。飞机总装配工作完成以后，将飞机送交给工厂试飞车间（试飞站）进行综合的地面试验及必要的飞行试验。飞行试验工作完成后，将飞机移交给使用单位。具体工作包括：

1）验收飞机：由试飞车间与总装配车间按一定提纲共同检查飞机的总装配质量，包括飞机的外表情况，仪表和设备的成套性，根据车间分工进行某些系统的检验。

2）地面试验：发动机试车前的试验和发动机试车情况下的试验工作。

各系统的检验和试验：如全机的电气、无线电和仪表系统的试验，液压、冷气和操纵系统的试验，发动机操纵和燃油、滑油系统的试验，等等。其中有些试验工作，是为了保证飞机质量，应在总装配后再重复一遍。

罗盘校正：检查罗盘的指示是否正确，修正其误差。为使罗盘校正不受周围磁性物质的影响，罗盘校正场应远离建筑物 100 m 以上。

热校靶及投弹试验：热校靶的目的是检查机炮、照相枪和瞄准具是否安装准确，控制操纵机构和系统的工作是否正常。投弹试验是检查飞机的投弹系统，是用模型在专设的投弹场内进行的。

3）飞行前准备：加添燃油等，准备发动机试车。发动机试车时除检查发动机装置本身外，还要在发动机开车的情况下，检查飞机各系统的工作情况。为保证质量，飞机的外表检查应按一定顺序进行。

4）飞行试验：成批生产的飞机，飞行试验有两种。一是移交试飞，对每架飞机必须进行，试飞时只对飞机的主要性能进行检查；二是成批试飞，对一批飞机抽出少数几架飞机，检查的项目比移交试飞多，以便更全面地检查这批飞机的制造质量。

对于成批生产的飞机，在试飞合格后移交给订货方。移交时除飞机本身外，还包括备件、随机工具以及飞机、发动机、仪表和设备的合格证、履历书及各种操作和维修手册。

本小节内容的复习和深化

1.飞机装配单元有哪些类型？如何根据飞机装配单元的特点选择连接工艺？

2.为什么飞机部件结构的板件化对部件装配过程的影响很大？

3.说明集中装配原则和分散装配原则的适用性，分析所使用工艺装备的变化。

4.组合件、部件和总装分为哪些工作阶段？技术要求有何不同？以壁板组件为例，解释该组件装配的概念，说明其装配过程。

5.3　工艺过程设计的工作程序和决策步骤

工艺过程设计是根据产品设计信息、可用的资源信息和工艺信息，设计从坯料到产品的工艺过程方案。飞机结构按照工艺过程分为机加件、钣金件、复合材料件和装配件，相应工艺过程各不相同。例如，用机械加工的方法改变毛坯或原材料的形状、尺寸，使之成为成品或半成品的过程叫做机械加工工艺过程。

5.3.1　工艺过程设计的工作程序

根据工艺分工，将零部件分为自制件和外协件。自制件根据结构特点，送至专业加工或装配厂进行制造。各专业加工或装配厂根据工艺分工对产品工艺过程进行设计,将毛坯转变为零件或将零件装配成组件、段件、部件至飞机的工艺过程由若干工序组成,完成这些工序需要若干不同类型的机床设备、工艺装备以及热处理、表面处理等非机械加工工序。同一零件的工艺过程可以有多个方案,取其中最合理的一个,将其中的各项内容按工序顺序写成工艺文件,其中主要文件就是工艺规程或制造指令/装配指令。工艺过程设计贯穿于飞机设计、试制及批生产的全过程,各阶段工作重点不同。

5.3.1.1 加工工艺过程设计的工作程序

以机械加工工艺过程设计为例,其工作程序如图 5-3 所示,主要内容包括确定定位基准及定位方法、确定主要工序的内容及完成顺序、确定毛坯技术状态要求、提出加工工艺装备品种表等,最终的工艺文件包括:工艺规程/制造指令、工艺装备品种表(工装指令)、毛坯交接状态表、生产说明书等。

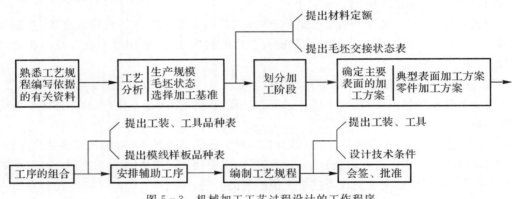

图 5-3 机械加工工艺过程设计的工作程序

5.3.1.2 装配工艺过程设计的工作程序

如图 5-4 所示,装配工艺过程设计的主要内容有:①划分装配单元;②确定装配基准和定位方法;③选择保证准确度、互换性和装配协调的工艺方法;④确定各装配元素的交接供应技术状态;⑤确定装配过程中的工序/工步组成及各构造元素的装配顺序;⑥选定所需的工具、设备和工艺装备;⑦零件、标准件、材料的配套和汇总;⑧工作场地的工艺布置。上述内容分布在工艺设计各个阶段和各类工艺文件中,形成的主要工艺文件包括:装配协调图表、指令性状态表、外缘工艺容差分配表、工艺装备品种表、工艺装备设计技术条件(工艺装备订货技术要求单)、零件交接状态表、生产说明书、装配工艺规程/装配批令和装配顺序图表等。

5.3.2 工艺过程设计的决策步骤

按照决策学理论,工艺过程设计决策分为 4 个步骤:

(1)情报活动:分析产品模型、技术条件和编写依据,从模型中分析零件的用途、结构形式和数量以及对加工精度、表面粗糙度、强度及表面保护的要求,标识要解决的特定的问题。

(2)设计活动:选择工艺方法和拟定工艺过程的方案,加工方法取决于材料、结构特征和工艺要求,选定的加工方法应该保证给定的精度要求和表面质量要求,而加工顺序则取决于结构特征之间的相互关系。在确定产品工艺过程时,在很多情况下能够拟定几种可以满足零件质量要求的方案。对于具体工序,选择机床设备,设计具体操作方法,确定工艺装备和工艺参数。对于专用工艺装备和工程数据,向技术装备部门进行工装订货和提交制造数据申请。

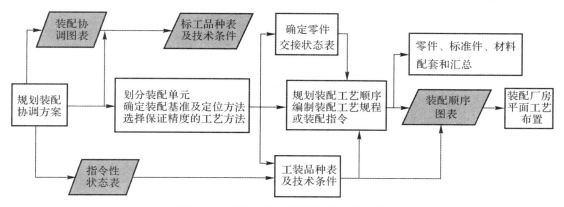

图 5-4　装配工艺过程设计的工作程序

(3)抉择活动:对于工艺过程方案的技术经济分析和抉择,尽管不同机床设备对同一零件作用的性质相同,但劳动生产率或费用则可能不同。只能通过经济核算才能对选用哪种工艺或机床作出最后的决定,也可以改变使用的工具和夹具,而这种改变同样与制造成本和效率有关。因此,对各种方案的技术经济指标进行对比分析后,才能选择出最经济的工艺方案。

(4)实施活动:编制实施所用方案的工艺文件,拟定设计新型专用工艺装备和工具的技术任务书,精细地制订出工艺过程文件并会签、批准,形成制造/装配指令,以指导车间操作人员进行制造。

下面主要以机械加工工艺过程设计为例,说明这 4 个步骤。

5.3.2.1　问题分析

熟悉飞机图纸和技术条件以及工艺总方案、指令性工艺文件、技术标准和生产说明书、车间分工表和工艺计划表、车间交接状态表、技术物质条件等编写依据,并将相关要求纳入工艺规程。指令性工艺文件等各种工艺文件依据见 4.3 节。

设计工艺过程时设计人员首先应熟悉零件图纸,了解该零件的材料特性、设计基准、精度要求、热表处理要求、零件类别和要求执行的技术标准、生产说明书等。同时还应结合装配图、安装图、理论图,了解各表面在结构或系统中的功能和要求,以及有关结构或系统的通用、专用技术条件等。

技术物质条件是指加工/装配车间、工段拥有设备的型号、规格、性能;生产准备车间生产专用工装、刀、量具的能力;生产工人的技术等级和技术水平;工厂掌握新技术、新工艺的能力以及技术储备等。

生产规模也是加工和装配工艺过程设计的主要依据之一。以机械加工为例,各种生产类型的特点见表 5-4。

表 5-4　机械加工中各种生产类型的特点

生产类型	单件生产	成批生产	大量生产
生产周期	不一定	周期重复	长时间内连续生产

续 表

生产类型	单件生产	成批生产	大量生产
生产率	低	一般	高
成本	高	一般	低
工人等级	高	一般	低（调整工人水平高）
工艺规程	简单	比较详细	详细
毛坯制造方法	砂型铸造 自由锻件 厚板	砂型铸造、金属模型铸造、熔模铸造 模锻件 厚板	金属模型铸造、熔模铸造、压力铸造 模锻件、精密模锻件
机床	通用机床机群式布置	通用机床和专用机床按零件分类流水线布置	专用机床按流水线布置
刀具	通用刀具 少量专用刀具	通用刀具 专用刀具	广泛使用高效刀具
夹具	组合夹具 少量专用夹具 划线工作	部分采用组合夹具 广泛采用专用夹具 部分采用划线工作	使用高效夹具
量具	通用量具 少量专用量具	通用刀具 专用刀具	广泛使用高效量具
操作方法	试切法工作	在调整好的机床上工作	在调整好的机床上工作 在自动流水线上工作

飞机的生产规模一般指单件生产或成批生产。从试验机研制到设计定型阶段，由于生产量很小，属于单件生产。从生产定型到成批生产阶段，产量逐渐增加，形成成批生产的规模。不同的生产规模，其生产组织，工艺布置，毛坯状态，工艺方法，选择机床设备、工艺装备及工具的原则以及对工人技术水平的要求等都有很大的不同，因此，对工艺过程设计的要求也各不相同。

5.3.2.2　方案设计

（1）对于零件加工工艺过程设计，根据生产批量、企业条件、材料利用率确定毛坯供应状态和技术条件。根据不同的毛坯状态，拟定相应的加工方案。

（2）在综合考虑零件加工过程的前提下，选择主要加工基准。选择顺序是：先确定主要表面的加工基准，然后根据这个（或组）基准来确定其他基准。用作基准的表面必须是最简单的表面（平面或圆柱面），如果零件上没有合适或足够的表面作为定位基准，可以根据需要增加必要的表面，如工艺凸台、工艺孔、顶尖孔等作为定位基准，零件加工完成后切去。

（3）根据零件结构特点和精度要求划分粗加工、精加工、细加工等加工阶段，选择零件主要表面的加工方案。确定零件表面加工方案应考虑各种加工方法的精度范围、材料性能、零件结构形状和尺寸、生产率、工厂或车间现有设备和物质条件等因素。

（4）根据已划分的加工阶段和已选定的表面加工方案来确定零件的加工方案。零件加工方案确定以后，即进行工序的组合。工序的组合可采用工序分散或工序集中的原则。根据零件的总产量、生产批量、毛坯余量、加工精度等因素综合分析，确定工序分散或集中的程度。如：整体结构件外形的加工和整体壁板轮廓的加工一般都在数控机床上进行，宜将工序集中。零件加工精度要求高时，宜将工序分散，以便使用高精度机床加工。毛坯余量大的，宜将工序分散为粗加工，然后再进行精加工。

（5）安排辅助工序，包括操作前的准备工序、检验工序、校正工序、特种检查工序、热处理和表面处理工序等。比如在主要表面加工完成后较集中的工序完成后、热处理前以及机械加工工序全部完成后，安排检验工序。

（6）进行工序组合后，工艺过程的内容、顺序已经明确了，具备了确定所需专用工装、工具的条件。这时可以根据工艺总方案中规定的工装、工具选择原则，制作工装品种表、工具（刀具和量具）品种表和模线样板品种表。

5.3.2.3　方案评价

飞机产品中的任何一个结构单元通常都可以按几个不同的工艺方案进行制造。不同加工或装配方案中所选用的设备、工艺装备也不相同。在保证产品质量要求的同时，这些方案仍留给了工艺人员对于周期和成本等方面进行选择的余地。任何一个工艺方案，都应满足质量、交付期和成本三个基本因素的要求，也就是从这三方面评价工艺方案的技术经济效果。

（1）质量：通常指满足用户的需要和期望的程度。

（2）交付期：指工件的质量、数量全面地按照计划日期完成，使工件的使用价值得以实现，包括工件的生产准备、加工到交付的总周期能满足产品的交付期要求。

（3）成本：与工艺方案有关的工时、设备折旧、专用工装、材料等费用的总和。

质量、交付期和成本与设备的机械化、自动化的程度，工艺过程与先进的生产组织形式相符合的程度，掌握该工艺过程有关的劳动量和生产准备周期以及适应产品生产计划变化的柔性等相关。设计并选择合理的工艺过程是一项复杂而细致的工作，必须保证产品制造的高质量、低成本和高效率。

5.3.2.4　方案编审

（1）工艺规程的编制。编制工艺规程时：①应保证上、下工序之间，车间与车间之间，冷、热工艺之间的衔接；工艺过程内容完整；工序划分明确，安排合理；基准与制造依据协调，符合有关指令性工艺文件的要求；繁简程序适应产量和工厂物质技术水平的要求等。②对于无把握的工序，应先经过生产验证。③将革新成果纳入工艺规程需经过技术鉴定。

在编制工艺规程的同时，应提出专用工装、工具的设计订货技术条件，并与专用工装、工具的设计工作平行作业。

工艺规程包括文字叙述和草图，按规定格式的表格编制，晒蓝使用。草图应清晰、醒目；文字叙述应简练、通俗、含义确切；数据准确，字迹端正；符合国家公布的基础标准；确保使用者能正确理解和执行。

（2）工艺规程的审批。工艺规程审批人员及职责见表 5-5。工艺规程分为一般工艺规程和重要工艺规程。重要工艺规程的目录由主管科发出。

表 5 - 5　工艺规程审批人员及职责

人　员	职　责
编　制	按工艺规程编制原则和要求,全面保证工艺规程的完整和正确
校　对	全面检查工艺规程的完整性和正确性,确保按工艺规程操作能生产出合格产品
复　校	检查工艺方法的合理性,保证与车间物质技术条件相适应
审　查	保证制造依据协调一致,保证有关指令性工艺文件和规定的正确贯彻
批　准	确定工艺规程原则上正确,符合生产要求,批准用于生产

一般工艺规程的审批:技术员编制→工艺组长校对→使用单位技术领导批准。

重要工艺规程的审批:技术员编制→工艺组长校对→使用单位技术领导复校→主管科室审查→技术总负责人批准。

本小节内容的复习和深化

1. 零件加工工艺过程设计的工作程序是什么? 形成哪些工艺文件?

2. 装配工艺过程设计的工作程序是什么? 形成哪些工艺文件?

3. 描述工艺过程设计决策的 4 个步骤。

4. 工艺规程编制的依据是什么? 为什么生产规模是主要的依据?

5. 确定零件表面加工方案要考虑哪些因素? 在机械加工工艺过程中安排哪些辅助工序?

6. 从哪些方面评价一个工艺方案技术的经济效果?

7. 工艺规程在工程中要用于生产,经历的审批过程是什么?

5.4　计算机辅助工艺过程设计

工艺过程设计在生产准备工作中劳动量大。传统工艺设计主要依赖于人的经验,效率低,也不利于形成企业的"知识库"和知识的交流与传承,有些知识随人的流动而流失。计算机辅助工艺过程设计(Computer Aided Process Planning,CAPP)的发展改变了手工编制的方式,以知识工程为代表的智能化设计方法已成为工艺过程设计的重要方法。

5.4.1　CAPP 系统原理

工艺过程设计是以产品模型为依据,根据尺寸、性能等方面的要求,针对具体的制造环境,完成工艺过程设计和局部工艺过程设计,生成规范的工艺文件,提供给车间作为加工或装配的指导。从系统的观点分析,工艺过程设计包括全局工艺方案设计和局部工艺过程(工序)设计,分别从功能和物理两个方面进行研究。①功能方面:从全局的角度规划产品生产过程的工序组成和工序之间的相互联系,形成的是工艺流程(工艺路线)。②物理方面:从局部角度规划如何按某种物理或化学等原理控制工件的形状和改变工件的性能,形成的是加工、装配或检验工序,包括操作说明、工艺参数等。

按工艺过程设计决策方式,将计算机辅助工艺过程设计系统划分为三种类型:派生式(Variant Approach)、创成式(Generative Approach)和半创式或综合式(Semi-Generative Approach)。以零件工艺过程设计为例予以说明。

(1)派生式工艺过程设计:分类检索工艺流程。派生式工艺过程设计如图 5-5 所示。派生式工艺过程设计是以成组技术为基础,按零件结构和工艺的相似性,将零件划分为零件族,并给每一族的零件制定优化的加工方案和标准工艺过程;当需要编制新零件的工艺流程时,先对新零件进行编码,即看它属于哪一个组,检索出该组的标准工艺方案,最后根据新零件的特点和实际情况需要,对标准工艺方案进行修改,形成新零件的工艺流程。

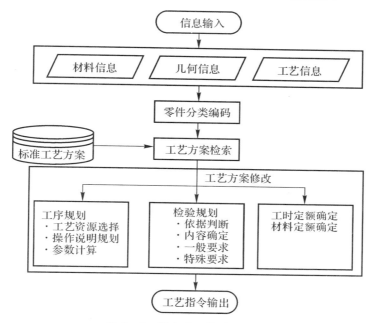

图 5-5　派生式工艺过程设计

派生式 CAPP 系统易于建立,适用于零件的结构和工艺具有较高的相似性、可以总结出每一类零件的工艺方案和典型工艺过程的企业,但针对当前零件修改工艺方案时,经验仍起着相当大的作用。另外,当企业采用新技术或增添新的设备、生产条件时,对于原有的标准工艺过程,需要进行修改和调整。

(2)创成式工艺过程设计:从过程中生成工艺流程。创成式工艺过程设计是由建立在系统内部的一系列决策逻辑与算法,根据零件信息进行工艺过程决策(加工方法选择、工艺参数计算等),自动地生成零件的工艺过程方案。其关键在于内部的创成逻辑。现有的创成逻辑可分为两种基本类型:一是过程逻辑,二是决策树、决策表。

按过程逻辑建立的 CAPP 系统,适用于逻辑过程比较确定的不复杂情形,在实际应用中受到一定的限制;决策树、决策表等形式的创成逻辑,在 CAPP 系统中决策规则可以成为数据库的一部分,随着生产条件的变化,用户可以自己进行修改与补充。但是,由于实际产品的复杂性、制造环境的差异性、工艺设计本身的经验性等因素,实现有一定零件覆盖面的、完全自动生成工艺流程的创成式 CAPP 系统具有相当的难度,已有的系统多是针对特定的零件类型、特定的制造环境的专用系统。

(3)半创成式工艺过程设计:综合式工艺方案设计。派生式 CAPP 系统所检索的是标准工艺方案,而创成式 CAPP 系统则检索各种决策规则和数据。半创成式 CAPP 系统是派生式和创成式系统两种工艺决策方式的综合应用,既包含标准的工艺过程,又有部分逻辑判断和决策,基于该方法开发的 CAPP 系统较为实用。

飞机零件具有品种项数多、所用材料、成形工艺多、工艺装备多等特点,其制造工艺在工序的先后顺序上有很强的规律性,同一种类的零件原则上应该有共同的工艺过程。如钣金件工艺过程设计,无论是弯曲件还是拉深件,其基本工序都包括下料、成形(弯曲或拉深)、热表处理等,对于主要成形工序,则每个零件工艺参数有所不同,因此,可以采用综合式工艺决策方式逐步生成零件工艺过程及每一个工序的详细内容。

对于零件工艺过程的工序组成、顺序安排及工序内容规划,主要通过零件的特征信息编码,检索得出合理的工艺流程,即派生式方法;难点在于不同零件如何进行分类编码及标准工艺方案整理。对于局部工艺过程的工艺资源、参数,根据零件的几何、材料和工艺等特征,按照其逻辑过程、规则、实例等进行决策,即创成式方法;难点在于大量不同类型零件工艺设计决策规则的获取。

5.4.2 工艺参数预测

在工艺过程设计中,不仅需要工艺、工装、设备等内容选择和决策,如制造资源的配置,还有定量工艺参数的确定,以使过程更为具体化,如切削速度、成形力等工艺参数的计算。在影响飞机产品制造质量和生产效率的诸多因素中,能够完全定量把握的并不多,如对钣金件制造过程中的变形机理尚不十分清楚,许多情况下,工艺过程设计是以大量的试验数据和工艺参数实例为基础去解决问题的。对于试验数据或生产实例的使用,一种方式是将试验数据拟合成一个近似的函数,建立输入和输出之间的映射关系,如人工神经网络;另一种方式是直接利用这些实例,基于相似度得到相应与当前零件最接近的问题解决方案,如基于实例的推理。

(1)基于人工神经网络的工艺参数预测。人工神经网络(Artificial Neural Network, ANN)是在现代神经科学研究成果的基础上提出的,它是由大量神经元按一定结构互连而成的(见图 5-6)。人工神经网络的工作过程分为学习期和工作期两个部分。学习期由输入信息的正向传播和误差的反向传播两个过程组成。在正向传播过程中,输入信息从输入层到隐蔽层再到输出层进行逐层处理,每一层神经元的状态只影响下一层神经元的状态,如果输出层的输出与给出的样本期望输出不一致,则计算出输出误差,转入误差反向传播过程,将误差沿原来的联接通路返回。修改各层神经元之间的权值,使得误差达到最小。经过大量学习样本训练之后,各层神经元之间的联接权就固定了下来,可以开始进入工作期,根据输入计算得到输出。

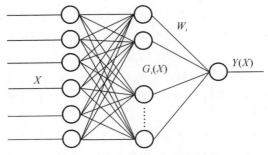

图 5-6 人工神经网络结构

（2）基于实例推理的工艺参数预测。基于实例的推理（Case - based Reasoning,CBR）的核心思想是相似的问题有相似的解决方案,利用已有实例的解决方案去解决新的问题。工艺参数的选择取决于工件的几何外形、结构尺寸和材料性能等多种因素,将难以规则化的工艺知识不再明确地表达为相应的规则,而是隐含到工艺实例中,克服了知识获取的困难。

如图 5 - 7 所示,CBR 具体过程包括实例检索（Retrieve）、实例复用（Reuse）、实例修正（Revise）、实例保存（Retain）,采用最近邻法从实例库中检索匹配得到与目标问题相近的实例,复用最相似的实例形成问题的建议解,通过调整得到最终的解决方案,并可将最终的方案作为新的实例保存到实例库中。

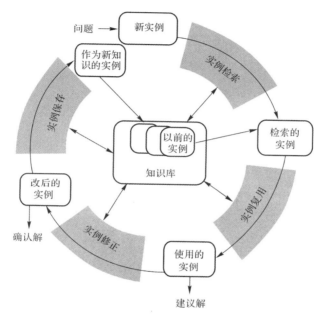

图 5 - 7　基于实例的推理过程

5.4.3　制造/装配指令实例

制造/装配指令主要包括三个方面的信息:①工艺信息,主要包括制造/装配过程中的每一道工序以及工序中涉及的工装等信息,可以指导工人进行实际制造/装配;②生产信息,主要包括任务数量、架次、开工日期等;③质量信息,指从制造/装配指令开始装配到形成最终产品整个过程中有关产品质量的信息,当产品出现质量问题时,可以对产品的全部生产过程进行回溯,从而找到责任人。

5.4.3.1　制造指令

在航空制造企业中,零件制造指令（Fabrication Order,FO）以每项零件为单元编制,是规定零件制造工艺流程和控制制造过程质量的生产性工艺文件。

制造指令包含零件信息和工艺方案信息,一般包含首页和工序页。首页包含零件工程信息、制造指令编号、毛料信息、草图以及引用的作业指导书等工程信息,工序页是指导工人操作的详细工序说明,包括从原材料到成品零件的工序（顺序号、工序名称、工种、操作说明、选用的

177

机床设备与工艺装备等），现场填写的质量信息记录在工序页上。某飞机零件制造指令实例见表5-6。

表 5-6　某飞机零件制造指令实例

零件名称	角　材
零件图号	371-××××××
零件版次	00
机型	B767.D
材料牌号	7075 T73511
材料规格	AND10133-1403
材料状态	M
毛料尺寸	……
生产车间	……
分工路线	……
FO 编号	……

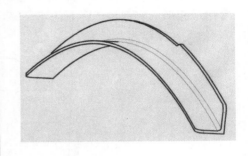

工序	工作说明、工装	设　备	操作者	检验
01	下料：$L=1\,600$ mm（带拉伸试样 2 件 $L=250$ mm）	锯床 G5332＊50/0		
05	在标签上作标记			
10	领料并检查毛料（表面质量，尺寸，数量）			
15	划零件一边高度线至$28_0^{+0.4}$ mm 样板：371-××-××-××-××CT；外形样板			
20	铣切零件一边高度线至$28_0^{+0.4}$　mm 样板：371-××-××-××-××CT；外形样板	铣床 X51		
25	修锉并去毛刺，保证边高$28_0^{+0.4}$ mm 样板：371-××-××-××-××CT；外形样板			
30	清洗			
35	热处理至"W"状态（拉伸试样 2 件同炉） 开始日期：＿＿月＿＿日＿＿年；时间＿＿：＿＿ 结束日期：＿＿月＿＿日＿＿年；时间＿＿：＿＿	检		
40	拉弯成形 工装：GZ06-371-××-××-××-×× STFB 拉弯模 GZ06-371-××-××-××-××MIT　拉弯夹头（借用） 样板：371-××-××-××-××CT；外形样板	拉弯机 A-××		
45	校正弧度 样板：371-××-××-××-××CT；外形样板 　　　371-××-××-××-××CT；反切外样板			

续 表

工序	工作说明、工装	设 备	操作者	检验
50	清洗			
55	两级时效(T73) 第一级时效:(带拉伸试样 2 件) 保温开始日期:___月___日___年;时间___:___ 结束日期:___月___日___年;时间___:___ 第二级时效,至 T73 状态:(带拉伸试样 2 件) 开始日期:___月___日___年;时间___:___ 结束日期:___月___日___年;时间___:___	检		
60	划线 样板:371-××-××-××-××CT;外形样板			
65	铣切外形 样板:371-××-××-××-××CT;外形样板	铣床 X51		
70	修锉并去毛刺 样板:371-××-××-××-××CT;外形样板			
75	校正 样板:371-××-××-××-××CT;外形样板 　　　371-××-××-××-××CT;反切外样板			
85	半成品检验(表面质量、外形尺寸) 样板:371-××-××-××-××CT;外形样板 　　　371-××-××-××-××CT;反切外样板		检	
90	清洗			
95	检查导电率(T73) 要求值%IACS:_____ 测量值%IACS:_____	检		
100	拉伸试验 试验报告号:_____	检		
105	清洗:去除厚度(每面):至少 5 μm	检		
110	渗透检查	检		
115	清洗			
120	铬酸阳极化(封闭 B) 开始日期:___月___日___年;时间___:___ 结束日期:___月___日___年;时间___:___ 备注:零件应在阳极化后 72 h 内完成底漆施工。			
125	阳极化检查	检		

续 表

工序	工作说明、工装	设 备	操作者	检验
130	喷耐气流环氧底漆（BMS10-11,I型） 开始日期：___月___日___年；时间___：___ 结束日期：___月___日___年；时间___：___ 备注：面漆应在底漆完成后3～24 h内完成施工。			
135	底漆检查 厚度要求：10～20 μm 厚度检测值：_____ μm	检		
140	涂环氧面漆 BMS10-11,Ⅱ型　白色按 BAC 702 开始日期：___月___日___年；时间___：___ 结束日期：___月___日___年；时间___：___ 备注：面漆应在底漆完成后3～24 h内完成施工。			
145	面漆检查 厚度要求值：25～50 μm 厚度实测值：____ μm	检		
150	在零件上做标记			
155	成品检验（工序完成情况、表面质量、检印、标记）	检		
160	包装交付（中性牛皮纸或塑料袋）			

5.4.3.2　装配指令

如图 5-8 所示，装配指令（Assembly Order,AO）设计是对装配过程中涉及的成千上万的零部件、工装、夹具、工具和操作等信息，进行精确、合理的组织和规划，从而生成形式化、可视化的飞机装配指令的过程。

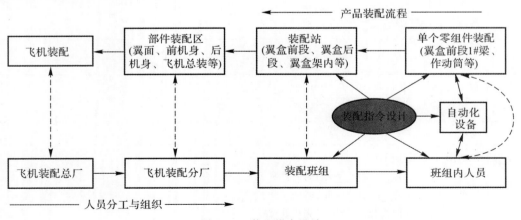

图 5-8　装配指令设计

为了满足对装配工艺过程的详细描述，装配指令文件不单单需要满足装配工艺内容的描述要求,更需要满足装配工艺层次结构的要求。其中,内容描述是对装配信息(工艺信息、生产信息与质量信息)的体现,层次结构则是在此基础上,对产品装配过程进行分层管理组织,是装配过程模型的体现。为了对装配指令进行分层管理组织,波音采用"部件/组件单元→工位→工作→工步"的层次结构,而国内航空主机厂常用"站位→装配指令组册→工序→工步"的层次结构。

装配指令实例(部分内容)见表 5－7。

表 5－7　装配指令实例(部分内容)

AO 编号	版次	AO 名称	指令状态	关/重标识 G	成套/组合件号	版　次
×AO-×-×-×	A	各个框划长桁位置线	Y		×××	A
设计文件/图样:		×L××		F 后机身总图		
工艺文件/标准:		×-×-×		A 表面防护作业指导书		
		×××		装配型架的使用和维护工艺说明书		
工艺设备:		×-×/×-200×		后机身总装型架		
		×-×/×-201×		后机身总装型架		

工　序	工　种	工作说明	……	记　录	操作者
005	铆装钳工	(1)在作业过程中,注意对参与装配的零、部件外观质量进行保护,防止擦伤、划伤、碰伤及污染等现象 (2)允许按数模×L××划线定位各长桁、型材			
010	铆装钳工	工装准备:按装配型架的使用和维护工艺说明书目视检查型架是否在定检期间,型架上所有定位件、压紧件是否齐全、无损坏且工作面及定位面(含定位孔、销)无锈蚀 板是否松动及其基准面上的划线、标记是否清晰可辨,依照工装将定位器调至待工作状态			
015	铆装钳工	按数模×L××,在型架上按左侧卡板上刻线: (1)以 4×长桁轴线面为基准在 3×框、×1 框上划出长桁×234 定位线 (2)以 1×长桁轴线面为基准在 3×框、×1 框上划出长桁×228 定位线 (3)以×204 端面线为基准在 3×框、×1 框上划出型材×204 定位线 (4)以长桁轴线面为基准在 3×框、×1 框上划出长桁×226 定位线 (5)以长桁轴线面为基准在 3×框、×1 框上划出长桁×222 定位线			

装配指令设计是在装配工艺设计前期所得装配顺序的基础上,分解出装配工作任务,再将装配工作任务分解成装配工序以及工步的过程,例如一个翼盒的装配可分解为各个肋的装配、

梁的装配以及蒙皮的装配等多道工序。该过程要明确各个工序使用的工艺装备和工具、定位方法和基准、夹紧方式、工艺方法等信息。装配工序的划分与制造工艺水平、工艺规范、具体工作步骤的复杂程度、工作过程中使用的工艺装备和工具以及工作平台有关系。

本小节内容的复习和深化

1. 说明派生式和创成式工艺过程设计的原理。

2. 根据飞机零件具有所用材料多、品种项数多、同一零件可用多种方法加工的特点,结合表5-6说明采用综合式方法进行该零件工艺过程设计的原理。结合零件典型工序分析其中的主要工序类型。

3. 装配指令是如何分层管理的? 装配指令包含哪些内容?

5.5 工艺方案的评价

工艺人员的任务就是要选择这样一种工艺方案,既能制造出满足图纸和技术要求的产品,同时在生产过程中又是最经济合理的。工艺过程仿真是虚拟的工艺试验,可用于对工艺方案的技术评价。为了评定工艺过程的经济效益,通常使用劳动生产率和产品成本作为指标。劳动生产率指出了生产单个产品所花费的实际劳动。产品成本反映了所花费的实际劳动和物化劳动的总和。劳动生产率、产品成本等工艺过程的经济效果是评价工艺过程的重要标准,但并不是唯一的标准,在个别情况下,其他因素也可能会起主要作用。如在装配过程中,生产面积的利用可能具有重大意义。往往还要考虑这样一些指标,如稀有材料费用、最短生产准备期限等。

5.5.1 工艺过程仿真验证

工艺过程仿真用于对工艺方案的模拟分析、验证和优化,显然与材料到产品转换过程的原理特性有关,分别以零件成形过程和装配过程为例予以介绍。

5.5.1.1 成形过程模拟

计算机辅助工程(Computer Aided Engineering,CAE)是用计算机辅助求解复杂工程和产品结构强度、刚度、屈曲稳定性、弹塑性等性能分析计算的一种近似数值分析方法。其中,对制造过程的数值模拟(Numerical Simulation)是输入产品几何模型、工艺参数、工装、设备参数等,建立仿真模型,经过大量运算,以图形和数据显示出加工过程和有关信息,并可响应上述条件的变化或修改,用于加深对制造过程的认识,从而优化工艺过程。

在CAE系统中,以有限元分析法(Finite Element Analysis,FEA)为代表的数值法是近似求解一般连续问题的数值方法,是目前应用最广、发展最迅速的方法,它将无限个自由度的连续体,简化成只有有限个自由度的单元集合体,并用一个较简单问题的解去逼近复杂问题的解。成形过程模拟的总体思路如图5-9所示。

有限元分析可用于获得对塑性成形过程规律的认识,以较小的代价、在较短的时间内找到最优的或可靠的工艺方案。但目前几乎所有CAE软件对复杂零件成形过程数值模拟的误差和离散性都较大,预测精度仍不高。从工程应用角度看,数值模拟技术的意义在于:①在产品设计阶段,可用于帮助深入分析零件工艺性,以优化选材和结构参数;②在工艺设计阶段,可用于预测工艺过程的趋势,检验设计模型、工艺参数、制造模型和工装设计的合理性。

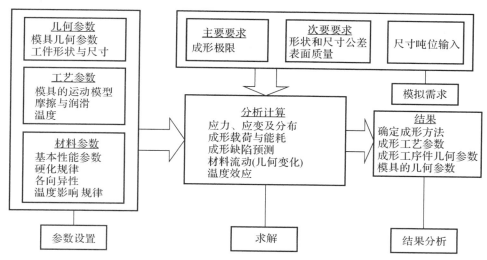

图 5-9　成形过程模拟的总体思路

采用有限元分析软件对隔框零件橡皮囊液压成形过程进行数值模拟,主要过程包括:项目创建、几何特征创建与导入、板料材料属性设置、成形进程建模、设置橡皮材料属性、回弹过程建模、提交计算。计算结果包括板料厚度变薄分布,应力、应变信息,板料变形情况和回弹距离云图,可用于分析回弹补偿的准确度。成形过程数值模拟结果云图如图 5-10 所示。

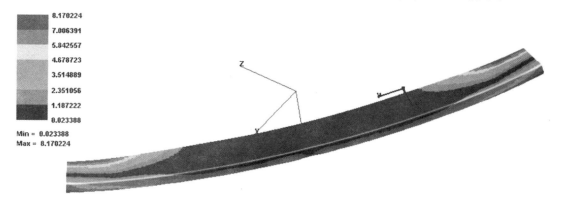

图 5-10　成形过程数值模拟结果云图

5.5.1.2　装配过程仿真

(1)装配作业仿真。装配作业仿真主要依托计算机仿真、图形学和计算几何等先进技术构成的三维可视化平台,通过产品、工装、工具和人员的三维模型构成的虚拟环境,对飞机的装配工艺方案和装配工艺细节进行实时模拟分析和技术验证。同时,装配作业仿真的结果还可以用于装配操作培训与指导、装配过程演示等方面,因此,在飞机装配中得到了广泛应用。

在装配工艺设计阶段,装配作业仿真的意义在于:①减少产品设计、资源设计的错误,消除潜在的装配缺陷,减少因设计原因造成的更改或返工;②解决传统二维装配工艺设计周期长、需要实物验证的问题,优化工艺设计和降低技术风险;③实现可视化技术培训和生产指导,提高装配准确性和效率,缩短装配时间。

装配作业仿真过程主要包括以下几个步骤：装配仿真数据准备、装配工艺流程设计、装配路径编辑、装配干涉分析与优化、装配工艺流程改进。

装配仿真干涉分析是对产品、工艺装备和资源之间存在的静态和动态干涉进行分析，对装配顺序、装配空间、装配路径等方面存在的问题进行反馈和优化，综合评价产品装配的可视性、可达性和可维护性。

进行干涉分析后，可得到以下几种结论：①若是几何外形存在交集，属于静态干涉，对其设计模型进行修改；②若是运动构件产生交集，属于运动干涉，对设计模型进行修改，反之则结构良好，设计模型得到验证；③若是运动过程中几何外形存在交集，属于动态干涉，则需要对装配路径、顺序或者是设计模型进行修改。

（2）飞机装配生产线规划与仿真。以产品产量、生产周期和目标成本等为依据，研究分析装配流程和生产组织，通过能力分析与计算，合理划分工艺分离面，规划工艺组合件与段件装配，对装配工艺主流程、工作场地、工艺装备、工具、设备、库房、人员数量及生产作业形式等进行合理规划和仿真优化。通过对装配线进行仿真，既可以避免资金、人力和时间的浪费，也可以分析其供应商按不同频次、不同数量所提供的零部件对生产线产生的影响，找出生产线潜在的作业"瓶颈"，为生产实际提供决策依据。

5.5.2 劳动生产率的评价

劳动生产率定义为一个工人在单位时间内所创造的使用价值。科学的发展和技术的进步，技术文明水平的增长，劳动者创造积极性的提高，劳动生产组织的改进等因素促进了劳动生产率的提高。设计人员和工艺人员在提高劳动生产率中起着重要的作用。设计出具有完善的飞行-战术特性，同时又具有良好工艺性的结构，就可以提高使用价值并降低工时，有助于提高劳动生产率。

为了提高劳动生产率，在产品投入生产时，工艺人员设计出的工艺流程应当确保在给定的条件下花费在产品制造上的时间最少。下面将进一步研究产品制造总工时的组成和缩短总工时的工艺措施。

5.5.2.1 单件核算工时的组成

耗费在产品制造上的总工时是由形成工艺过程的各个工序所耗费的工时组成的。加工一个零件（或装配一个装配件）时，完成该加工工序所需要的总工时 t_p 称为单件工时。

单件工时是由以下几个方面组成的：

（1）基本时间 T_{cb}——耗费在直接加工劳动对象上的工时，即耗费在改变加工对象的形状、尺寸、物理化学性质等方面的时间。

机械加工过程的基本时间可按下式计算：

$$T_{cb}=i\frac{L}{s_M}=i\frac{L}{ns} \tag{5-1}$$

式中：i——切除余量所需的走刀次数；L——在进给方向加工行程的长度，mm；s_M——进给量，mm/min；s——每转或每一往返行程（制品或工具）的进给量，mm；n——工件或工具的转速，r/min，或每分钟往返次数。

由运动的和几何的相互关系，可以找出 n、s 和 L 的表达式，然后将其代入以上公式，即能得到用于具体加工形式的计算式。

进给方向加工行程的长度由三部分组成：

$$L = l + y_1 + y_2 \qquad (5-2)$$

式中：l——沿进给方向加工表面的长度；y_1 和 y_2——工具引切量和超越量。

（2）辅助时间 T_{a}——完成基本加工创造条件所耗费的时间，以及对每个加工对象或加工一定数量的制品后必须重复耗费的时间。

辅助时间包括装卸零件、改变设备加工用量、移进和退出工具、完成工序过程中更换工具、加工过程中生产工人测量零件等所需要的时间。

在某些加工方式（毛料冲压、焊接等）中要区分基本时间和辅助时间是困难的，也是不适当的。在这种情况下，加工时间的长短（延续时间）由总的积累时间确定。基本时间和辅助时间共同组成作业时间（T_o）。

（3）工作地服务时间 T_r——在整个工作班时间内照料工作地点所耗费的时间。在单件时间内应包括分摊到每个制品上的这部分服务时间。

与辅助时间 T_{a} 不同，工作地服务时间不是耗费在每个工序上，而是在整个工作班中耗费一次或几次。

工作地服务时间可分为组织服务时间 T_{m} 和技术服务时间 T_{n}。组织服务时间是指用于工作班开始时检查和试验设备，准备工具和文件，结束时将工具和文件整理收好以及清理和润滑设备的时间。技术服务时间是指用于加工过程中调整和补充调整机床，更换变钝的工具以及在加工过程中排除切屑等方面的时间。

（4）休息和个人需要的时间 T_j——在单件时间内应包括分摊到每个制品上的这部分时间。只有在沉重的和令人疲劳的体力劳动（例如手工进刀车外圆、某些类型的手工焊接等）中才规定有休息时间。

（5）准备和结束时间 T_p——工人用于加工前的准备活动和加工后的结束活动所需的时间。准备和结束时间包括工人熟悉图纸和工艺规程，工长指导，领取文件、工具、夹具和毛料，安装和调整工具和夹具等所需要的时间。当需要工人亲自将设备调节至规定的用量时，还包括这部分调节时间。此外，还应包括拆除工具和夹具，以及向检验员交付产品的时间。

大量生产时，专业化程度高，且产量大，准备结束时间分摊到每件产品上为数甚微，可忽略不计，则单件工时定额 T_a 由下式确定：

$$T_a = T_o(1 + K_r + K_j) \qquad (5-3)$$

式中：K_r——工作地服务时间与作业时间的百分比；K_j——休息和个人需要时间与作业时间的百分比。

成批生产时，需要定期更换产品或劳动对象，完成一道工序所需的时间由该批内制品的单件时间和准备结束时间组成，这批工件在该道工序内所需的制造总时间 T_A：

$$T_A = nT_a + T_p \qquad (5-4)$$

考虑到准备和结束时间的消耗，完成一个制品的一道工序所需的平均时间 T_{ac} 称为单件核算工时定额，其值由下式确定：

$$T_{ac} = T_a + T_p/n \qquad (5-5)$$

式中：n——一批中制品的数量。

单件生产时，为了简化定额的制订，则单件工时核算时间定额：

$$T_{ac} = T_o(1 + K_{ij}) + T_p \qquad (5-6)$$

式中：K_{ij}——工作地服务时间与个人需要时间之和与作业时间的百分比。

5.5.2.2 缩短单件工时的措施

拟定产品制造工艺过程时，为保证最大劳动生产率，工艺人员应当遵守以下 4 条规则：

1）选择合理的工艺过程和最先进的加工和装配过程（例如，用冲压和模压代替机械加工等）。

2）采用生产率高的自动化设备与装备（例如用自动焊机代替一般焊机）。

3）保证机床和设备的功率充分负荷的同时，应充分利用它们的技术能力。

4）采用多台机床管理以及在可能的情况下由工人亲自调整设备，合理地利用工人的技术能力，缩短时间。

以下将对降低单件工时的每段组成时间和降低准备-结束时间的工艺措施进行详细划分。

（1）缩短基本时间。产品制造的基本时间首先取决于加工和装配过程的选择。设计人员设计产品结构和工艺人员拟定其工艺过程时，应当以产品制造过程中所花费的劳动最少为目标。显然，机械加工相对无切屑的加工过程（如模锻）来说，生产率要低，因此，机械加工仅用于表面准确度和表面质量要求高的产品。

可以采用以下方法缩短机械加工的基本时间：

1）减少走刀次数。通常完成加工需要两次走刀，即粗加工和精加工。只有在加工余量不大，对加工表面的精度和表面质量要求不高，以及机床-零件-工具系统的刚度足够大时才采用一次走刀。

2）提高加工速度。降低基本时间的主要方法之一是提高加工速度。近代生产的机床和工具可以用每分钟几千米的速度对低合金钢进行车削。

3）增加进给量。以大进给量进行加工可以提高劳动生产率而不需要提高切削速度。因而，可以在转速不高的机床上采用。为了不降低表面质量，以大进给量加工时，可采用宽修光车刀。

4）减少引切量和超越量。在引切时间内，设备和工具负荷不足，这是因为切削用量是按最大切削截面计算的。在超越时间内一般不进行加工。采用几何形状适宜的刀具，比如主偏角为 90°的车刀，有助于减少引切量。在多位夹具中铣切毛坯时，分摊到每个零件上的引切量会明显地减少。此时，在按顺序进行铣切的毛坯中，引切量是从前一个毛坯加工结束后开始的。加工时，若用限动器按加工表面尺寸准确地控制加工行程的长度，则刀具的超越量就会减小。

5）多刀具加工。在经济的切削用量下，机床的功率如果足够负载几个刀具的加工，就可以采用多刀具加工。多刀具加工可以显著地降低基本工时。

（2）缩短辅助时间。采用高速加工用量后，降低辅助时间问题就会变得特别尖锐，其原因是这部分时间将变成单件工时和作业时间的重要组成部分。

降低辅助时间的基本方法是使辅助工作机械化和自动化。

1）降低毛坯的定位和夹紧时间。调准毛坯相对于设备和工具的位置需要花费很长的劳动工时。为了避免这种费力的工作，可以采用能保证被加工毛坯相对于工具或安装好的零件有相互正确位置的夹具。

用机械化（气动的、液压的、电动的）夹紧装置替代手工夹紧可以明显地降低毛坯紧固时间。

2）缩短设备操作时间。为了缩短设备操作时间，在近代机床中，常把手柄集中在工人附近的某个区域,尽量减少手柄的数量,并把手轮操作改为按扭。

3)缩短刀具更换时间。安装在机床上的毛坯经常要用几个刀具进行连续不断的加工。实现不同工步时要更换加工刀具,并使刀具处于正确位置以保证获得规定尺寸的零件。这些工作都应当占用最少的时间。这个任务是靠采用调节好的机床(例如六角车床)来解决的。利用这种机床加工时,刀具的更换是靠六角刀架或刀架座的简单回转实现的。在做准备工作时,即可将刀架调整至所需要的尺寸。

4)缩短测量时间。在没有六角刀架的机床(如车床)上加工时,必须进行大量的、需要耗费很多时间的测量。使用调整好的设备进行加工时,所要求的尺寸可自动获得,故可明显地减少测量时间。

5)平行完成几项辅助工作。同时将向动机床的两个刀架移向毛坯,工步结束后退出六角刀架并使其迴转,以使新的切削工具参与工作。

6)辅助时间与基本时间重合。辅助时间与基本时间重合可以明显地提高劳动生产率。对安装在铣床迴转台上两个夹具内的毛坯进行工位铣切。当迴转台上一个夹具中的毛坯铣切结束后,台面很快转动180°,使另一个夹具中的毛坯进入铣切位置。当安装在这个夹具中的毛坯进行铣切时,从另一个夹具中取出加工好的零件,并放置新毛坯。

(3)缩短工作地服务时间。在技术服务时间中,主要的是用于更换变钝刀具的时间。每件刀具更换的频率取决于它的耐用度(寿命),所以在更换刀具所占时间特别多的多刀具机床上加工时,选择的刀具材料和加工用量应确保刀具更换次数最少,并且尽可能安排在午休和交接班时间更换。

为了加快刀具的更换速度,可以采用快速夹紧装置。利用专门样板安装刀具时,可以加快尺寸的调节。工作地有良好的组织,有助于缩短组织服务时间;如备有方便的工具箱,在分配工艺文件和工具时也可缩短分配时间。

(4)缩短准备-结束时间。准备-结束时间一般比单件工时长很多。

单件核算工时中的准备-结束时间随批量中零件数量的增加而减小[见式(5-6)]。大批生产时,在加工地点加工的零件每批有几十件,甚至几百件。小批生产时,零件以不大的批量进行生产,因而造成了单件核算时间中的准备-结束时间延长。调整好的具有高生产效能的设备通常要求具有更多的准备-结束时间,因而,将这种设备用于制造数量不大的零件是不合理的。在中批或小批生产条件下,也可以采用大量和大批生产所特有的各种先进的工艺过程和高生产率设备,以缩短准备-结束时间。

通过改进设备和工艺装备的结构,可以缩短设备调整和夹具安装调节的时间。在调整好的机床上采用零件成组加工时,可以明显缩短重新调整机床所需要的时间。根据投产量,可将投入生产的零件划分为几何形状相似的几个组,将可以在同一机床和同一调整好的组合刀具上制造的零件合并在同一组中,按同组中最复杂的零件调整刀具。当转为制造组内其他零件时,只需对刀具和限动器进行适当调节,使它们处于新的尺寸位置即可。零件制造过程中不需要全套刀具时,可以卸下不需要的刀具,而仅使用必需的刀具。当刀具可以满足其他零件的需要时,可以不必将它们卸下。

5.5.3　产品成本的评价

实际劳动和物化劳动的总费用可用于估算产品成本。成本是企业生产每个产品所需开支的货币表现形式。成本中包括生产材料费、生产工人工资和附加开支。成本是衡量制造技术水平最重要的指标之一。

5.5.3.1 产品工艺成本的计算

在成本的各组成部分中,既有由一种制造过程转变为另一种制造过程时会发生很大变化的部分,又有很少甚至完全不取决于工艺过程变化的部分。因此,用比较法进行经济分析时,要考虑的并非全部成本,而是工艺成本。工艺成本是总成本的一部分,包括随工艺过程的改变而发生重要变化的费用。以切削加工工艺为例,工艺成本中包含以下内容:①毛料费用 M;②生产工人工资 L;③设备维修费用 E;④折旧费 D;⑤夹具费用 F;⑥工具费用 T。

根据以上内容,完成一道工序的工艺成本由下式确定:

$$C_P = M + L + E + D + F + T \tag{5-7}$$

(1)毛料费用为

$$M = k_M B_M P_M - B_S P_S \tag{5-8}$$

式中:k_M——考虑原材料运输费而采用的系数;B_M——毛料质量,kg;P_M——单位质量毛料的价格,元/kg;B_S——废料质量;P_S——单位质量废料的价格,元/kg。

(2)生产工人的工资为

$$L = L_C T_{ac} k_1 k_2 k_3 \tag{5-9}$$

式中:L_C——工人每小时的工资率,元/(人·h);T_{ac}——单件估算工时,h;k_1——计及班组看管或多机床看管的系数;k_2——考虑到由于超额完成工作,实际工资和小时工资率之间产生差别而造成的工人附加工资系数;k_3——计及额外工资和社会保险基金而采用的系数。

系数 k_1 考虑了在复杂机床上有两个以上工人工作的可能性和一个工人看管几台机床的多机床看管的可能性。在一般情况下,k_1 可由下式确定:

$$k_1 = \frac{P}{Q} \tag{5-10}$$

式中,P 和 Q 分别为工人人数和工人所看管的机床总数。

在自动机床和半自动机床上加工时,考虑到分摊给同一调整工人的其他机床的数量后,调整工人的工资可按式(5-9)确定。

其他机床的调整通常是靠工人自己完成的。所需要的调整时间已在 $t_{p.k}$ 中进行了考虑。如果同一个调整工作是靠专门指派的调整工人完成时,即应从准备-结束时间分出调整时间,调整费用可按下式计算:

$$H = \frac{T_H L_C k_2 k_3}{n} \tag{5-11}$$

式中:T_H——设备调整的持续时间;L_C——机床调整工人的工资率;n——调整后加工的批次中所含零件的数量。

(3)设备维修费 E 是由修理和改装费用 E_P 和能源消耗费用 E_0 组成的。

修理和改装费用 E_P 按下式计算:

$$E_P = \frac{C_{pc} p k_g}{T_{pc}} \frac{T_{ac}}{k_H} \tag{5-12}$$

式中:C_{pc}——设备修理复杂系数;p——在修理周期内,花费在每单位修理复杂系数中各种维修工作的费用;T_{pc}——修理周期,即两次大修之间的时间总额,h;k_g——计及机床电器设备的检修费用所取的系数；k_H——完成定额的系数。

电能费用 E_0 可按下式计算：

$$E_0 = k_N k_L N_y C_{pe} T_M \qquad (5-13)$$

式中：k_N——机床功率负荷系数，其值为机床消耗的有效功率与机构损失的功率之和与机床的额定功率之比；k_L——考虑工厂线路能量损失和机床空载行程损失的电能失损系数；N_y——机床电机安装功率，kW；C_{pe}——单位电能的价格，元/(kW·h)；T_M——机床工作时间，h。

(4)设备折旧费 D 是因加工过程中设备有损耗引起的。此外，还会产生从技术完善和经济指标等方面落后于新型设备的无形损耗(新结构产品的出现，使旧结构产品失去或降低了其使用价值而造成的损耗)。将设备价值逐渐转移到每件产品上以补偿其经济损失，称为设备折旧。

通用设备花费在每道工序上的折旧费可按下式确定：

$$D = \frac{(C_T - C_s) a}{k_3 T_y \cdot 100} \frac{T_{ac}}{k_H} \qquad (5-14)$$

式中：C_T——考虑运输和安装的设备价值；C_s——设备的剩余价值(废件价值)；a——全年折旧扣除的定额，%；k_3——设备负荷系数，即直接加工占用设备的时间与该设备工时总数之比，其中考虑了由于技术或组织因素所造成的计划以外的停工，例如工作地不能及时收到毛坯等；T_y——设备全年工作时间总额，亦即设备全年能用于工作的总时间，h，其数值为全年工作日总数乘以企业的工作班数，再乘以每班工作时间(小时)，其中应扣除设备大修时间。

专用设备是指指定用于制造同一种零件的设备。这种设备除装有专用组合件外，还装有能用于其他专用设备上的通用标准组合件。在产品更换前，专用设备一直处于使用中，此时，通用零件和组合件的折旧费可以和通用设备一样按式(5-14)计算。不能在新的组合中利用的设备专用部分，其折旧费以及设备安装费则平均分配到使用专用设备制造的每个零件中去。专用设备折旧费可按下式计算：

$$D_c = D' + D'' \qquad (5-15)$$

式中：D_c——专用设备折旧费；D'——设备通用部分的折旧费；D''——设备专用部分折旧费和设备安装费。

$$D'' = \frac{C'_T}{N} \qquad (5-16)$$

式中：C'_T——设备专用部分的价值及其安装费；N——投产期内必须在专用设备上制造的零件总数。

(5)夹具费用 F 取决于夹具类型。

通用夹具费用 F 包括外购夹具的价格(或自制夹具的成本)和修理费。将这些费用平均分配给夹具使用的整个期间，而分摊给利用此夹具制造的每个零件上的费用，则由制造该零件所占用的夹具时间决定。

$$F_G = \frac{C_{F.G} + C_R}{k_B T_H} \frac{T_{ac}}{k_H} \qquad (5-17)$$

式中：$C_{F.G}$——通用(外购)夹具的价格或自制夹具的成本；C_R——夹具投入使用后的修理费用；k_B——考虑夹具使用时间不充分的夹具利用系数；T_H——夹具完全磨损前的使用期限。

专用夹具费按下式确定：

$$F_s = \frac{C_{FS} - C_S + C_R}{N} \qquad (5-18)$$

式中：C_{FS}——专用夹具的价格或成本；C_S——制品停产后，有可能用于制造其他夹具的夹具零件剩余价值；N——产品生产期间必须在该夹具中制造的零件总数。

机床专用夹具通常负荷不足，要想降低专用夹具费 $C_{F.S}$，可在不大的范围内将其重新调整后用于制造其他零件，这就增加了在同一夹具中制造的零件总数 N，从而降低了 $C_{F.S}$。

（6）工具的费用 T 包括外购的和自制的工具费、刃磨费。

通用工具的费用按下式确定：

$$T_G = \frac{C_{TG} + C_S n_S}{T(n_S+1)} T_M \qquad (5-19)$$

式中：C_{TG}——通用工具价格；C_S——花费在一次刃磨中的费用；n_S——完全磨损前工具刃磨次数；T——两次刃磨期间工具的寿命；T_M——机床工作时间，h。

磨削工具（砂轮）的刃磨费不应计算在内，因砂轮的修整时间已在单件时间公式内给予了考虑。

专用加工工具费 T_S 按下式确定：

$$T_S = \frac{C_{T.S} + C_S n_S(Q_S-1) + C_S n'_S}{N} \qquad (5-20)$$

式中：Q_S——加工全部零件 N 所需的同一类别尺寸的专用工具数；$C_{T.S}$——专用工具成本；n'_S——生产计划全部完成后，最后一件专用工具的刃磨次数；N——产品生产期间必须在该夹具中制造的零件总数。

因最后一件专用工具可能尚未达到完全磨损的程度，故其刃磨费 $C_S n'_S$ 较 $C_S n_S$ 少。

Q_S 值按下式确定：

$$Q_S = \frac{T_M N}{T(n_S+1)} \qquad (5-21)$$

当求得的 Q_S 为小数时，将其值增大到最接近的整数。

5.5.3.2　降低成本的工艺方法

降低产品成本的基本方法是提高劳动生产率。随着劳动生产率的增长，工资费用就会降低。此外，如果提高劳动生产率是建立在利用现有设备和装备的基础上，则因为减少了加工时间，从而工艺成本中每个组成部分（材料和工具费用除外）的费用都得到了降低［见公式（5-12）～式（5-14）］。

采用高生产效能的设备、专用工具和专用夹具，则在提高劳动生产率的同时，也会导致设备维护、折旧以及工具和夹具等方面费用增加。

（1）降低毛坯费用：毛坯费用是产品成本中最重要的组成部分，在很多产品中，毛坯费用占价格的 25%。

降低毛坯费用的主要方法是减小毛坯质量［见式（5-8）］，也就是尽可能使毛坯质量接近完工零件的质量。减小毛坯质量除可降低毛坯费用外，还能节约原材料，这对国民经济具有很大的意义。另外，毛坯外形接近零件外形时，也会减少机械加工工作量，并会降低工艺成本中的其他组成部分的成本。

从材料利用观点看，毛坯的完善情况可用材料利用系数 η_M 表示。η_M 是完工零件的质量

m 与此零件毛坯质量 m_M 之比,即

$$\eta_M = \frac{m}{m_M} \qquad (5-22)$$

在毛坯制造中,可以采用挤压、冷镦、模锻和特种铸造等先进的工艺方法来减轻毛坯质量。由板材制造的零件,可以采用能节约材料的排样来提高材料利用系数 η_M。

(2)降低修理费用:在设备使用的全部期间内,总的修理费会超出新设备原有价格数倍。

设计工艺过程时,在其他情况相同的条件下,应当选择最简单而且设备修理复杂系数值[见式(5-12)]较小的设备。

用于缩短单件核算时间的所有措施都有助于减少修理费用。

降低能量费用:减少单件产品能量的消耗和降低单位能量的价格都能降低能量费用。前者可采用高效率的设备并按其功率尽可能使其充分负荷等方法达到,后者可利用廉价的其他形式能源来达到。

(3)降低设备折旧费:与提高劳动生产率密切相关的现代化设备日趋复杂,价格也不断提高。正确使用这些设备时,由于劳动生产率的提高所引起的产品成本的降低会超过设备价格的增加。此外,有时要选择贵重而复杂的设备,而它的能力又不能得到充分利用,在这种情况下,劳动生产率提高得比较少,而设备折旧费却增加很多,以至于在经济上会变得不合理。

从功率和时间上改善对设备的使用,使得设备负荷系数增加、单件核算时间降低[见式(5-14)]具有很大的意义。设备使用得到改善后,除降低折旧费外,还可在不增加额外投资的情况下提高产品的产量。

(4)降低夹具费用:通用夹具是在专业工厂中制造的。使用通用夹具时可采用减小单件工时[见式(5-17)]和降低修理费等方法来降低夹具费用。

专用夹具费是产品成本中最主要的组成部分。采用通用组合装配夹具的标准的高精度耐磨成套元件并用螺栓和螺钉装配的夹具,或者在结构中最大限度地采用通用元件,都可使专用夹具费明显降低,同时也可加快夹具的制造速度。生产对象改变时,可拆开夹具,将其零件用于装配新夹具。

降低夹具调节费用:降低调节费用的基本方法是减少准备-结束时间中的夹具调节时间。

(5)降低工具费:选择工具时,不能只考虑费用的多少。采用价格便宜但寿命短的工具会延长加工时间并增加工艺成本中的其他组成部分的成本。加工中通常选用的工具要使机床能充分负荷,或者机床主轴接近最大转速时也能加工。

产品确定后,用于生产准备和试制所需的合理的初次费用取决于产品的产量和生产计划。显然,产品产量愈大,则初次费用(购买专用和通用设备、购买工具、使生产过程机械化和自动化等)也愈大。这样做在经济上是合理的,因为增加初次费用能保证生产过程有较高的技术水平,并有助于提高产品制造工艺过程的技术经济指标。

本小节内容的复习和深化

1.从仿真的内容和目的来看,装配作业仿真与成形过程数值模拟有何异同?

2.工程实践表明,成形过程数值模拟计算结果与实际试验结果有一定偏差,数值模拟在制造工程中如何发挥作用?

3.结合机加、钣金和复材关键加工工序,说明单件工时由哪些方面组成?如何提高制造效率?

4.产品工艺成本中包含哪些内容？如何降低生产成本？为什么说树脂基纤维增强复合材料热压罐固化成形工艺成本高？

本章拓展训练

针对已建立的飞机典型结构(机加、钣金、复合材料零件)以及装配件,设计具体的工艺过程,包括描述如何进行工艺方案设计的步骤、方法和设计结果,评估在多个可选工艺中是否具有较好的技术经济效果。结合智能制造发展方向,探索如何发展工艺过程智能设计技术。

第6章 飞机制造工艺装备

工艺装备是产品制造的基础载体。基于飞机制造的特点,在其制造过程中,必须采用大量的工艺装备对工件进行加工、成形、装配、检测以及工装本身的协调,因此,工艺装备的选用、设计和制造是飞机制造中十分重要的任务。本章主要从尺寸传递协调中分析工艺装备的作用、工艺装备设计的依据,给出模具和型架设计实例。

通过本章学习,要求读者掌握工艺装备在保证协调中的作用、不同工艺方式下的工艺装备设计依据、典型工艺装备组成及其设计方法。

6.1 工艺装备及其在保证协调中的作用

产品最终尺寸的获得,就是将结构图纸上的尺寸和形状进行传递的过程,传递的方法就是利用工艺装备、设备和测量装置将图纸的形状和尺寸移形,形成零件和产品的形状和尺寸。在一般机械制造中,图纸上由公差与配合制度规定的尺寸是在一定类型的工艺装备或设备上直接按图纸制造产品而得的,几何尺寸的检验是采用标准测量装置或极限量规。在飞机制造中,传统上采用的模线样板工作法,它以产品形状和尺寸相互联系的制造为原则,采用特殊的、专用的刚性几何信息载体(样板、标准样件、模型和量规等),将飞机外形(理论模线)和内部结构(结构模线)的尺寸或形状传递到检验测量装备和工作装备上,以保证工件之间的协调和互换。

6.1.1 飞机制造中的工艺装备

(1)制造各阶段所需工装。图6-1所示为飞机制造各阶段所需工装情况。成套的专用工艺装备涉及飞机从设计、制造到交付的整个过程,不仅是保证产品协调的依据,而且是提供产品制造和检验的物质手段。它关系着飞机制造中从生产准备、零件制造到装配、安装过程的一系列技术经济问题,影响着飞机生产各阶段和各个环节的工作。

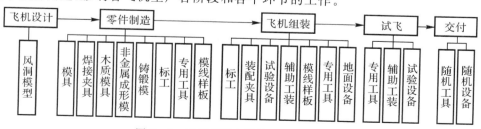

图6-1 飞机制造各阶段所需工装情况

飞机制造和一般机械制造相比,由于需要保证控形和协调,要设计制造大量专用工艺装备,不同机型在不同研制阶段,少则有几千套,多则有上万套,工艺装备设计制造周期长,一般约占飞机研制周期的1/3。采取技术和组织措施,缩短生产准备周期,对飞机制造具有重要意义。

(2)工装设计制造组织网络。由于工艺装备数量少,品种多,绝大多数工装是单件生产,属于非标性质,工艺装备设计制造和管理工程涉及飞机制造企业的多个单位和部门,形成了复杂的网络体系。工艺装备相关部门职责如图6-2所示。飞机制造企业有专门部门负责飞机产品的工艺装备的订货、设计、计划、制造、定额、定价、请制和统计等。

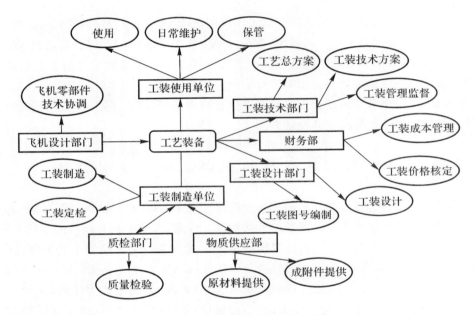

图6-2　工艺装备相关部门职责

(3)工装设计制造技术。当前,飞机工艺装备的设计、制造的主要内容已从传统的机械加工向机、电结合的数字测量方向发展。随着现代科学技术的最新成果不断涌现,飞机制造技术已向采用新的综合技术、建立以飞机产品数字建模技术为主导、广泛采用新技术和综合化的完整工艺制造体系发展。新一代飞机将由新一代的制造工艺来实现,这必然引起工艺装备设计和制造技术的根本性变革。

6.1.2　不协调问题的分析解决

工艺装备的协调是进行飞机装配的必要前提。在生产中经常会出现不协调问题,尤其在试制阶段,实际上试制阶段主要是处理、解决大量的各种不协调问题。飞机制造中的不协调问题主要表现在:工件与装配型架之间的不协调、工件与工件之间的不协调。

(1)工件与装配型架之间的不协调。例如,机翼前缘蒙皮在型架卡板上的定位存在超过允许值的过大的间隙(见图6-3)的问题。又如,机身隔框在机身总装型架内用定位孔定位时,插不进定位销等。为保证它们的协调,首先必须使制造零件的模具与这些零件参加装配用的型架之间,或者有关的型架与型架之间能相互协调。

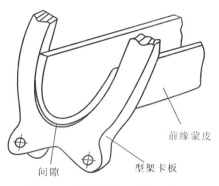

图 6-3 前缘蒙皮和卡板不协调

(2)工件与工件之间的不协调。图 6-4 所示为某机身隔框,由上、下框缘套接而成,装配时往往出现间隙或过盈而无法套合。又如中、外翼对接时,由于叉形接头的孔距误差过大以及接头孔的错位而影响螺栓的连接,或者对接以后,中、外翼的相对位置(安装角、上反角等)不符合技术要求等。为满足它们的装配要求,必须确保有关模具之间、有关型架之间的协调。

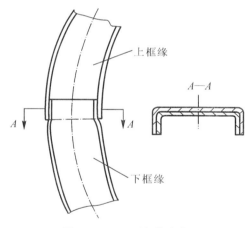

图 6-4 上、下框缘套接

对飞机生产中出现的不协调问题,需要通过认真的调查、分析,从许多可能的因素中找出主要因素,从而针对问题所在,有效地进行解决。图 6-3 所示的前缘蒙皮,在参加装配时与型架卡板不协调的现象是:主要在前缘端头处与卡板不协调,蒙皮与卡板之间存在的间隙,超过了技术条件所规定的允许值 0.8 mm,在有些部位的间隙为 2~3 mm。

为了明确产生不协调的原因,一般都应根据其协调路线,如图 6-5 所示。调查、分析前缘蒙皮和型架卡板外形尺寸的形成过程。

由其协调路线可知:

$$\nabla_{卡-蒙} = (\Delta_4 + \Delta_5) - (\Delta_1 + \Delta_2 + \Delta_3)$$

其中,Δ_5 包括卡板按夹具样板加工的误差以及卡板在型架上的安装误差,可控制在 $\begin{pmatrix} +0.2 \\ -0.1 \end{pmatrix}$ 范围内。

Δ_4(Δ_1)是夹具样板(或模具样板)按外形检验样板制造时造成的误差,这环节由于规定的样板公差,其误差可控制在$\begin{pmatrix} 0 \\ -0.2 \end{pmatrix}$范围内。

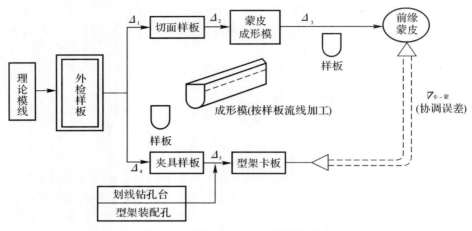

图 6-5 前缘蒙皮和卡板的协调路线

Δ_3 包括蒙皮成形时在模具上贴模不良的误差,以及蒙皮淬火后校正质量上的误差,或者蒙皮在存放过程中由其他原因引起的变形误差。

Δ_2 为模具外形相对于模具样板的误差。在样板所控制的切面,其误差很小,但在非控制切面处,由工人流线加工按直尺检验,其误差较大,甚至在 1 mm 左右。

当蒙皮外形尺寸最小,而卡板外形尺寸最大时,蒙皮和卡板之间的间隙最大。即 Δ_1、Δ_2 均为负偏差,而 Δ_4、Δ_5 为正偏差时,$\nabla_{卡-蒙}$ 的值最大。根据实际出现的间隙值为 2~3 mm,则 Δ_3 为 0.6~1.6 mm。

由以上调查分析可见,产生上述不协调问题的主要原因是模具制造误差和蒙皮成形误差,而蒙皮成形误差中包括的贴模不良,可由补偿蒙皮弯曲回弹来解决。

飞机生产中出现的不协调问题,涉及面很广,其中工艺装备的协调是主要因素。由上述实例可知,如果有关的工艺装备之间相互不协调,就必将导致工件与工装以及工件与工件之间的不协调,从而要求工艺装备返修或要求重新协调制造,甚至使产品零件或部件报废。

由此可见,工艺装备的协调情况对飞机生产的影响很大。因此,在生产准备阶段制定飞机总工艺方案和部件装配方案时,一定要重视协调方案和协调路线的拟定以及工艺容差的合理分配。此外,如果工艺装备制造有超差,或工艺装备的变形过大,也会引起产品装配不协调问题。在生产上,如果零件制造误差过大,或者装配误差和变形过大等,也都可能引起不协调问题。

除了工艺方面的因素以外,不协调问题还往往涉及产品设计方面的因素。如果飞机的构造工艺性差,对零件制造和装配的准确度要求不合理,或者飞机图纸表示的结构、尺寸有差错等,就容易造成不协调问题,并使保证互换协调的方法复杂化。

因此,飞机生产中的互换协调问题,在飞机设计和制造工艺的过程中,都必须要重视,共同努力,才能有效解决。实践证明,只有工装的制造精度高于飞机工件精度的 2~3 倍,才能将工件制造误差控制在要求的精度范围之内,才能保证飞机零部件之间的互换性。在飞机制造中,零件制造和装配精度主要是通过工装来保证的,工装保证了零件之间的协调,也就最终保证了飞机总装的协调。

本小节内容的复习和深化

1. 在飞机设计、零件制造、装配及交付时,需要使用哪些类型工装? 试给出分析问题的角度。

2. 结合实例说明工艺装备在保证飞机生产中的协调所起的作用。

3. 将工件制造误差控制在要求精度范围之内和互换,工装的制造精度应高于飞机工件精度的多少倍?

4. 结合某一结构件制造过程,说明所使用的全部工艺装备有哪些。

6.2　飞机生产工艺装备的依据

生产工艺装备的制造依据有标准工装、样板、数模等,由于不同工艺装备采用同一制造依据,所以保证了有协调要求工装之间的协调。

6.2.1　工艺装备的选用

在新机型试制时,选择工艺装备是一项非常重要的工作。通常,先制定试制工艺总方案,规定工艺原则,如产品工艺分离面的划分、互换协调方案、工艺装备选择系数等,并且在协调图表中表示了标准工艺装备和各类生产工艺装备之间的协调关系。选择工艺装备的品种和数量,应以满足产品的总产量、最高年产量的需要和保证产品质量为前提,具体要考虑以下因素。

(1)产品结构的特点。产品的结构形式、工艺分离面的划分、连接形式和技术要求是确定选择工艺装备品种和数量的重要因素。如采用整体框、肋,则零件工艺装备少。又如工艺分离面划分得少,则装配工艺装备品种和标准工艺装备也少。当技术要求高、对接接头形式复杂时,对工艺装备的技术要求也就较高。在对飞机结构进行工艺性审查时,也要同时考虑工艺方案、工艺装备选择的问题。

(2)生产性质和产量。新机的研制、试制、小批量生产,正常批量生产以至改型都有不同的周期要求和投资条件。新机研制要求尽快造出试验机,尽量少用标准工艺装备。试制并要转入不同产量的批生产时,工艺装备品种的数量就要恰当,既要能较快地研制出新机,又要为转入批量生产、增加工艺装备做准备。当产量大时,工艺装备就要多一些。

(3)互换协调的要求。对互换协调性要求高、协调关系复杂的工件,其标准工艺装备、检验工艺装备以及生产工艺装备都可能更多,以保证协调要求。对于互换性部件,如果没有结构的设计补偿,则常采用精加工设备以达到对接互换的要求。

(4)工厂的技术条件和发展水平。工厂的技术水平,尤其是工艺装备协调的传统经验以及研究、发展水平,都是应该考虑的因素。应用工厂原有工艺装备的清单,对减少工艺装备制造费用和缩短生产工艺准备周期有重要意义。应由工艺部门和工艺装备设计部门共同进行调查和研究来确定,因为往往对工艺规程和原有工艺装备稍加更改就可利用原有的工艺装备。

6.2.2　生产工艺装备的依据

飞机制造中有大量有曲线或曲面外形的钣金零件,需要采用大量的各种模具来成形,而且基于飞机结构的特点,又采用了许多结构复杂的、外廓尺寸比较庞大的装配夹具(型架)。工艺装备的核心作用就是赋予或保持产品形状,而工艺装备型面的依据随着制造技术的发展而在不断变化。从传统的飞机制造技术到现代以数字化为核心的制造技术,成形模具、型架等工艺装备的依据从模拟量到数字量不断衍变,工装设计效率和质量不断提高,飞机制造效率和质量亦随之逐步提高。下面主要结合成形模具设计说明其工装制造的依据。

6.2.2.1 模拟量传递的工艺装备制造

在模线样板工作法的模拟量尺寸传递体系中,飞机产品信息以模线、样板、标准样件等模拟量作为载体传递至模具。如:框肋零件外廓尺寸按样板加工,其弯边角度一般用普通角度尺或专用角度样板来保证;双曲度蒙皮零件成形模具的加工需用成套切面样板,加工出各切面的外形,以此作为基准再修出切面形状。对于样板之间的曲面形状难以准确控制,其曲面外形的协调性就差。因此,对外形协调要求高的蒙皮拉形模,一般需按表面标准样件来塑造模具的曲面外形;对于框肋缘条、桁条类零件,外形准确度要求高、尺寸较大、曲率半径较大,通常根据外形样板加工模具。

在此种模式下,工艺装备制造须严格按照尺寸传递协调路线规定的"模线→样板→工装"的先后次序进行(见图6-5),上一部门的工作完成后下一部门才能开始工作,技术准备工作不能过早开展,否则会造成整个设计生产周期相对延长。同时,设计制造各个阶段相对独立,在工装设计之初,不能有效评价工装的可制造性及产品的质量;模具可复制性和协调性差,工装返修率高,由于尺寸传递环节多,成形模具外形误差往往达 $0.2 \sim 0.3$ mm,局部甚至高达 0.5 mm,零件成形精度低。

6.2.2.2 数字量传递的工艺装备设计

随着数字化技术的发展应用,三维建模已成为设计中的基本选择。三维设计模型准确地描述了产品的最终形状和尺寸,通过新增、提取、重构模型信息,如定义工艺耳片、工艺孔、变形型面等,形成工艺设计、工装设计、设备控制所需的制造模型,以解决产品信息和工艺过程之间的矛盾(见图6-6)。相对于模拟量而言,数字量是对模型载体的描述,而实现高效高质量制造的关键还在于与工艺相关的模型形状和尺寸,从设计模型型面到以变形补偿型面的移形,既是技术发展历程的体现,也是对制造效率和质量不断提升的必然要求。制造模型驱动的数字化制造如图6-6所示。

(1)设计模型移形的工艺装备设计是指直接从飞机产品模型库中提取工艺装备所依据的外形和内部结构三维模型,根据工艺要求补充工艺孔、余量等结构要素,但型面未作修正而建立的工艺模型,作为工装设计的依据,再进行工装数控加工,不需要经过模线和样板等尺寸传递过程。因此,可以省掉许多样板和标准工艺装备,提高了工艺装备的制造准确度和加工效率,缩短了生产准备周期。

飞机零部件具有薄壁、外形复杂、弱刚性等特点,由于加工残余应力等因素,会引起变形,如数控切削后变形、钣金件回弹与翘曲、复合材料件固化后回弹、装配后变形。以钣金件为例,将表达最终零件形状尺寸的设计模型作为工艺装备设计依据,零件制造效率有一定程度提高,但由于未考虑工艺变形,未对工装予以修正,只能以"设备和模具粗成形+手工精校形"的方式制造零件,大量应用手工校形,因此,不能显著提高制造效率和质量。采用"试错法"修模则周期长、成本高。

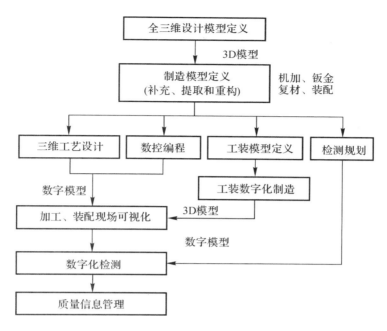

图 6-6　制造模型驱动的数字化制造

（2）变形修正模型移形的工艺装备设计。为了实现产品的高效精确制造，对于起移形作用的工装，不能仅以产品设计模型作为工装设计的依据，在工装设计时就要求以补偿工艺变形后的型面作为依据。在综合考虑制造工艺过程夹持、定位、工艺变形等因素的基础上定义成形工艺模型以用于工装设计，是实现高效高精度制造的关键。即：在模具型面中考虑零件的回弹等工艺因素，将回弹补偿后的成形工艺模型作为模具设计的依据，才能改变大量手工校形或反复试错的制造方式，保证零件成形精度，同时缩短制造周期。

6.2.3　工艺模型内容及其定义

工艺流程中规定了从原材料到产品的物料流加工和装配过程，在各个工序机床设备和工艺装备的作用下，工件特征（形状、尺寸和性能）不断改变。制造模型是面向下料、成形、连接、检验等工序，由相互关联的中间状态工序件模型组成的，用于各工序下的数控编程、工艺装备设计或检验规划等制造活动。相对于设计模型的最终状态，一个零件或部件面向工艺过程具有多个不同中间状态模型，即多态性。用于加工和装配工序的模型称为工艺模型，用于检验工序的模型称为检验模型。本节重点介绍工艺模型，生产企业又将工艺模型称为工艺数模。

6.2.3.1　工艺模型定义的内容

飞机机加、钣金、复材零件和装配件外形一般为双曲率型面，结构特征和工艺过程各不相同，制造模型的内容及其作用亦不相同。工艺模型传递用于工艺过程规划、工装设计、数控编程和现场操作，可提高制造效率和精度。典型飞机构件制造模型见表 6-1。

表 6-1 典型飞机构件制造模型

典型件	工艺链	制造模型示例	模型用途
机加件	下料—粗加工—精加工—检验	粗加工、精加工轮廓	用于加工的数控编程
		考虑加工变形对零件形状反向补偿	用于数控编程,减少加工变形
钣金件	下料—热处理—成形—切边—检验	展开下料模型	用于下料加工的数控编程
		考虑加工定位添加定位孔等信息,考虑回弹、翘曲等因素修正零件型面	用于成形模具设计,提高制造精度
复合材料构件	下料—铺贴——成形—切边—检验	铺层单元展开轮廓、面向铺放定位提取边界数据	用于下料、加工定位的数控编程
		考虑回弹、翘曲等因素修正零件型面	用于成形模具设计,提高制造精度
装配件	定位—制孔—涂胶—连接—检验	添加定位、制孔、紧固件连接和密封等标注信息	用于现场操作

（1）根据定位、修配等要求添加结构要素。为了满足飞机零件加工、装配的需要（如定位、夹持、装配等），在制造过程中，需向零件添加新的结构要素，通常为工艺孔、耳片、余量等。如为便于装夹定位，需要在零件上添加工艺孔（框肋零件）、耳片（不便于销钉孔定位的框肋零件、整体壁板等）等结构；为了在装配过程中按照与周围零件的协调关系（如搭接或对接时对边距或间隙的要求）进行修切，口盖、蒙皮等零件需要留出余量，装配中修切余量由交接状态表规定，一般尽量取直线边，并尽可能节约材料。

（2）下料工序的展开下料模型。将钣金件、复材件展开成平板件毛坯而得到的模型或根据机加件外形计算得到的毛料尺寸，用于数控下料加工。毛坯外形尽量优化以减少成形后的修边工作量和切割工作量，提高零件的成形质量和加工效率。

（3）成形工序的回弹补偿模型。根据零件材料和几何特征预测回弹量，并对贴模面予以补偿，再依据补偿后的工艺模型进行模具设计，以实现精确成形。两个相互套合的零件为装配需要，被套合件的外形轮廓尺寸应比套合件内缘边小 0.2 mm 左右（见图 6-4）。

（4）中间工序的工件模型。钣金成形等中间工序的形状和尺寸，如在钣金件塑性加工过程中，变形程度较大的零件由于受到材料成形极限的限制，需多次成形，根据成形工艺确定每次成形工件的形状，用于中间过渡模具设计。

6.2.3.2 典型零件工艺模型定义

零件制造单位以工程数据申请单等形式向零件工艺装备设计单位提出建立工艺模型的申请，在技术要求中应说明工艺模型的要求。工艺装备设计单位根据产品数模、工程数据申请单、指令性工艺文件（如交接状态表、工艺要求等）等，采用与设计数模完全相同版本的软件平台建立工艺数模。

如图 6-7 所示，以飞机框肋类零件为例，其"一步法"成形的工艺过程对应的工艺模型包括：添加工艺孔等特征，表示成形工件的模型；对弯边、下陷考虑回弹补偿，建立工艺模型；将工艺模型展开成平面毛坯模型；对同一材料牌号状态和规格的多种零件毛坯，在同一板料中下料的排样模型。

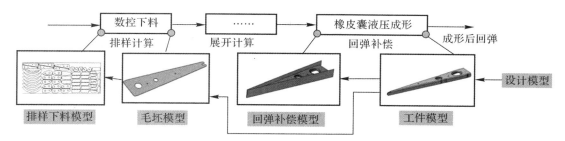

图 6-7　框肋零件制造工艺链及制造模型定义

工艺模型定义既有几何信息提取和型面变形修正问题,又有材料转变为产品工艺过程的变形量预测问题。以回弹预测和补偿为例,采用数值模拟或基于工程中积累的知识(企业在不同飞机产品制造中保存的生产数据,现场工程技术人员积累的大量经验等)进行回弹量预测,可定量化控制零部件的制造准确度,从而提高制造效率。

本小节内容的复习和深化

1. 飞机工艺装备选用需要考虑哪些因素? 试举例说明。

2. 在模拟量传递的工装制造中,蒙皮和框肋零件成形模具如何制造? 说明其工件制造质量、成本和周期。

3. 在数字量传递的模具设计制造中,以设计模型和工艺模型为依据对工艺流程有何影响? 说明达到工件质量要求的关键是什么。

4. 什么是制造模型? 结合零件加工和装配工艺流程,说明面向各个工序分析分别需要定义哪些制造模型。这些模型分别起什么作用?

6.3　典型工艺装备的设计

当飞机工艺装备选定后,由工艺人员拟定、发出工装设计任务书,提出对该工艺装备的技术要求,再由工艺装备设计人员进行设计、出图。在工艺装备设计技术条件中,应规定工艺装备的作用、结构形式、定位基准、制造依据和主要技术要求等。

6.3.1　零件成形模具设计

飞机钣金件和复材件成形质量控制的重点是作为几何信息传递载体的模具型面和结构。模具结构取决于零件结构特点。成形模具分类主要以零件成形工艺为依据,如框肋零件橡皮囊液压成形模具、蒙皮拉形模具、型材拉弯模具、导管弯曲成形模具等。目前,模具制造中已主要使用数控机床加工,下面以钣金件成形模具为例,介绍模具设计方法和实例。

6.3.1.1　模具结构特征

以框肋零件橡皮囊液压成形模具为例进行介绍(见图 6-8)。橡皮囊液压成形是一种柔性成形方法,在成形过程中,橡皮囊有凹模(或凸模)的作用,因此,橡皮囊液压成形模具结构较传统冲压工艺中的刚性凹、凸模具简单,一般只需要单模,并且不需要模架。

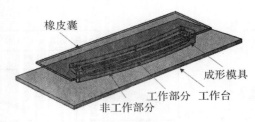

图 6-8　橡皮囊液压成形模具

（1）成形模具模体外形主要取决于零件型面形状，但并不是简单地直接从零件内型面或外型面移形，模具型面与零件型面二者之间存在着差异：在模体尺寸上，钣金件包覆在模具上，模体结构可分为工作部分和非工作部分。

1）工作部分与零件相贴合，主要由成形零件形状确定、必须符合零件形状或选用与零件形状相近的外形，不同类型零件的模具工作部分形状变化较大；对于模具型面形状，如果考虑零件成形后的回弹变形影响，模具工作型面还需要在局部与零件型面产生一定偏离，以补偿回弹量。因此，模具型面是在零件型面基础上，经扩展、延拓与局部变形修正而形成的。

2）非工作部分主要用于保证模具结构的完整性、稳定性、强度和工艺性要求，设计时可在不超出标准要求的范围内由模具设计人员自行确定，结构相对灵活。加强结构用于满足模具的强度和稳定性需要，橡皮囊液压成形模具加强结构形式见表 6-2。常用加强结构可分为基座、底板、放射筋条、顶角加强或它们之间的组合等形式。

表 6-2　橡皮囊液压成形模具加强结构形式

加强形式	图　示	适用情况
顶角加强		如果零件有细长尖端部分，使用顶角加强，保证模具有足够的强度，防止顶角部分受力过大破坏模具，或尖端部分破坏橡皮囊
整体基座加强		如果零件形状窄长，使用整体加强，以防止液压模具受力不均而倾倒
局部基座加强		如果零件弯边带斜角，考虑使用局部加强，以保证液压模具受力后的稳定性
底板加强		如果零件是半环形式，使用底板加强，以保证模具有足够刚性，防止液压模具在成形过程中发生变形
筋条加强		如果零件是窄长半环形式，采用筋条加强，以保证模具有足够刚性又不大量增加模具质量

（2）在橡皮囊液压成形过程中，为提高零件成形质量，防止弯边起皱，在成形模具中，有时还使用盖板、活动底板、侧压块、防皱块等辅件，其中盖板设计方法与成形模体设计方法类似；活动底板一般采用方块结构，形式简单；侧压块、防皱块的设计与应用涉及橡皮囊液压成形工艺中的起皱问题。模具结构还应考虑取件的方便，对于凹模成形，模体底部应开排气孔；对于体积较大的模具，还应根据需要在模具上设计帮运起重装置，如起重螺栓等。

6.3.1.2　模具设计过程

橡皮囊液压成形模具结构要考虑的因素包括 3 个方面：橡皮囊液压成形设备、成形过程受力及加工工艺性。成形模具的结构设计按其过程可分为总体设计、初步设计和详细设计三个阶段，在不同的设计阶段，具有不同的设计内容。

（1）总体设计是指根据所成形零件的结构特点对其模具结构进行初步规划，成形模具结构要考虑的因素包括 3 个方面：成形设备、成形过程受力及加工工艺性，总体方案设计主要确定材料、热处理方案以及结构形式、基本尺寸以及是否采用盖板、是否设计加强结构等，是后续模具设计的重要依据。

首先，应根据零件形状、尺寸以及产量等要求选择合适的模具材料以满足刚度需要，模具材料可以是钢、铝、夹布胶木、精制层板、塑料板等，如机身框的成形模具应采用钢制模具；其次，选择加强结构，对于弯边带斜角零件，模具应考虑局部加强，如襟副翼、小梁的成形模；对于窄长形零件，模具应考虑整体加强。

（2）初步设计主要进行结构参数设计。在橡皮囊液压成形容框内，压力一般是沿模具高度方向自上而下地减小的，在底部形成低压区，因此，模具的高度应较零件的弯边高度大 10～15 mm；其次，不参与弯边成形的模具边界一般需在零件边界的基础上向外偏置一定距离。橡皮囊液压成形模具最大外廓尺寸应满足机床工作台面尺寸要求，根据设计标准，模具的最大长度和最大宽度应比橡皮囊液压成形机床台面最大长度和最大宽度小 10～20 mm，模具的高度应比机床台面的深度小 15～20 mm。为防止橡皮囊液压机一次成形多个钣金件时各个成形模具之间高度差异过大而降低橡皮使用寿命，成形模具高度值应尽量取 5 的倍数。

（3）详细设计主要进行模体、盖板、标准件的三维模型建模，并装配形成模具。为了保护橡皮囊，除底面外，模体边缘与棱边均需倒圆角；模具非工作部分应避免小孔或窄间隙存在，小而深的孔和窄而深的缝隙对橡皮的破坏性极大，放入的橡皮被摩擦力夹紧在孔或缝隙中，在卸压时很容易被拉断。

以异向弯边框肋零件为例介绍橡皮囊液压成形模具设计过程，该零件截面形状近似为 S 形，异向凹弯边和凸弯边相结合，其中内缘为凹的双弯边，外缘为凸的单弯边，材料 2024 - O - $\delta1.27$，具体尺寸包括：圆角内半径 R 为 3 mm、弯边高度为 20 mm、腹板最大宽度为 50 mm、长度为 679 mm、弯边角度为 90°、补偿角度为 2.5°，然后形成工艺模型作为模具设计的依据。零件模型与成形模具模型如图 6-9 所示。

根据零件结构特点，需两套成形模具，模具材料选用 Q235，根据零件形状细长的特点，选取加盖板的模具结构，加强方式为底座加强。根据上述设计方法，计算模体、加强结构、外缘保护缘的结构尺寸。

图 6-9 零件模型与成形模具模型

(a)零件模型； (b)模具模型

6.3.2 装配工艺装备设计

飞机装配工艺装备可以分为两类：一类是标准工艺装备，如标准样件、标准平板、标准量规等；另一类是生产用装配工艺装备，如装配夹具（型架）、对合台、水平测量台、精加工型架、安装定位模型（量规、样板）、补铆夹具、专用钻孔装置、钻孔样板（钻模）。由于飞机结构复杂，零件、组件甚至是部件的工艺刚度小，而组合成的外形及接合面又有严格的技术要求，因此，飞机的机身、机翼和壁板装配都会采用型架。

6.3.2.1 型架结构组成

装配型架主要由骨架、定位件、夹紧件和辅助装置组成。型架尺寸较大，在设计过程中须考虑刚度和温度对协调的影响。为了保证各元件之间位置的准确度和稳定性，骨架应具有足够的刚度。骨架的结构形式大体可分为框架式、组合式、分散式和整体式 4 类。例如，中央翼壁板为翼面类板件，一般采用框架式骨架。骨架由底座、立柱和横梁构成，为了加强骨架的稳定性，在型架底部中间位置另加支座，如图 6-10 所示。

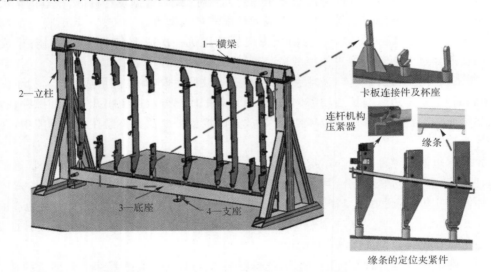

图 6-10 中央翼板件装配型架示意图

定位使工件在型架或夹具中获得正确的位置，夹紧使定位好的位置不因外力的作用而发生改变。定位件与夹紧件虽然作用不同，但它们是密切相关的，在结构上常常合为一体，称为定位夹紧件。外形定位件是用来确定飞机部件的气动力外形的定位件，一般可分为 3 类：卡板、内型板和包络式定位面板(或称包络板)。卡板由卡板本体和卡板端头组成,卡板一般都在上、下端头用轴销固定在接头上,而接头用快干水泥固定在型架骨架上的杯座中。以缘条的定位夹紧件为例,缘条带有曲线形状,可采用卡板凸台实现定位,然后使用连杆机构压紧件夹紧。

　　型架除了起定位作用以保证零组件处于空间相对准确位置外,还有校正零件形状和限制装配变形的作用。对于低刚性零件的定位,如钣金件,不能完全按照刚性件六点定位原则,往往需要增加必要的"过定位"点进行定位,即增加定位器、夹紧器的数量和接触面积以提高工艺刚度,从而减少工件的工艺变形。因此型架的定位件不遵守"六点定位原则",往往采用多定位面的"超六点定位",即"超定位"方法。零件、组合件在型架内装配,可发现不协调的地方,检查或修正的依据就是型架定位器的工作面,根据装配指令对不协调部位或者敲修,或者施加垫片。

6.3.2.2　型架设计过程

　　装配型架的设计一般包含总体设计、骨架设计和定位夹紧件设计三部分内容。型架总体设计是依据装配对象确定型架的总体结构形式和布局的。以图 6-10 所示某型飞机中央翼板件为例来阐述型架的设计过程。

　　(1)型架总体设计。此设计阶段主要包括两项工作:一是选定型架的总体结构形式,二是对型架结构进行总体布局。主要内容为确定装配对象在型架中的放置状态,确定装配对象的出架方式,确定装配定位夹紧件的类型和布局,确定型架的设计基准。

　　1)确定装配对象在型架中的放置状态。翼面类组件一般采用竖放方式,以便于作业人员进行铆接操作。同时,放置状态的设置要考虑作业人员的工作姿态,站立姿态下的工作高度在 1.1~1.4 m 范围内较好。

　　2)确定装配对象的出架方式。中央翼壁板尺寸、质量较大,需要在装配完成后采用吊车等辅助设备安全地移出架,因此在型架总体设计的时候就需要考虑这一因素,并给出明确的出架方式。对于翼面类组件来说,较为常用的是侧向出架。

　　3)确定装配定位夹紧件的类型和布局。首先,针对中央翼壁板的装配技术要求,确定上下端壁板、蒙皮、长桁等零件的定位基准,明确定位件和夹紧件的具体类型;然后,明确定位夹紧件在整个型架中的布局方式。

　　4)确定型架的设计基准。与机翼中的前缘—梁—板件装配型架选择同一设计基准轴线。

　　(2)型架概要设计。对骨架轴线进行设计,确定骨架型材截面类型与尺寸,确定骨架各元素(包括上梁、下梁、左立柱、右立柱和底座等)的几何参数;选择与装配件气动力外形有关的定位件类型,确定排布个数。

　　(3)型架详细设计。对骨架、外形定位件、零组件(例如压紧器、支座等)进行三维模型建模。

本小节内容的复习和深化

　　1.结合橡皮囊液压成形模具实例,分析成形模具的组成和设计过程。结合成形过程,说明成形模具的移形过程。

　　2.结合框架式装配型架实例,分析装配型架的组成和设计过程。结合板件装配过程,说明装配型架的作用。

本章拓展训练

　　针对已建立的飞机钣金、装配件模型和工装初步方案,详细设计成形模具和装配型架模型及其所依据的工艺模型,给出详细的建模步骤和结果。

第7章　飞机制造过程管控

为了提高企业在市场中的竞争力,现代飞机制造企业在采用先进的设计制造技术手段以提高制造技术水平的同时,纷纷采用先进的管理模式和技术对制造过程进行管控,包括设计过程管理、生产过程计划与控制、质量管控等内容。

通过本章学习,要求读者掌握产品数据及设计过程管理、生产计划与控制以及质量控制与适航管理的方法。

7.1　产品设计数据及过程管理

7.1.1　产品数据管理

产品数据管理(Product Data Management,PDM)是用于管理所有与产品研发相关的信息和相关过程的技术。PDM 以产品为中心,通过计算机网络与数据库等技术把所有与产品相关的信息和过程集成起来,企业中各种角色人员都可以共享企业信息,使产品数据在其生命周期内保持一致、有效和安全。产品数据管理中的业务对象包括:构型项、零组件、设计资源、图样、文件、审签记录和更改类对象。

产品数据管理是实现数字化设计制造和并行工程的支撑技术。产品全生命周期管理(Product Lifecycle Management,PLM)是将产品数据管理的概念和内容进一步扩展和延伸的软件,可实现研发过程、制造过程、售后服务数据的管理,加强企业间对产品数据的协同应用。

7.1.1.1　产品构型管理

飞机研制各阶段的产品数据,围绕产品结构建立并形成飞机构型,并对其进行管理,发放到后续环节供其他部门使用。产品结构与构型管理通过图形化的方式,清晰地表达产品的物料清单,同时将所有与产品相关的模型与产品结构关联,生成产品/装配/零件/文档,并定义相应的属性,实现产品数据的组织、管理和控制。

实施构型管理涉及两个基本的管理要素:一是构型项,二是基线。构型管理是以产品基线的建立为依据的,主要包括构型的标识、控制、纪实和审核。

(1)标识:确定构型的构成,把构型项的功能特性和物理特性编成文件,经过审批建立起产品基线。这是一个动态过程,涉及版本标识和产品数据生命周期不同阶段的标识。

(2)控制:对构型项的更改进行评价、协调、批准或拒绝,主要包括判断技术更改的正确性并形成文件、评价更改后果、实施并验证更改、处理技术偏离。控制是构型管理的核心工作,要确保不遗漏所涉及的所有产品和业务环节,更改必须经过相应的评审并采取综合处理措施,并且确保全过程闭环控制。

（3）纪实：记录和报告工程更改处理过程及执行情况，包括对所建立的构型文件资料的更改状况和已批准更改的实施情况进行记录和报告。

（4）审核：为了检验构型项是否符合产品技术状态文件中规定的性能、功能等特性而进行的审查。

7.1.1.2　产品文档管理

产品设计制造过程中所涉及的数据包括产品图样、分析数据、加工数据和装配数据等文档，分为图样集类、技术文件类、技术合同类（成品协议书、技术协议书及其相关文档）、协调交流文件类、更改类文件。文档管理提供了对分布式异构数据的存储、检索和管理功能，包括文档对象的浏览、查询与圈阅，文档的分类与归类，文档的版本管理，文档的安全控制等。其中，零组件图样用于产品信息表达，表现形式多样，包括：

（1）三维模型：全机各部分的理论外形、发动机进排气道外形、机翼理论外形（可用于样机）、空间运动分析线架、系统组成布置骨架和零组件等模型。

（2）二维图样：与零组件模型对应的零组件二维图样；通过数字样机或其他方式获得的图样，包括总体布置图、口盖布置图、三面图、机座舱布置图、交点数据图、理论外形图（被理论外形模型所代替）、水平测量图、喷漆图、外部标志图、内部颜色与标志图、操纵台总体布置图和仪表板布置图，各系统和结构的爆炸图和效果图。

7.1.1.3　工作流程管理

在整个开发过程中，需要有规范的开发流程来支持。工作流程管理主要实现产品设计与更改过程的定义、跟踪与控制，以保证产品开发过程中输出数据的有效性，包括任务分解与分发、审批流程管理、工程更改流程管理，具有传递文档、发送时间通知和接受设计建议等功能，可以保留和跟踪整个过程的历史记录。

（1）审批流程管理。PDM 系统使模型、文档或其他任务可以在相关研制人员之间流转及执行，包括模型、文档及其他任务的创建、审批、归档。通过系统预先定义的工作流模版，固化审核流程，在线显示工作流程进展状况。在审批过程中，严格控制待审批数据的操作权限，只有每一步骤的责任者可进行与其职责有关的操作。模型审签流程如图 7-1 所示。

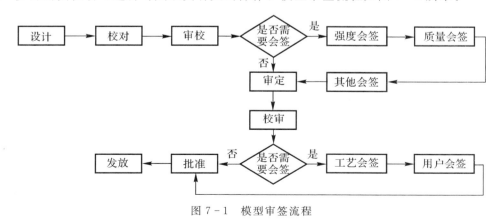

图 7-1　模型审签流程

（2）工程变更（Engineering Change）管理。由于市场的变化、客户的要求变更、设计上的改进以及采用新材料等因素,在飞机的研制过程中不可避免地会发生工程变更,它是飞机研制过程中一项非常重要而烦琐的工作。工程变更不仅会影响生产准备和零部件制造等方面的工作,而且还有可能影响已生产或正在生产的产品。

当有更改需要时,首先创建工程变更请求(Engineering Change Request,ECR),对变更内容以及相关影响进行衡量评估,批准后创建工程更改单(Engineering Change Order,ECO)并进行工程变更。工程更改单作为文档附加在相应零件和具体描述该更改单的工程更改上,与其他数据统一管理。

从更改的原因上看,产品数据的工程更改分为设计主动更改和设计被动更改。

设计主动更改是由设计发起的设计更改,设计部门根据用户的需求或其他需要,对原有设计进行更改。更改完成后向制造厂发出更改通知单、更改数据及相应的更改记录等。制造厂接到数据后,进行相应的更改数据发放,执行更改(工艺更改等),并将更改结果返回和保存,实现更改管理的闭环控制。

设计被动更改是制造厂向设计部门提出更改请求,由设计部门进行的更改。后续程序与上述相同。

7.1.2 飞机并行研制

传统上,产品开发采用设计到制造的串行流程,周期长、成本高,而且由于在设计的早期阶段不能全面地考虑后续环节的可制造性、可装配性等因素,造成设计改动量大。并行工程是一种对产品及相关过程(包括制造过程和支持过程)进行的并行的、一体化的工作模式。这种工作模式可使开发人员一开始就能考虑到从产品概念设计到消亡的整个产品生命周期中的所有因素,从而提高设计质量、降低研制成本、缩短研制周期。

7.1.2.1 并行工程的特征

并行工程就是集成地、并行地设计产品及相关过程的系统化方法。并行工程的特征包括:

(1)并行性:将时间上先后的作业实施过程转变为同时考虑或尽可能同时处理的作业方式,同时进行产品及其下游过程设计,所有设计工作在生产开始之前完成。

(2)整体性:考虑产品生命周期中的所有因素,追求整体最优。

(3)协同性:突出人才因素,发挥人的群体协作,以协同工作环境(计算机系统、软件工具等)、支持协同工作。

(4)集成性:人员集成、信息集成、功能集成和技术集成。

产品数据管理、项目管理、工作流管理、面向制造/装配的设计、计算机辅助设计等技术是实现并行工程的使能技术。随着数字化制造技术(数字样机、装配仿真、产品全生命周期管理等)不断发展,100%三维产品数字化定义和100%三维数字化预装配,使工程设计水平得到了极大的提高,大幅度降低了干涉、配合、安装等问题带来的设计更改。在线共享数据可以使工作更加有效,缩短了研制周期,从早期就可以开始进行验证,确保产品的性能与计划一致并且能够很容易地实施制造和装配,这样就能保证与产品设计、制造和支援相关的所有任务被完全综合到一起,形成了一条飞机数字化生产线。

7.1.2.2 并行研制的过程

三维模型是设计过程中对产品描述、交流、授权的唯一依据,为实现产品结构设计、工艺设计、工装设计、加工装配工作的一体化创造了技术条件。产品模型从最初的方案设计、经过中间状态,到详细设计趋近于完善的过程中,将达到一定技术状态成熟度的构型项产品模型提前发放给下游用户,开展产品协同设计和并行制造过程。产品模型成熟度等级的划分是在构型基线划分的基础上对研制过程的进一步细化,通过成熟度来控制飞机研制过程,是对飞机并行研制的有效探索和实践。

(1)协同设计。协同设计是围绕研制流程,在协同研制环境(计算机、多媒体和网络通信等)的支持下,在组织上利用集成产品开发团队发挥人的群体协作作用,设计与分析、设计与制造等各个领域间协同工作,实时地进行信息共享和交互,完成同一项设计任务,保证模型的符合性、协调性和工艺性。

工艺部门、工装部门和生产部门通过适时地参与,对设计数据进行工艺性分析,及时地向设计所反馈意见和建议,提高产品的可制造性和可维护性,避免后期出现不必要的返工;同时可对新型结构形式、新工艺、新材料的利用提前开展研究工作,缩短因制造工艺性问题产生的设计与制造协调的时间,促进新技术、新材料、新工艺的应用,从而缩短飞机研制周期,提高质量,降低成本。

(2)并行制造。并行工作的核心在于并发地进行工艺设计、工装设计等传统在研制下游完成的工作,将下游制造环节的工作和产品设计尽可能同时进行,从而使得所有的设计工作在生产开始之前完成。

根据飞机并行研制过程特点确定产品若干设计状态,从方案设计阶段开始,向制造企业发放各个阶段的共享数据;制造企业根据该产品三维模型同步进行工艺设计、工装设计、装配仿真等工作,实现钣金、机加、复合材料、装配结构件工艺设计与产品设计、工装设计与产品设计、生产准备与产品设计的并行。

本小节内容的复习和深化

1.解释 PDM 的概念。

2.若多厂所异地联合研制某一型号飞机,如何保证产品模型数据在研制过程中的一致性?

3.构型管理工作有哪四个环节?

4.为什么要对飞机产品研制工作流程进行管理?

5.并行工程的基本思想是什么?有哪些特征?

6.如何实现飞机产品的协同设计和并行制造?

7.2　生产计划与控制

企业生产计划系统从宏观到微观分为不同的层次,生产计划的作用是指导企业通过制造和销售产品获取利润。在生产计划的各个层次,都有生产控制的职能与之相对应,控制贯穿于生产系统动作的始终。生产控制是生产计划得以实现的保证,而生产计划又是生产控制的目标和依据。

7.2.1　生产计划的基本逻辑

生产计划是为了满足市场需求,利用企业可供给的各种资源,合理规划企业的产出(包括产品和服务)的品种、数量和进度,使投入能以最经济的方式转换为产出。企业生产计划必须是切实可行的。任何一个计划都包括需求、供给两个方面及它们之间的平衡,需求和供给在制造业的计划系统中表现为需求管理和能力管理。

(1)需求:生产什么? 生产多少? 何时需要? 何地需要?

需求包括独立需求和相关需求。独立需求的需求量和时间是由企业外部的需求决定的,如客户订购的产品、售后维修需要的备品备件。独立需求是产品结构树的顶层节点。相关需求是根据物料之间的结构组成关系,由独立需求的物料所产生的需求,包括自生产零部件、外购件、原材料等。相关需求的物料可分成两类:自制项目和采购项目。

(2)供给:需要多少能力资源?

生产任务需要生产系统的生产能力来保证。这里的生产系统可以是一台设备、一个设备组、一条生产线、一个小组、一个车间,甚至是整个企业。生产能力表现为生产系统在一定时期内,在一定的生产组织条件下,当前的设备、人员等资源经过综合平衡后所能生产的最大产出量。传统的制造企业资源包括材料、设备、资金和人力,近年来,随着计算机信息系统的普遍应用,信息资源被视为极为重要的第五项资源。

(3)平衡:是否存在需求与供给的不平衡? 怎样设置库存和时间缓冲来协调和平衡才更经济?

需求是不断变化的,而能力在一定时间内是相对稳定的,两者不可能做到完全平衡。另外,受空间和时间的限制,以及生产技术(工艺流程与方法、运输方式)、经济性和生产组织形式的约束,供给不得不考虑批量、生产(订货)周期等因素,这就使得供给与需求之间又增加了许多不协调的成分,造成供给不可能准确地满足需求的局面。因此,计划系统必须在某些环节设置库存和时间缓冲等措施,以调节供给与需求的不平衡。库存是指制品(原料、在制品)的储存或储备,是将来使用的而暂时处于闲置状态的资源。用最经济的方式做好需求与供给的平衡是对计划工作的基本要求。

7.2.2 生产计划与控制体系

生产计划与控制,在未应用计算机信息系统(计算机软件系统)之前,都是通过有经验的计划员或调度员手工完成的。随着计算机和信息技术的发展,20 世纪 60 年代末,传统科学管理方法开始与计算机软件系统相结合,开发出的物料需求计划(Material Requirement Planning, MRP),实现了计算机系统在生产控制领域的大规模应用。20 世纪 70 年代末,MRP 融入了财务系统、需求预测等功能,逐渐发展成为 MRP Ⅱ (Manufacturing Resource Planning Ⅱ)。到 20 世纪 80 年代末又逐渐扩展演变为企业资源计划(Enterprise Resource Planning, ERP),对企业所拥有的人力、资金、材料、设备、信息等各项资源进行有效管控,功能覆盖市场预测、供应链管理、生产计划管理、库存管理、人力资源管理、设备管理、销售管理,以及财务管理的整个企业生产经营过程,最大限度地利用企业的现有资源,取得更大的经济效益。

同时,制造企业车间层所应用的专业化生产管理系统,例如作业计划和实时生产调度系统,则逐渐演变为制造执行系统(Manufacturing Execution System, MES),把 MRP 与车间作业现场控制联系起来。MES 的主要功能包括工序详细调度、资源分配与状态管理、生产单元分配、文档控制、产品跟踪与产品清单管理、性能分析、人力资源管理、维护管理、过程管理、质量管理和数据采集。

制造企业生产计划与控制系统,在横向上,以计划管理为核心,通过统一的计划与控制,企业制造、采购、仓储、销售、财务、设备和人事等部门协同运作;在纵向上,可分成 3 个层次——厂级企业资源计划层、面向车间的生产管理层和实现生产活动的操作控制层,生产计划与控制体系结构(见图 7-2),从经营计划、物料需求计划、车间作业计划逐层细化,使企业的经营按预定目标滚动运作、分步实现。

ERP 系统根据订单形成企业计划,其中包括产品的生产计划和采购计划,使用天、周、月和年的时间标准;根据 ERP 制订的生产计划,MES 根据已设计的工艺过程和班组设备、工装、人员等资源信息,制订详细的作业计划,将工作指令下发给设备/工人,为控制层提供"如何做"的指示;同时以人机交互等多种方式采集生产进度、物料消耗、设备运行状态、质量状况等生产信息,反馈给 ERP 系统,以对生产过程实时监控,及时对车间生产进行调整,提高及时交货能力;此时,使用的时间标准较短(一般为天、班、小时、分钟或秒);控制层对生产工艺进行实时的控制和调整,其时间标准一般小于 1 s,控制层实现物料、设备人员和信息的实时协同。

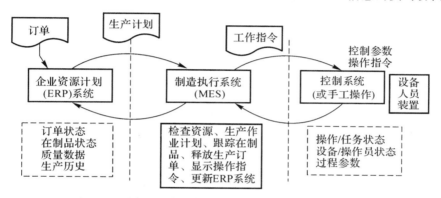

图 7-2 生产计划与控制体系结构

7.2.3 生产作业计划

传统上,一般将工业企业生产作业计划分为厂级生产作业计划、车间级生产作业计划和工段/班组级(工作中心)生产作业计划。厂级的生产作业计划由 MRP 完成,生成生产计划和采购计划;当前的生产作业计划实际指的是车间级及工段/班组级作业计划,由 MES 完成。

7.2.3.1 物料需求计划

对于飞机制造,产品就是作为制造对象的各种零件、部件和整机,生产过程总体上分为零件加工过程和装配过程。在产品生产过程中,生产所需的物料从供方开始,沿着原材料—零件—组件—部件—飞机产品的各个环节向需方移动,每一个环节都存在需方与供方的对应关系。

主生产计划(Master Production Schedule,MPS)是描述每一具体的最终产品在每一具体时间段内生产数量的计划。它对综合计划中的产品出产进行细化,根据订单,在计划期内,把产品系列具体化,针对最终需求制订生产计划。

MRP 是企业的生产计划部门站在"全厂"的角度,将主生产计划确定的成品(整机)生产计划,通过产品物料清单(Bill Of Materials,BOM)分解为部件、零件、毛坯、原材料等物料项目的生产和采购进度计划,并下达到各相应的生产车间、零部件供应商和采购部门。

（1）MRP 基本逻辑。MRP 的基本逻辑如图 7-3 所示，当确定主生产计划之后，根据物料清单和库存记录，为保证最终产品生产所需的全部物料在需要的时候能够供应上，制订相关需求物料生产和采购计划，要回答：需要什么？何时需要？需要多少？自制物料的计划称为生产计划，采购物料（包括所有的原材料、外购件和外协件）的计划称为采购计划。

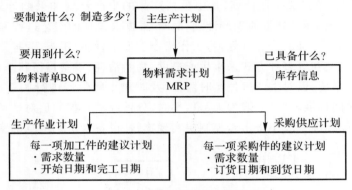

图 7-3　MRP 的基本逻辑

对于从原料到产品的生产过程，物料是生产计划的主要对象。物料是为了产品销售，所有需要列入计划、控制库存、控制成本的一切物的统称，包括原料、毛坯、标准件、自制件、组件、半成品、成品等。物料是组成 BOM 的最基本元素，BOM 是描述一个产品、部件或组件内部所有零件名称、数量、性质及相互关系的文档。物料具有相关性、流动性和价值性三个特性。

1）相关性：任何物料总是由于有某种需求而存在，没有需求的物料就没有存在的必要。

2）流动性：既然有需求，物料总是不断从供方向需方流动，物料的相关性决定了物料的流动性。

3）价值性：一方面，物料占用资金，为了加速资金周转，就要加快物料流动；另一方面，在物料形态变化和流动的过程中，要用创新集成等方式，提高物料的技术含量和附加值，用最小的成本、最短的周期、最优的服务，向客户提供最满意的产品并为企业自身带来相应的利润。这也是增值链（value-added chain）含义之所在。

（2）MRP 的计算原理。由产品的交货期展开成零部件的生产进度日程与原材料、外购件的需求数量和需求日期。物料需求计划的计算原理如图 7-4 所示。根据产品结构各层次物料的从属关系，从第一层物料起，以每个物料计划为对象，逐层处理各个物料，直至最底层处理完毕为止，以完工日期为时间基准来倒排计划，按提前期长短来决定各个物料下达计划时间的先后顺序。

为避免停工待料的现象发生，物料的提前期就显得相当重要了。提前期包括因采购周期所需的原材料采购的提前期，模具、工装等的更换，中间转换所需的多道加工工序之间的提前期，以及装配提前期等。按照这种对物料的处理逻辑，可使物料在需要的时候已经就位，而在不需要的时候又不会过早地积压，达到减少库存和资金占用量的目的。

（3）闭环 MRP。相关人员根据 MRP 确定物料的数量需求和时间需求，并制订生产计划和采购计划。存在如下假设：一是生产计划是可行的，即假定有足够的设备、人力和资金来保证生产计划的实现；二是采购计划是可行的，即有足够的供货能力和运输能力来保证完成物料供应。但在实际生产中，企业外部的市场需求变化和企业内部生产能力、各种资源在不断变化,因而往往出现生产计划无法完成的情况。因此,在 MRP 中没有考虑计划的可行性。

为保证计划的可行性,就必须保证企业上下和内外信息的及时沟通,既要有自上而下的目标和计划信息,又要有自下而上的执行和反馈信息,因此引入了能力计划和执行计划的功能,MRP 从而进一步发展成为闭环 MRP,如图 7-5 所示。

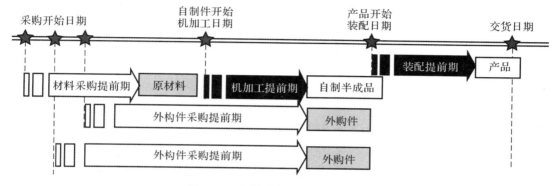

图 7-4　物料需求计划的计算原理

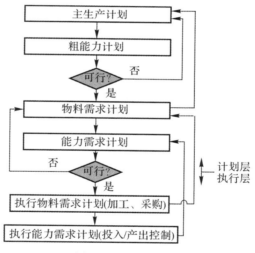

图 7-5　闭环 MRP

7.2.3.2　车间作业计划

车间作业计划是企业物料需求计划的延续和具体化,通过生产作业计划,把物料计划中规定的各车间生产任务分解为各工段以及工作地或个人的作业任务,以具体指导和安排日常生产活动,保证按品种、质量、数量、期限全面完成物料计划。

飞机制造采用工艺专业化的生产组织,一般分为两个层次:一是零部件工序进度计划编制,二是工段/班组内部的作业排程。

(1)零部件工序进度计划编制。用来安排工件在各个工段/班组之间的时间进度。首先,准备编制计划所需的资料,包括零部件的工艺路线、工段设备资料、外购件供应资料等;其次,推算零部件的工序进度日程,原理是从交货日期开始,反工序顺序,由后向前推算,按照工序时间、等待时间和转移时间确定作业任务在每道工序上的持续时间,计算出各工序的开始和结束时间;再次计算生产能力需求,根据工段负荷分布情况进行反馈和生产任务调整;最后,制订正式的工序进度计划并组织实施。

(2)工段/班组内部的作业排程。用来安排工段内部在一定时段内多种工件的加工顺序,并具体分配落实到每台设备。工段/班组在确定了一定时期内(月、周)的工作任务后,根据各种零件的交货日期、单件时间和调整时间、批量等资料,进行作业排序和任务分派。由于生产多种产品,对生产设备的需求可能会发生冲突,作业排序解决的问题包括哪个生产任务先投产,哪个生产任务后投产,以及同一设备上不同工件的加工顺序。

7.2.4 生产作业控制

生产作业控制是指在生产计划执行过程中,为保证生产作业计划目标的实现,面对生产各环节和因素进行监督、检查、调度和调节,其主要目的是确保整个生产过程有序进行,保证产品在交货期、质量和数量等方面能满足客户需求。生产作业控制的程序如图7-6所示。

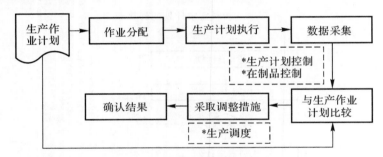

图 7-6　生产作业控制的程序

生产作业计划编制完成后,生产作业分配也称日常生产派工,为各个工作地具体分派生产任务;生产指令下达后,各车间严格按照生产作业计划的进度要求及工艺组织生产;在执行过程中,需要及时检查计划的执行结果,定期或实时跟踪和采集作业计划执行情况的现场实际数据,并进行统计分析;将实际生产活动情况与计划相比较,以发现偏差,找出原因,及时采取有效措施进行调整,并核实调整措施落实的结果。通过对生产作业活动的有效调控,预防并制止生产作业过程中可能发生的背离计划和目标的偏差,保证生产作业活动顺利进行,确保计划任务顺利完成。

本小节内容的复习和深化

1.解释生产计划的概念和生产计划的基本逻辑。

2. MRP、MRPⅡ、ERP、MES 分别指什么?

3.制造企业生产计划与控制系统有哪三个层次? 生产计划从宏观到微观如何分派到人/设备?

4.分别说明物料需求计划输入项和输出项的含义。物料有哪些特性? MRP 计算原理是什么?

5.什么是车间生产作业计划? 其分为哪两个层次?

6.为什么要进行生产作业控制? 生产作业控制的程序是什么? 从中可以总结的逻辑是什么?

7.3 质 量 控 制

飞机设计、制造和使用等阶段广泛采用质量控制,它的作用是在成批生产中保证不会生产出不合要求的产品。在制造过程所有范围内,为实现优质生产,应采取措施,避免缺陷产品的出现,因此需要进行质量控制。质量控制是指为保证获得高质量的产品,在结构、工艺、组织、社会和其他方面所采取的综合措施,这种综合措施称为质量控制系统,它是生产管控系统的一部分(分系统)。质量控制系统是分层次的,车间范围内的质量控制系统是相对于全厂范围内的质量控制系统的分系统。

产品制造质量取决于高水平的制造技术,但更重要的是生产全过程的质量控制。质量控制的目标是将质量特性数值的误差控制在极限之内。质量控制是通过预防性、监视性和纠正性措施满足质量要求,并消除产生缺陷的因素,以确保运行成本具有最佳的经济性。质量控制活动可以大体分为两个阶段,各种控制计划和程序的制订属于预防阶段;在实施过程中要进行连续监视,发现问题后进行调查分析,对不符合项进行处置并采取纠正措施是第二阶段,即评定和处置阶段。

以事先的预防和改进代替事后的把关,从管控结果转变为管控影响质量的因素,即人、机、料、法、环五因素。理论和经验表明,在生产的全过程中,控制了上述五种因素,也就控制了产品的质量,为避免出现缺陷而进行的质量控制如图 7-7 所示。

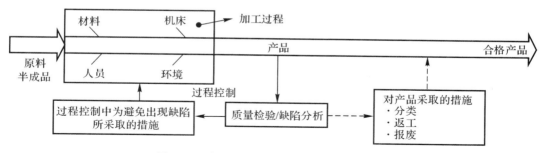

图 7-7 为避免出现缺陷而进行的质量控制

质量检验应尽可能在加工过程之中或之后直接进行,目的是尽早识别出缺陷零件。特别是对于关键、重要单元件,从飞机产品设计到原材料进厂,直至装机使用的全过程实施质量控制。在生产过程中,产品质量特性是波动的。实际经验指出,如果工艺过程逐渐遭到破坏,确定工艺过程进程的参数会偏离最初给定的数值,并且出现废品。为了把这种波动控制到最小,使质量符合标准,这就要求,无论是机床还是整个工艺过程,都具备加工无缺陷零件的能力。

7.3.1 材料的控制

零件用材经过成形,其常规机械性能发生了显著的变化。为了使材料经过必要的成形工序并满足结构使用上的要求,材料的各项性能指标,尤其是工艺性指标,在工艺设计和制造中起着重要作用。具有良好的工艺性指标的原材料为确保零件制造可靠性和高质量打下了牢固的基础。

按企业材料管理制度进行入厂复验、入库、保管、发放和隔离。入厂复验的控制包括核对原始凭证,对外观及几何尺寸进行检查、需特种检验和性能测试时取样测试,合格后入库。材料发放时,需核实合格证、通知单、领料单、工艺技术文件上的牌号、规格、尺寸、炉(批)号、技术标准、供应状态、数量,并要与实物相符。投产发料时,检验人员应在工艺路线卡片或制造指令上盖章,并注明日期,填写质量档案,发放记录。

7.3.2 设备与工装的控制

设备在企业的生产过程中表现为两种运动形状:一是设备的物质运动形状,即从设备选购、进厂验收、安装调试、日常使用、维护保养,到设备的改造、更新、报废等;二是设备的价值运动形状,包括最初投资、维修费、折旧费、税金、更新改造资金的提取等。因此,对设备这两种运动形态进行计划、组织和控制的全部过程称为设备管理,前者称为设备的技术管理,后者称为设备的经济管理。确保设备在生产和制造过程中顺畅无误地使用,以保证产品质量并实现使用寿命的最大化。

7.3.2.1 设备的控制

工艺部门应按产品制造工艺和准确度的要求,选用与产品准确度相匹配的设备,避免用高精度设备生产低精度产品零件。用于生产的所有设备必须有合格证。做好设备的日常保养及定期维护工作,确保设备运行处于完好状态。用于加工关键件、重要件的设备,应进行重点维护和检修,并安排固定的操作人员进行设备的操作。

(1)设备磨耗。磨耗是指减少一个零件(例如轴或刀具)的磨耗允许量。磨耗允许量是一个零件或刀具在必须更换之前所允许磨耗的最大尺寸范围。磨耗的原因有磨损、老化或腐蚀。

在零件或刀具的使用期限内,磨耗是不均匀的,普通磨耗曲线如图7-8所示。

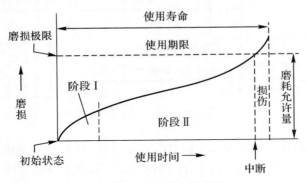

图 7-8 普通磨耗曲线

启动阶段(第一阶段)的磨耗很大,在这个阶段,旋转零件磨耗掉的是表面粗糙度。在第二阶段,磨耗曲线的走向趋于平缓。第一阶段"已磨平"零件的表面磨耗明显降低,但第二阶段结束时,单位时间内的磨耗量又增加。当总磨耗允许量消耗殆尽时,该零件或刀具已到必须更换的程度,因为磨耗曲线在第二阶段后呈超比例上升趋势,已不能继续保证零件的功能或刀具的切削功能。把零件或刀具从开始使用直至磨耗允许量耗尽的时间称为使用时间。举例:图7-9所示是一个可转位刀片的磨耗曲线。可转位刀片的磨耗主因是切削后面磨损、月牙洼磨损和边棱磨损。切削长度达到8 000 m后,刀片的磨耗允许量消耗0.25 mm。

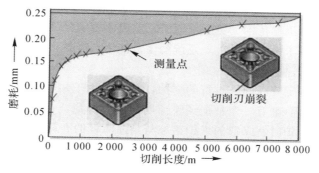

图 7 - 9　一个可转位刀片的磨耗曲线

　　机床和整台设备亦如零件,有一个磨耗允许量(见图 7 - 10),这个磨耗允许量可供机床或设备试运行时使用。如果消耗了该磨耗允许量,则要求进行维护。设备在生产和制造过程中顺畅无误地加工,以保证产品质量并达到使用寿命的最大化,均要求设备维护。通过维护可重新恢复一个磨耗允许量。如果在机床上安装一个经过改进的零件,将增加磨耗允许量(见图 7 - 11)。已磨耗的可转位刀片通过转位可构成一个新的磨耗允许量。如果使用一个磨耗层更厚的可转位刀片,可增大现有磨耗允许量。从商业角度看,磨耗允许量相当于零件或机床的折旧时间。

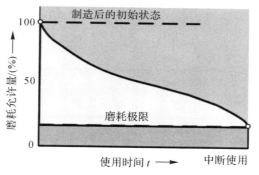

图 7 - 10　磨耗允许量的耗尽

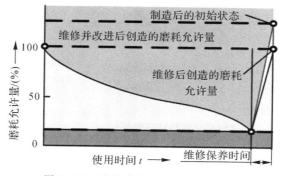

图 7 - 11　维修或改造后的磨耗允许量

　　(2)设备维护。设备维护是保持、重新恢复和改进一台机床或设备功能状态所采取的全部措施。维护所包含的各工作范围一览表见表 7－1。维护的主要目的是提高企业的经济效益，以最有利的成本保证技术设备以及生产系统的生产能力。维护方案分为三种：周期性维护、临时性维护和应急性维护，见表 7－2。

　　周期性维护是按固定时间间隔执行的维护，因此，它属于一种预防性维护。易损件，例如密封件、轴承或滤油器等，都有一个根据经验预期的使用寿命。在使用寿命结束之前，必须更换这个零件。预防性维护时所采取的维护措施与当前尚存的磨耗允许量无关。开展这类维护工作的目的是，避免因超过磨耗极限而造成损伤，并且当机床或零件无论如何都不允许出现失误或法律规定要求进行定期检查时，实施预防性维护。

表 7－1　维护所包含的各工作范围一览表

范　围	保　养	检　查	维　修	改　进
目标	为延迟减少现有磨耗允许量所采取的措施	为确定和判断机床或设备实际状态以及研究磨耗原因所采取的措施	为重新恢复但不改进机床或设备设定状态所采取的措施	为正当经济理由而采取的提高和改进功能安全性的措施
具体工作	(1)清洗 (2)润滑 (3)补充加注润滑油 (4)重新调整 (5)更换	(1)计划 (2)检测 (3)检验 (4)诊断	(1)改善 (2)维修 (3)更换 (4)功能检验	(1)评估 (2)分析 (3)检验 (4)决定

表 7－2　维护方案

方　案	说　明	优　点	缺　点
周期性维护	按固定时间间隔执行的、规定的维护工作	(1)维护措施良好的可计划性 (2)备件库存时间最小化 (3)减少非预见性停机事故 (4)机床达到高可信度 (5)人员投入的计划保障	(1)磨耗允许量不能耗尽到磨耗极限 (2)不能充分利用零件的使用寿命 (3)备件的高需求量 (4)高维护成本 (5)难以探寻机床的停机故障特性
临时性维护	刀具或机床的磨耗允许量损耗后实施的维护工作	(1)零件和设备使用寿命有效利用的最大化 (2)利用对磨耗允许量的识别，可制定标有具体日期的维护计划 (3)运行安全性得到充分保证 (4)(零件)更低的仓储成本 (5)(零件)更长的可使用性	(1)增加了检测技术的资金投入 (2)增加了检查装置 (3)增加了计划的资金投入 (4)增加了成本 (5)增加了人员投入

续 表

方　案	说　明	优　点	缺　点
应急性维护	刀具或机床出现损伤时才进行的维护工作	(1)充分利用总磨耗允许量。 (2)对计划的投入资金少	(1)突然的和无法预测的机床停机 (2)经常处于紧迫的时间压力之下 (3)备件的购置和仓储费用高昂 (4)若仓储无备件,加工中断成本高昂

临时性维护同样属于预防性维护,它建立在检测监视磨损零件的磨损尺寸和更改设定尺寸的基础上。更换磨损零件的条件有两个:超过允许的尺寸偏差;磨耗允许量磨耗殆尽。例如在切削加工中使用可求出磨耗允许量的"智能车刀",当达到磨耗极限时,这类车刀可转位刀片上装备的磨耗传感器向控制系统发出信号,使刀具及时得到更换。

当机床在加工过程中因故障而停机或未能保证达到所要求的质量时,需实施应急性维护。导致应急性维护的原因一般是磨耗允许量消耗殆尽。如果已经找出故障原因,例如刀具夹紧装置故障,将更换无故障的新备件。故障零件的拆除和备件的安装都必须按照用户使用手册的拆卸说明和装配图进行。必须安装机床制造商认可的备件。

加工企业的设备维护优化取决于企业规模和企业战略,预防性和临时性维护的组合,将维护成本和停机时间最小化。出于成本原因,企业对维护工作的投资仅能完成其加工目的所需的最基本要求。在这方面的投资规模常取决于企业规模。在中等规模企业中,维护大多仅限于机床或设备制造商推荐的保养规定,例如,机床操作人员或设备维修人员更换过滤器或润滑油,执行清洗润滑计划规定的工作等。飞机制造等大型企业设有设备管理部门,负责执行机床或设备制造商推荐的保养规定,以及执行企业内部对机床或设备维护保养的补充规定。

(3)机床能力检验。机床能力(Machine Function)一词应理解为一台机床在相同条件内能够加工无缺陷零件的能力。机床能力是过程能力的前提条件。机床能力检验是一种关于一台机床加工精度的短时间检验。在机床能力检验过程中,外部因素对机床的影响应尽可能降至最低并保持恒定不变。一般情况下,新机床投入使用或改变机床和工装之前,或在机床验收时,更换刀具和工装以及维修保养之后,均需进行机床能力检验。对于机床能力检验而言,一次抽检样品至少要求达到 50 个零件,这些零件必须直接依序加工,机床在加工过程中不允许再次进行调整。加工完成之后,应立即采集待检质量特征的测量数值,并计算出机床能力的特性值。

7.3.2.2　工装的控制

(1)工装的验收。对于无试压要求的工装验收,工装制造车间向使用车间移交工装时,由使用车间工具室(工装库)根据工装品种表进行验收。验收内容:①有无填写齐全的工装合格证;②移交单与实物是否相符;③实物与工装图纸是否相符;④工装有无损伤;⑤工装附件是否齐全;⑥关键件、重要件的工装是否有标记;⑦在可能的情况下,检查工装与制造依据是否相符。经核对无误后签字接收,并及时登帐,同时通知车间调度室及工艺室。

对于有模具试压的工装验收,使用车间在验收试模工装时,除按上述内容验收外还必须检查带有合格印的试样。

(2)工装的使用和保管。工装的使用和保管应按工厂的有关规定执行。在工装使用过程中,重点控制下列事项:①不准擅自更改工装线迹和标记,不准自行返修型面和定位面;②不得任意拆卸、改装或挪作它用;③严禁在检验模上修整零件和半成品;④不得将室温下使用的工装进行加热成形。

工装使用者在加工完产品后,应认真填写工装使用记录卡。工装使用完以后,使用者应将工装擦拭干净,及时送回库房。保管人员将实物与"工装使用记录卡"核对无误后予以接收。发现工装有影响产品质量的故障时,使用车间检验人员应将"禁用"标签挂在该工装上。工装故障排除后,使用车间检验员取下"禁用"标签,其他人员无权取下此标签。

所有工装均应落实到专人保管。定置在现场的大型工装,要落实到使用的班组保管、维护。保管在库房里的工装,借用时必须办理出库手续。借用标准工装需办理审批手续,并做好双方的交接登记。

(3)工装的定期检修。工装的定期检查是通过按规定的周期进行检查和调整,以确保工装在使用中的整体变形始终都处于允许的范围内。

工装的定期检修是对工装经较长时间使用所造成的变形和磨损的部位,按规定的周期进行全面检查和修复。工装检修后,由检验人员在工装证明书或工装合格证中进行记录。

7.3.3 操作者的控制

所有上岗人员都应经培训合格并持有上岗合格证。所有操作人员必须经过技术培训,考试合格并取得操作合格证后,方可使用设备。

7.3.4 制造环境的控制

在使用大型、精密的设备时,对于温度、湿度、尘埃、安全防护及环境等方面的要求,应按说明书的规定执行。

零件库房环境因素的控制应符合对温度、湿度、粉尘度和通风等方面的要求,库房应无腐蚀性化学药品。

7.3.5 工艺过程的控制

7.3.5.1 开工前的"三对照"

在开工前,操作者应对加工该零件所使用的工艺文件(含零件制造指令或工艺规程、路线卡片、首件原始记录等)、产品图纸(含更改单修正单等)及使用的零件工装(含专用工具和样板)进行"三对照",检查其符合性及一致性。对照检查的内容包括:①图纸的版次与工艺文件上的版次、批架次是否一致;②工艺文件的零件图号、工装号等与使用的工装是否一致,工装外观、线迹、标记是否完好等。对于"三对照"中出现的问题,应彻底解决后,方可开工生产。

7.3.5.2 首件三检

除"清洗"等辅助工序以外,所有工序首件完工时,或同一工序生产过程中,更换操作人员、工艺文件或调整工装、机床时,必须履行首件三检,检验合格并办理签字手续后,方可进行批生产。三检的主要内容:①原材料、半成品是否符合要求,是否有上道工序的合格证明;②工艺路线卡片等工作指令文件填写是否正确、完整;③零件的制造是否符合有关图纸、文件的要求。三检合格的首件,要做明显的标记,此标记要保持到该工序的所有零件都检查完毕为止。

7.3.5.3　工艺文件的控制

（1）制造指令（或工艺规程，下同）的版次管理。每份制造指令的每一页都应有各自的版次编号，填写在每一页的"制造指令版次"栏内。用阿拉伯数字 1、2、3 等编号。每份制造指令的首页版次，用于控制该制造指令各页版次的最新变化情况。也就是说，制造指令的各页版次有什么变化，首页版次必定随之改变。

各车间工艺室应按产品型号和部件建立制造指令版次有效目录，以确保现行工艺文件的有效性。这种目录是一种随时跟踪性文件，要始终保持目录与制造指令现行有效版次的一致性。制造指令版次有效目录作为一个文件，其本身的版次由工艺文件总目录控制。

（2）制造指令的批（架）次跟踪。在制造指令的首页设置有效批（架）次栏，由有关职能部门负责填写，对产品进行批（架）次跟踪。

（3）制造指令的编制及更改控制。要求制造指令的编制及更改按规定的程序进行审批，以保证工艺方法正确，工序安排合理，工艺内容完整，简繁适度，并与产品图纸规定的工艺标准指令性工艺文件、交接状态表等内容协调一致。

（4）关键件、重要件及其工序的控制。关键、重要单元件制造指令的封面和首页应做出与图纸相同的"关键件"或"重要件"的标记。所用的专用工装和工装图纸均应做出"关键"或"重要"的标记。确定关键件、重要件制造指令的关键工序和重要工序，并在其工序号前做出相应的"关键"或"重要"的标记，应具体规定工艺参数以及所用的工艺装备、检验方法。关键件、重要件的工艺文件应经质量检验部门会签。

7.3.5.4　加工过程的控制

（1）控制措施。从加工过程的设备及工艺参数、模具、毛料、检测方法等角度出发，采取质量控制措施。下面结合钣金件成形、热表处理的加工过程质量控制予以说明。

1）零件几何尺寸和形状准确度的控制。影响钣金零件几何尺寸和形状准确度的因素，除工艺装备本身的误差外，主要有两个方面：一是零件成形后的回弹和畸变；二是材料在成形中厚度的增大或减小。对于钣金零件制造过程中对尺寸和形状准确度的控制，采取的措施主要包括：模具回弹补偿、工艺参数优化、改变工艺方式、改进检验方法、提高检测精度等。

2）零件表面质量和边缘状况的控制。在零件搬运、校平、加工、热处理过程中分别采取措施控制表面质量，包括：在毛料和零件表面粘贴保护纸或喷涂保护膜、搬运时戴清洁柔软的手套、加工时的工装表面均应保持清洁、禁止零件表面与工作平台或装夹用具间产生摩擦等。对蒙皮零件的表面质量更应严格加以控制。对毛料、半成品和零件的边缘（含孔的边缘）毛刺，必须清理至允许范围之内，图纸另有规定时，还应将锐边部位倒圆，使其光滑，以防损伤表面。

3）零件内在质量的控制。飞机产品设计是指依据材料的性能指标确定飞机的强度、疲劳寿命和使用寿命。保证钣金零件的内在质量是飞机使用安全可靠的前提条件之一。控制钣金零件内在质量的主要措施如下：①选择正确的中间热处理和最终热处理规范，在新淬火（W）状态下成形时一般不超过 1.5 h，确保零件在材料良好的工艺成形性下成形；②对易产生表面滑移线或粗晶的成形工艺，确定合理工艺参数以严格控制变形量；③严格控制热成形温度及加热时间；④对于热成形零件及热压下陷零件、冷压下陷长度与深度比小于 6∶1 的零件、时效热处理后又进行校形的零件，要进行渗透检查，以避免微裂纹的存在；⑤合理安排零件的硬度（或导电率）检查工序；⑥在取料、模具润滑剂选择等方面，要防止零件表面污染造成腐蚀。

（2）工序检验。工序检验是工艺工序进行过程中或完成后所进行的检验。对于其中关键、重要单元件，所有检验项目（破坏性检验项目除外）都必须进行检验，即全部参数都没有例外地以同样彻底的要求进行检验，成品合格证上要标示出关键件重要件标识。应直接进行检测值处理，以便实施产品控制，例如分拣出缺陷零件或返工。

检验规划是对待检的质量特性，描述检验顺序，对每一个特性都要表述如何对质量特性进行检验（检测装置和方法）。

（3）过程能力检验。过程能力（Process Function）所表明的信息如下：在考虑加工过程所有影响因素的条件下，生产活动中某一个加工过程是否具有长期生产无缺陷零件的能力。为了确定过程能力，需在一次预检中或从一个正在运行的加工过程中，在一个较长时间段内提取抽检样品，计算过程能力特性值。

过程能力检验是检验人员、材料、方法、机床和环境"5M 因素"对加工过程的影响。一般情况下，在实施一种新加工过程之前，或系列加工中对正在运行的加工过程进行过程能力判断时，需实施一次过程能力检验。过程能力检验是一种检验过程能力的长时间检验。只有当一个加工过程可以长期加工无缺陷零件时，该过程才具备过程能力。

7.3.5.5 零件存放和周转过程的质量控制

（1）零件存放的要求。零件库房环境因素的控制应符合要求。零件在库房的存放应登记上账，零件应有合格证、移交单、标签；零件应有包装和油封，存放应定置定位；零件的存放应该离地，大的结构件（尺寸大于 500 mm）要放在零件架上，同时零件间要留有间隙。小尺寸零件可放置于塑料袋内或周转箱内，但必须包纸、加衬或相对固定，以防止零件因相互摩擦而损坏表面。

（2）周转、运输过程的要求。在零件工序转移、周转过程中，零件必须带包装周转运输，零件之间要加衬保护，无包装的半成品要确保转移、周转过程中不产生变形、损坏。零件的周转运输应有指定的合适路线。

对于中、大型零件，必须用专用车辆运输。搬运车应有充分的固定和防护机构，运输工位器具应保持清洁。在运输时要捆扎牢固，防止运输过程中发生移动、碰撞。装卸过程中要轻拿轻放。搬运较大零件时，应有足够的人员护送。产品上严禁坐人或压重物。

在交付或交接产品时，交接双方有关人员应检查包装是否符合文件要求。不符合文件要求时，应拒绝在产品移交单上签字或盖章。

本小节内容的复习和深化

1. 材料的控制包含哪些环节？

2. 什么是磨耗和磨耗允许量？磨耗对产品质量有何影响？如何恢复设备磨耗允许量？

3. 设备维护包含哪些工作？有哪三种维护方案？为什么保养工作属于预防性维护措施？不同类型企业如何选择设备维护方案？

4. 工装在使用中应注意什么？工装定期检修是否属于预防性维护？目的是什么？

5. 解释工艺过程开工前的"三对照"和首件三检。

6. 关键件、重要件的工艺文件如何控制？

7. 在加工过程中，从哪些方面进行控制，以保证达到产品质量的要求？举例说明。

8. 零件周转、运输过程中有哪些要求？

9. 机床和工艺过程能力检验的目的是什么？

7.4　民机适航性管理

7.4.1　适航性管理的概念

安全性、航程、油耗、经济性、舒适性等是对民用飞机的质量要求,其中,安全性是主要质量指标。适航性(Airworthiness)是"飞机在顺利飞行中所表现的各种品质",包括飞行性能、结构强度和刚度、活动部件的可靠性、机械设备的数量及其精确度等。为了给公众和社会提供安全、经济、舒适的航空运输工具,采用适航性管理的方式对民机质量进行管理,其本质是适航性控制。

适航性管理是以保证民用航空器(包括飞机、发动机、螺旋桨、机载设备)的安全性为目标的技术性管理,是政府适航管理部门以制定的各种最低安全标准为基础,对民用航空器的设计、生产、使用和维修等环节进行科学统一的审查、监督和管理的工作。因此,适航性管理是政府对民用飞机全生命周期中的安全和质量进行系统、综合管理的一种制度。适航性工作包括建立适航性研究管理机构;颁布适航性条例;对民用飞机的研制、生产、使用维修和进出口实行适航性监督等。

符合适航性的飞机是指该飞机在飞行中能保证飞机及其乘员的安全,符合适用的适航性条例及其他有关的规范、标准、文件,适于投入飞行。世界各国民航局对航空器的设计、生产、使用维修和进出口等环节,制定有关适航规章、标准、程序,颁发适航指令或通报,颁布相应证件并进行统一的审定、检查鉴定和监督执行。

由此可见,适航性是航空器在预期的使用环境中和在经申明并被核准的使用限制之内运行时固有的安全特性,民机的适航性是与飞行安全密切相关的,符合适航性的飞机才能在飞行中保证飞机及其乘员的安全。飞行安全是指航空运输系统(包括飞机、空勤人员、飞行准备和地面勤务保证,空中交通管理等因素)能完成空中飞行而不危及人的生命和健康的一种特性。它的平均值可以每次飞行小时或每次飞行的空难性情况(指机毁人亡和机毁/人亡事故)的次数来表示。如某型机共生产若干架,累计使用 10^5 飞行小时,其间有一次灾难性事故,则该机群的飞行安全水平为 $1/10^5$ 飞行小时。也可以假设该机群在一定时间内共飞行 10^5 架次,出现一次灾难性事故计算,则该机群的飞行安全水平为 $1/10^5$ 飞行架次。可以说,适航性工作的根本任务,就是保证民用飞机安全,符合适航标准的航空器是保障民用航空安全的重要前提。

7.4.2　适航性管理的内容

适航性管理是对民用航空器的设计、生产、使用和维修,直到退役,从初始适航性到持续适航性全过程实施,以确保飞行安全为目标的技术鉴定和检查。即:民机设计要满足适航要求,民机制造的质量要符合安全的标准,民机在整个运行过程中要满足适航的要求。从过程看,适航性管理包括初始适航性管理和持续适航性管理两个阶段;从实施主体看,适航性管理包括适航管理部门适航性管理和研制部门适航性管理。适航管理部门工作包括适航审定、指导和监督实施,最终达到持续稳定的安全性;研制部门适航性管理是从研制部门角度出发考虑如何落实民航所要求的适航管理,结合飞机研制实施更具体的操作细则。

(1)制定各类适航标准和审定监督规则。实现适航性管理首先应针对各类民用航空器制定相应的技术适航标准,把国家的航空安全政策具体化和法律化,使适航性管理有严格的技术性法律依据。同时还应制定相应的管理性审定监督规则,规定适航性管理的实施步骤和方法。这些规则是保证贯彻适航标准、有效开展适航性管理工作的指南。

(2)进行民用航空器的合格审定(初始适航性管理)。航空器的设计和制造必须符合适航性。在航空器交付使用之前,适航管理部门依据各类适航标准和规范,对民用航空产品设计、制造开展适航审定、批准和监督,以颁发型号合格证、生产许可证和适航证。主要方法是通过一系列规章和程序来验证航空产品的设计特性、使用性能以及制造质量和安全状态,以确保航空器和航空器部件的设计、制造按照适航部门的规定进行。适航管理部门应对民用航空器的设计进行型号合格审定,严格按照审定程序对民用航空器设计过程和有关的试验或试飞进行逐项审查和监督。只有通过了型号合格审定并取得了型号合格证的民用航空器,才有投入生产和使用的资格。适航性管理部门还应对制造厂的质量控制系统和技术管理系统进行全面的审定,以保证所制造的民用航空器符合型号合格证书的规定和满足设计要求。制造厂只有通过生产许可审定并取得生产许可证证书之后,才有生产民用航空器的资格。适航性管理部门要在飞机投入使用之前对飞机进行适航性检查,以保证每架飞机的使用安全。飞机和各种装置、设备均须处于适航状态,各类技术文件须合格、齐备并在取得适航证书后,才可投入使用。

(3)实施民用航空器的持续适航性管理。在民用航空器投入运营之后,适航管理部门应通过各种渠道对服役中的飞机进行监督和检查,对民用航空器的维修单位进行审查,以确保飞机始终处于适航状态。维修单位依据各种维修规则和标准,确保其适航性得以保持和改进,进而确保航空器在使用和维修过程中符合有效的适航要求,使其始终处于安全运行状态。

本小节内容的复习和深化

1.什么是适航性?为什么民机要进行适航管理?

2.什么是适航性管理?适航性管理的主体有哪些?分为哪两个阶段?

3.航空器交付使用之前,要取得适航管理部门颁发的哪三个证?

4.民用航空器投入运营之后的适航性管理工作是什么?

本章拓展训练

针对已建立的飞机零件/装配件物料清单、工艺过程方案,分析制造全过程的数据组成及管理方案,设计主生产计划,给出生产作业计划的过程及步骤,设计工艺过程的质量控制方案。

参 考 文 献

[1] 顾诵芬.航空航天科学技术:航空卷[M].济南:山东教育出版社,1998.

[2] 杨华保.飞机原理与构造[M].西安:西北工业大学出版社,2011.

[3] 王聪,陈波.飞机机翼翼梁类零件变形控制方法研究[J].航空工程进展,2020,11(5):651 - 656.

[4] 房晓斌,郭俊刚,艾明,等.某型机复合材料 C 型外翼后梁研制[J].粘接,2018,39(12): 72 - 77.

[5] 王庆林.飞机构型管理[M].上海:上海科学技术出版社,2012.

[6] 迪林格.机械制造工程基础[M].杨祖群,译.长沙:湖南科学技术出版社,2013.

[7] 王立军,胡满红.航空工程材料与成形工艺基础[M].北京:北京航空航天大学出版社, 2010.

[8] 布洛克利.航空航天科技出版工程:4 材料技术[M].北京:北京理工大学出版社,2016.

[9] 《航空制造工程手册》总编委会.航空制造工程手册:热处理[M].北京:航空工业出版社, 2010.

[10] 阿比波夫 А Л.飞机制造工艺学[M].余公藩,张钧,等译.西安:西北工业大学出版社, 1986.

[11] 黄良.飞机制造工艺学[M].北京:航空工业出版社,1993.

[12] 牛春匀.实用飞机复合材料结构设计与制造[M].程小全,张纪奎,译.北京:航空工业 出版社,2010.

[13] 吴爱华,赵馨智.生产计划与控制[M].北京:机械工业出版社,2019.

[14] 薛振海.飞机制造专用设备[M].北京:国防工业出版社,1992.

[15] 范玉青.现代飞机制造技术[M].北京:北京航空航天大学出版社,2001.

[16] 《航空制造工程手册》总编委会.航空制造工程手册:通用基础[M].北京:航空工业出版 社,1993.

[17] 《航空制造工程手册》总编委会.航空制造工程手册:工艺检测[M].北京:航空工业出版 社,1993.

[18] 俞汉清,陈金德.金属塑性成形原理[M].北京:机械工业出版社,2005.

[19] 《航空制造工程手册》总编委会.航空制造工程手册:飞机钣金工艺[M].北京:航空工业 出版社,1992.

[20] 古托夫斯基 Т G.先进复合材料制造技术[M].李宏运,等译.北京:化学工业出版社, 2004.

[21] 克鲁皮巴赫,佩同,李宏运.航空航天复合材料结构件树脂传递模塑成型技术[M].北 京:航空工业出版社,2009.

[22] 《航空制造工程手册》总编委会.航空制造工程手册:飞机机械加工[M].北京:航空工业 出版社,1995.

[23] 《航空制造工程手册》总编委会.航空制造工程手册:飞机装配[M].北京:航空工业出版社,1993.

[24] 冯之敬.制造工程与技术原理[M].北京:清华大学出版社,2019.

[25] 北京航空制造工程研究所.航空制造技术[M].北京:航空工业出版社,2013.

[26] 《航空制造工程手册》总编委会.航空制造工程手册:飞机结构工艺性指南[M].北京:航空工业出版社,1998.

[27] 白冰如,拜明星.飞机铆接装配与机体修理[M].北京:国防工业出版社,2015.

[28] 《航空制造工程手册》总编委会.航空制造工程手册:计算机辅助制造工程[M].北京:航空工业出版社,1995.

[29] 王俊彪,刘闯,王永军,等.钣金件数字化制造技术[M].北京:国防工业出版社,2015.

[30] 刘闯.钣金件数字化制造数据库工程技术应用案例集[M].北京:国防工业出版社,2016.

[31] 肖乐.橡皮囊液压成形模具数字化设计技术研究[D].西安:西北工业大学,2013.

[32] 路骐安.S截面大型框类零件变形偏差表达、预测与补偿技术研究[D].西安:西北工业大学,2015.

[33] 杨忆湄.变截面凸曲线弯边框肋零件工艺模型定义方法[D].西安:西北工业大学,2013.

[34] 赵智勇.整体壁板自由状态喷丸成形工艺参数设计技术研究[D].西安:西北工业大学,2020.

[35] 邢丽英.先进树脂基复合材料自动化制造技术[M].北京:航空工业出版社,2014.

[36] 常荣福.飞机钣金零件制造技术[M].北京:国防工业出版社,1992.

[37] 姚任远,蔡青.飞机装配技术[M].北京:国防工业出版社,1992.

[38] 巴布什金 А И.飞机结构装配方法[M].北京:航空工业出版社,1990.

[39] 曹华,佘公藩.适航性管理[M].北京:航空工业出版社,1991.